Maya 三维动画制作案例教程（微课版）

（第三版）

主　编　黄梅香　许玲玲　刘　斯

副主编　赵　泉　赵　赢

参　编　林志松

主　审　刘　开

科学出版社

北　京

内 容 简 介

本书采用"项目引领、任务驱动"和"基于工作过程"的职业教育课程改革理念，以电影和游戏领域中的角色建模、场景搭建、动画与特效制作等真实工程项目、典型工作任务、案例为载体组织教学内容，共设计 8 个项目、71 个工作任务。内容涵盖 Maya 2023 快速入门、NURBS 建模、多边形建模、材质贴图、基础动画制作、骨骼绑定及动画制作、灯光渲染和特效制作。

本书由校企研联合开发，体现以人为本，注重思政融入和信息化资源配套，是专为职业院校动漫与游戏制作、数字媒体技术应用等相关专业量身打造的新型实战教材。

图书在版编目（CIP）数据

Maya 三维动画制作案例教程：微课版 / 黄梅香，许玲玲，刘斯主编.
3 版. -- 北京：科学出版社，2025. 3. -- ISBN 978-7-03-081356-5

Ⅰ. TP391.414

中国国家版本馆 CIP 数据核字第 2025X8F974 号

责任编辑：张振华 / 责任校对：赵丽杰
责任印制：吕春珉 / 封面设计：东方人华平面设计部

科 学 出 版 社 出版
北京东黄城根北街 16 号
邮政编码：100717
http://www.sciencep.com

北京中科印刷有限公司印刷
科学出版社发行　　各地新华书店经销
*
2018 年 9 月第一版　　2025 年 3 月第十五次印刷
2022 年 8 月修订版　　开本：787×1092　1/16
2025 年 3 月第三版　　印张：23 3/4
字数：550 000

定价：89.00 元
（如有印装质量问题，我社负责调换）

销售部电话 010-62136230　编辑部电话 010-62135120-2005

前　　言

党的二十大报告指出："加快建设国家战略人才力量，努力培养造就更多大师、战略科学家、一流科技领军人才和创新团队、青年科技人才、卓越工程师、大国工匠、高技能人才。"为了深入贯彻落实二十大报告精神，编者根据《教育强国建设规划纲要（2024—2035 年）》《职业院校教材管理办法》《高等学校课程思政建设指导纲要》《"十四五"职业教育规划教材建设实施方案》等相关文件精神，对《Maya 三维动画制作案例教程》进行了升级改版。在改版过程中，编者紧紧围绕"培养什么人、怎样培养人、为谁培养人"这一教育的根本问题，以落实立德树人为根本任务，以学生综合职业能力培养为中心，以培养卓越工程师、大国工匠、高技能人才为目标。通过这次改版，本书的体例更加合理和统一，概念阐述更加严谨和科学，内容重点更加突出，文字表达更加简明易懂，工程案例和思政元素更加丰富，配套资源更加完善。具体而言，本书具有以下几个方面的突出特点。

1. 校企研"多元"联合，特色鲜明

本书是在行业专家、企业专家和课程开发专家的指导下，由校企研"多元"联合开发。编者均来自教学或企业一线，具有多年的教学或实践经验，多数人带队参加过国家级或省级技能大赛，并取得了优异的成绩。在编写本书的过程中，编者紧扣课程标准、教学目标，遵循教育教学规律和技术技能人才培养规律，将行业发展的新理论、新标准、新规范和技能大赛要求的知识、能力与素养融入本书，符合当前企业对人才综合素质的要求。

2. 项目引领、任务驱动，"工学结合"

本书的编写依托福建文化创意产业公共实训基地，采用"项目引领、任务驱动"和"基于工作过程"的职业教育课程改革理念，以电影和游戏领域中的角色建模、场景搭建、动画与特效制作等真实工程项目、典型工作任务、案例为载体组织教学内容，能够满足项目化、案例化、模块化等不同教学方式的要求。

本书共设计 8 个项目、71 个工作任务。每个项目给出"项目导读""学习目标"，便于学生明确学习内容和学习目标，制订学习计划；任务以"任务目的""相关知识""任务实施"等模块展开，层层递进，环环相扣，将相关知识点、技能点、思政影射点等贯穿于实例中，集"教、学、练"于一体，突出"工学结合"。

3. 以人为本，强调综合职业能力培养

本书切实从职业院校学生的实际出发，围绕"知识、技能、素养"三位一体教学目标，以浅显易懂的语言和丰富的图示来进行说明，不过度强调理论和概念，主要介绍操作技能、技巧，以培养学生的综合职业能力，拓宽学生视野，帮助学生树立创新精神，以及培养学生独立解决问题的能力。

本书摒弃了以往 Maya 类书籍中过多的理论描述，从实用、专业的角度出发，剖析各个知识点、技能点，以练代讲，练中学、学中悟。学生跟随操作步骤完成每个实例的制作，便能够迅速掌握各个实例的制作思路和制作方法，快速提升 Maya 的应用技能和设计水平，达到事半功倍的学习效果。

4. 融入思政元素，充分落实课程思政

为落实立德树人的根本任务，充分发挥教材承载的思政教育功能，本书的编写以"习近平新时代中国特色社会主义思想"为指导，深入贯彻落实党的二十大报告精神，结合动漫与数字媒体领域相关岗位的共性职业素养要求，将规范意识、效率意识、创新意识、质量意识、职业素养、工匠精神、文化自信、家国情怀等思政元素融入教学内容，使学生在学习专业知识的同时，潜移默化地提升思想政治素养。

5. 立体化资源配套，适应信息化教学

为了方便教师教学和学生自主学习，本书配套有免费的立体化的教学资源包，包括多媒体课件、微课、视频、实训手册等。此外，本书中穿插有丰富的二维码资源链接，通过扫描可以观看相关的微课视频。

本书建议教学时数为 144 学时，各项目的学时分配请参考下表。

项目	课程内容	讲授学时	上机学时	合计学时
1	Maya 2023 快速入门	3	3	6
2	NURBS 建模	6	8	14
3	多边形建模	8	20	28
4	材质贴图	10	10	20
5	基础动画制作	6	14	20
6	骨骼绑定及动画制作	6	14	20
7	灯光渲染	6	12	18
8	特效制作	6	12	18
	总计学时	51	93	144

本书由厦门信息学校、厦门市集美职业技术学校、厦门市火之辉文化创意有限公司、厦门风云科技股份有限公司等联合开发，由全国黄炎培职业教育杰出教师、全国三八红旗手、国家教学成果获得者、国赛金牌教练、技能大师、福建省优秀教师、动漫游戏设计师、工程师领衔编写。

本书由厦门信息学校黄梅香、许玲玲、刘斯担任主编，厦门市集美职业技术学校赵泉、厦门信息学校赵赢担任副主编，厦门市火之辉文化创意有限公司林志松参与编写。厦门风云创新研究院首席知识官刘开对全书进行审定。

由于编者水平有限，书中难免存在疏漏和不足之处，恳请广大读者批评指正，意见和建议请发至电子邮箱：28727270@qq.com。

目　　录

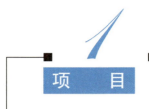

项　目

Maya 2023 快速入门

▌项目导读

  Maya 2023 中文版是 Autodesk 公司推出的一款完备的三维（3-dimension，3D）动画软件，它提供了一套完备的创意功能集，可在具有高度可扩展性的制作平台上完成 3D 计算机动画制作、建模、模拟、渲染及合成。

  与 Maya 软件的早期版本相比，Maya 2023 为模拟、效果、动画、建模、着色和渲染提供了强大的新工具集。它可以帮助从事 3D 动画、视觉特效、游戏设计和后期制作工作的企业开发和维护先进的开放式工作流，从容应对如今严峻的生产挑战。Maya 2023 引入了多项新功能和工作流改进，如全新的 Blue Pencil 工具，它支持在视口中创建二维图形、文本和形状，非常适合动画师为场景文件添加动画块、注释和建议。此外，Maya 2023 还对布尔建模工具进行了全面改进，添加了一个新的布尔节点，使用户能够以更少的操作高效创建并编辑布尔运算。Maya 2023 还配备了强大的动态仿真、动画及渲染工具集，助力艺术家实现创意新高度，显著提升生产效率，确保项目预算和进度得到有效的控制。

  本项目主要介绍 Maya 软件的发展历程和应用领域，以及 Maya 2023 中文版的界面元素、视图操作方法等基础知识，为以后的学习奠定基础。

▌学习目标

- 了解 Maya 软件的发展历程和应用领域。
- 掌握 Maya 软件的界面元素和视图操作方法。
- 掌握 Maya 软件基本变化工具的使用方法。
- 树立正确的学习观，坚定技能报国、振兴国产动画事业的决心。
- 通过石膏体组合模型的制作，感受三维动画之美，培养职业认同感。

任务 1.1 初识Maya 2023

微课：初识 Maya 2023

☞ **任务目的**

了解 Maya 软件的发展历程，熟悉 Maya 软件的应用领域及 Maya 2023 的新增功能，对 Maya 软件有基本的认识。

本任务不设计具体的实施任务，请读者自行练习。

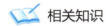 相关知识

1. Maya 软件的发展历程

1983 年，在数字图形界享有盛誉的史蒂芬·宾德汉姆、奈杰尔·麦格拉思、苏珊·麦肯娜和大卫·斯普林格在加拿大多伦多创办了一家公司，用于研发影视后期特技软件。由于该公司第一个商业化的程序是有关 Anti_alias 的，所以公司及其开发的软件均以 Alias 命名。

1998 年，Alias 公司经过长时间研发的第一代 3D 特技软件 Maya 面世，它在角色动画和特技效果方面在当时都处于业界领先地位。

2005 年 10 月，Alias 公司被 Autodesk 公司并购，并于 2006 年 8 月发布 Maya 8.0 版本。

2010 年 3 月，Autodesk 公司发布了 Maya 2011，Maya 以全新的姿态走进人们的视野。

2011 年，Autodesk 公司在 Maya 2011 的基础上进行改进，发布了 Maya 2012。

2012 年 7 月，Autodesk 公司再次发布了 Maya 2013，对 Maya 软件的功能进行了一定的优化和更新。

2013 年和 2014 年，Autodesk 公司相继发布了 Maya 2014 和 Maya 2015。随着版本的提升，软件功能也在不断地完善，Maya 变得越来越强大。

2015 年 4 月，Autodesk 公司在 Maya 2015 的基础上进行改进，发布了 Maya 2016。在此版本中，大部分的图标和 UI（user interface，用户界面）被重绘，由最初的拟物风格变成了现在的扁平化风格。Alias、Wavefront 动画数字效果技术得到一定的优化和更新。

2016 年 7 月，Autodesk 公司发布了 Maya 2017。Maya 2017 拥有强大的模型设计、动画制作和动态渲染功能，并有丰富的实用性和设计扩展性。

2018 年 11 月，Autodesk 公司在 Maya 2017 的基础上进行改进，发布了 Maya 2018。Maya 2018 提供了 3D 建模、动画、特效和高效的渲染功能，同时它还可用于平面设计辅助、印刷出版等领域。

2019 年，Autodesk 公司发布了 Maya 2019。该版本在 Maya 2018 的基础上进行了多项功能优化，包括实现更高度的设计自由化、提供更丰富的插件库、增强动画制作能力，并优化了用户界面。

2019 年 11 月，Autodesk 公司发布了 Maya 2020，为用户带来了强大的 3D 建模、动画、渲染和制作效果等功能。其界面设计得既组织有序又平衡，不仅包含大量的按钮、菜单和工具栏，还融入了完整的图形化工作流程。

2021 年，Autodesk 公司发布了 Maya 2021。随着版本的迭代，软件功能不断完善，Maya 也变得越来越强大。

2021 年 12 月，Autodesk 公司发布了 Maya 2022 版本的更新和改进，旨在提升用户使用热键的工作效率，并促进协作。该版本不仅新增了大量的新功能，还修复了上一个版本的已知问题。

2023 年，Autodesk 公司发布了 Maya 2023。该版本引入了 Blue Pencil 的改进版——Maya 视口注释工具集，并对软件的建模和重新拓扑系统进行了全面优化。

2. Maya 软件的应用领域

很多 3D 设计人员之所以使用 Maya 软件，是因为其可以提供完美的 3D 建模、动画、特效和高效的渲染功能。另外，Maya 软件也被广泛地应用在平面设计（二维设计）领域。Maya 软件的强大功能是其受到设计师、广告主、影视制片人、游戏开发者、视觉艺术设计专家、网站开发人员推崇的原因。Maya 软件的主要应用领域如下。

（1）平面设计辅助、印刷出版

3D 图像设计技术已经进入了人们的生活。广告主、房地产项目开发商等都开始利用 3D 技术来表现他们的产品，而使用 Maya 软件无疑是一个较好的选择。设计人员在打印自己的二维设计作品之前，要解决如何使自己的作品从众多竞争对手的设计作品中脱颖而出的问题。此时，若将 Maya 软件的特效技术应用于设计中的元素，则会大大增强平面设计产品的视觉效果。同时，Maya 软件的强大功能可以更好地开阔平面设计师的应用视野，让很多以前不可能实现的效果不受限制地表现出来。

（2）电影特技

Maya 软件更多地被应用于电影特效方面，其在电影领域的应用越来越趋于成熟。利用 Maya 软件的电影有《X 战警》和《魔比斯环》等。特效场景如图 1-1-1 所示。

图 1-1-1　特效场景

3. Maya 2023 的新增功能

Maya 2023 还带来几项新功能和更新改善，其中最主要的部分是 USD（universal scene description，通用场景描述）流程的更新并支持 Bifrost，以及 Blue Pencil 工具、布尔工具、拓扑工具的改进等。

（1）更新了适用于 Maya 软件的 USD 插件

通过 Maya 软件中的 USD 支持，美工人员可以将 USD 与 Maya 工作流无缝地结合使用，降低高模在编辑时的卡顿，并支持 Bifrost。USD 插件如图 1-1-2 所示。

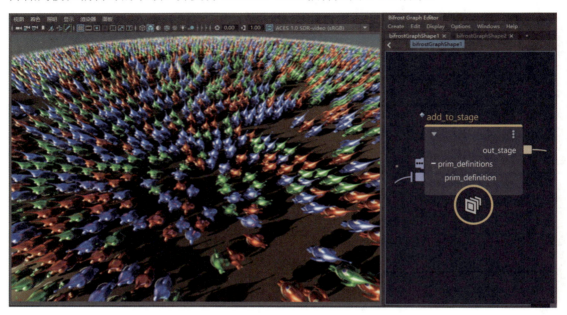

图 1-1-2　USD 插件

（2）Blue Pencil 工具的改进

全新的 Blue Pencil 工具支持在视口中创建二维图形、文本和形状，非常适合动画师为场景组件添加动画块、注释。Maya 2023 中直接内建了 Blue Pencil 工具，便于用户在预览视窗上直接绘图，用于讨论分镜或标注动画、动作中需修改的部分。用户可以轻松圈选修改区域，添加文字说明，并享受范围选取与缩放等便捷功能。Blue Pencil 工具如图 1-1-3 所示。

图 1-1-3　Blue Pencil 工具

（3）布尔工具的改进

Maya 2023 的布尔工具支持即时预览布尔运算结果（图 1-1-4），并新增了钉选布尔调整面板功能，使用户能够在调整面板中持续操作，灵活切换布尔运算方式，即时增加物件并预览布尔运算结果。

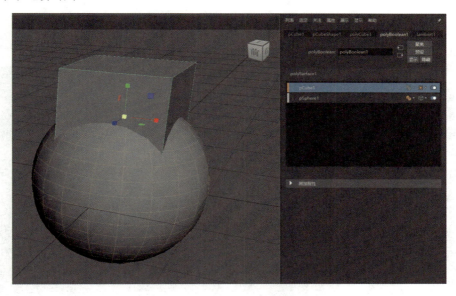

图 1-1-4　布尔运算结果

（4）拓扑工具的改进

可以将布尔运算与拓扑工具混用，在设定中保持硬边，通过拓扑实现硬表面建模，以便在较低的面数下也能获得优质效果。拓扑工具的快速拓扑高模如图 1-1-5 所示。

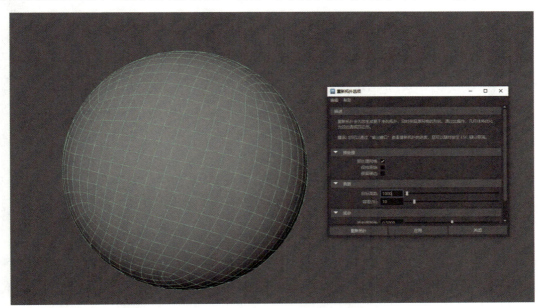

图 1-1-5　拓扑工具的快速拓扑高模

（5）对变形器的更新

相较于 Maya 2022 仅添加了 Solidify 变形器的缩放控制（图 1-1-6），Maya 2023 进一步增强了 Morph 变形器，新增了镜像和重定向模式，可为用户提供更多样化的变形选择。此外，Maya 2023 全面转向 Python 3，完全摒弃了 Python 2。这一更新与 Maya 2022 首次引入的新版本编程语言保持一致，为用户提供更强大、更现代的脚本与自动化支持。

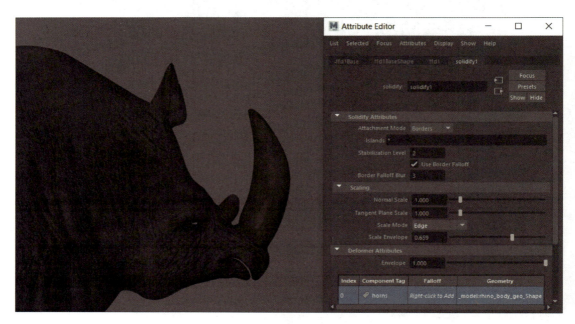

图 1-1-6　Solidify 变形器的缩放控制

任务 1.2　熟悉Maya 2023的工作界面

微课：熟悉 Maya 2023
的工作界面

☞ **任务目的**

通过实际软件操作，熟悉 Maya 2023 的工作界面。
本任务不设计具体的实施任务，请读者自行练习。

📖 **相关知识**

Maya 2023 中文版的工作界面由工作区、标题栏、菜单栏、状态行、工具架、工具箱、快速布局按钮、通道盒/层编辑器、动画控制区等组成，如图 1-2-1 所示。

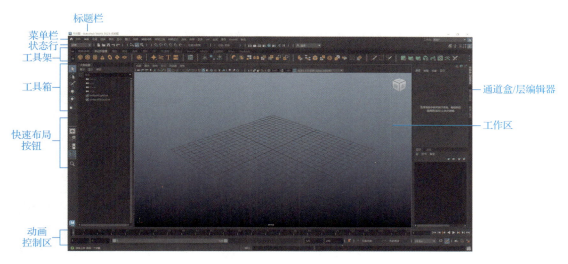

图 1-2-1　Maya 2023 中文版的工作界面

1. 工作区

工作区是 Maya 中的核心区域，用户在这里执行大部分操作，它是展示对象和各种编辑器面板的主要窗口，如图 1-2-2 所示。

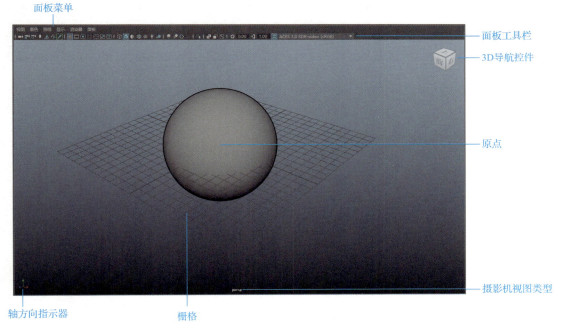

图 1-2-2　工作区

第一次启动 Maya 时，默认工作区显示在透视窗口或面板中。在 Maya 场景中，栅格中间有两条粗实线相交，该相交点的位置称为原点，它是 Maya 3D 世界的中心，包含从此位置测量的所有对象的方向值，如图 1-2-3 所示。

Y
X、Y和Z轴的原点
Z
X

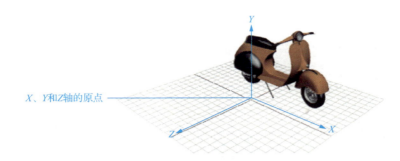

图 1-2-3　原点

与许多其他的 3D 应用程序一样，Maya 2023 中文版的 3D 空间标记为 *X*、*Y* 和 *Z* 轴。原点位于 *X*、*Y*、*Z* 轴坐标为(0,0,0)的位置。栅格位于 *X*、*Z* 轴组成的平面上。

Maya 使用颜色方案来标记 *X*、*Y* 和 *Z* 轴：*X* 轴为红色，*Y* 轴为绿色，*Z* 轴为蓝色。轴方向指示器（图 1-2-4）用于显示用户在哪个方向查看 Maya 场景，它显示在视图面板的左下角。

绿
蓝
红

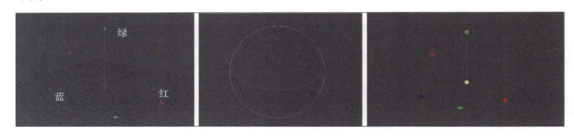

图 1-2-4　轴方向指示器

2. 标题栏

标题栏用于显示文件的相关信息，如当前使用的软件版本、文件保存的目录、文件名称及当前选择对象的名称等，如图 1-2-5 所示。

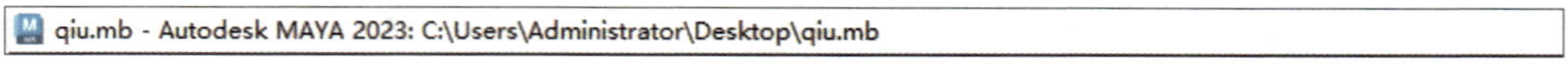

qiu.mb - Autodesk MAYA 2023: C:\Users\Administrator\Desktop\qiu.mb

图 1-2-5　标题栏

3. 菜单栏

菜单栏中包括 Maya 所有的命令和工具，因为 Maya 的命令非常多，无法在同一个菜单栏中显示出来，所以 Maya 采用模块化的显示方法进行显示，如图 1-2-6 所示。

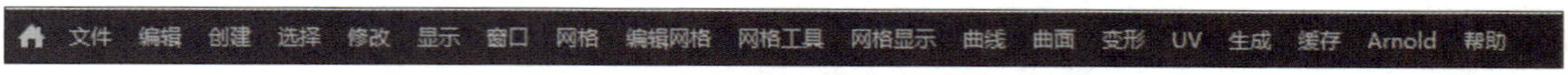

文件 编辑 创建 选择 修改 显示 窗口 网格 编辑网格 网格工具 网格显示 曲线 曲面 变形 UV 生成 缓存 Arnold 帮助

图 1-2-6　菜单栏

4．状态行

状态行中主要是一些常用的视图操作工具，如菜单选择器（模块选择器）、场景管理工具、选择层级工具、捕捉开关、渲染工具、构建按钮、编辑器开关等。

（1）菜单选择器

图 1-2-7　菜单选择器

菜单选择器（图 1-2-7）显示在 Maya 标题栏正下方的 Maya 界面顶端，其中显示选择的菜单集。每个菜单集分别对应 Maya 内的一个模块，如"建模"、"绑定"、"动画"、"FX"、"渲染"和"自定义"。

（2）场景管理工具

1）创建新场景▯：对应的菜单命令是"文件"→"新建场景"。

2）打开场景▯：对应的菜单命令是"文件"→"打开场景"。

3）保存当前场景▯：对应的菜单命令是"文件"→"保存场景"。

（3）选择层级工具

1）按层级和组合选择▯：可以选择成组的物体。

2）按对象类型选择▯：使选择的对象处于物体级别。在此状态下，后面选择的遮罩将显示物体级别下的遮罩工具。

3）按次组件类型选择▯：例如，在 Maya 中创建一个多边形球体，这个球是由点、线、面构成的。这些点、线、面就是次物体级别，可以通过这些点、线、面再次对创建的对象进行编辑。

4）锁定/解除锁定当前选择▯：单击锁形图标锁定选择，这样在使用鼠标左键时，就可以直接运行操纵器，而无须再进行选择操作。再次单击锁形图标解除锁定该选择。

5）亮显当前选择模式▯：在任何组件模式中选择组件时，对象选择处于禁用状态，这样可以停留在组件选择模式中。例如，选择多个组件（顶点、面等），若要覆盖此设置，以便单击对象的非组件部分时选中整个对象（使用户返回对象模式），则应禁用"亮显当前选择模式"。

（4）捕捉开关

1）捕捉到栅格▯：捕捉顶点（CV 或多边形顶点）或枢轴点到栅格角。如果在创建曲线之前单击"捕捉到栅格"按钮，则将其顶点捕捉到栅格角。

2）捕捉到曲线▯：捕捉顶点（CV 或多边形顶点）或枢轴点到曲线或曲面上的曲线。

3）捕捉到点▯：捕捉顶点（CV 或多边形顶点）或枢轴点到点。其中，可以包括面中心。

4）捕捉到投影中心▯：启用后，将对象（关节、定位器）捕捉到选定网格或 NURBS（non-uniform rational B-spline）曲面的中心。需要注意的是，使用"捕捉到投影中心"功能后，将覆盖所有其他捕捉模式。

5）捕捉到视图平面▯：捕捉顶点（CV 或多边形顶点）或枢轴点到视图平面。

6）激活选定对象▯：将选定的曲面转化为激活的曲面。活动曲面的名称显示在激活图标旁边的字段中。

（5）渲染工具

单击渲染工具按钮 ▨▨▨▨，可以打开"渲染视图"窗口、执行普通渲染命令、执行 IPR 渲染命令和打开"渲染设置"窗口。

> **小贴士**
>
> IPR 是"渲染视图"的一个组件，允许用户快速、高效地预览和调整灯光、着色器、纹理和 2D 运动模糊。IPR 是在用户工作时实现场景可视化的理想方案，因为它可以立即显示用户所做的修改。用户也可以暂停和停止 IPR 渲染，选择多个渲染选项加入 IPR 过程或从中排除这些选项。IPR 的工作方式与常规的软件渲染略有不同，其不支持所有的软件可渲染功能，如不支持光线跟踪或产品级质量抗锯齿。

（6）构建按钮

单击 ▨▨ 按钮，可以在弹出的下拉列表中选择、启用、禁用或列出选定对象的构建输入和输出。

（7）编辑器开关

单击 ▨▨▨▨ 按钮，可以进行"显示/隐藏建模工具包""切换角色控制""显示/隐藏属性编辑器""显示/隐藏工具设置""显示/隐藏通道盒"的操作。

5. 工具架

工具架在状态行的下方，如图 1-2-8 所示。

图 1-2-8　工具架

Maya 的工具架非常有用，它集合了 Maya 各模块中常用的命令，并以图标的形式分类显示。这样，每个图标就相当于相应命令的快捷链接，单击该图标，就等效于执行相应的命令。

工具架分上、下两部分，上面一层为选项卡栏。选项卡栏下方放置图标的一栏称为工具栏。选项卡栏上的每个选项卡实际对应 Maya 的一个功能模块，如"曲面"选项卡下的图标集合对应的就是曲面建模的相关命令。

6. 工具箱/快速布局按钮

Maya 的工具箱在整个界面的最左侧，这里集合了选择、移动、旋转、缩放等常用变换工具，如图 1-2-9 所示。

快速布局按钮显示在工具箱下方，利用这些按钮可以在面板布局之间进行切换，如图 1-2-10 所示。

选择工具
套索工具
绘制选择工具
移动工具
旋转工具
缩放工具

图 1-2-9　工具箱

单个透视视图
4个视图（顶、透视、前、侧）
2个视图（前、透视）
大纲视图

图 1-2-10　快速布局按钮

7. 通道盒/层编辑器

单击 ▦ 按钮可以显示/隐藏"通道盒/层编辑器"面板。其中，"通道盒"是用于编辑对象属性的主要工具。使用该工具，用户可以对属性快速设置关键帧，以及锁定、解除锁定或创建表达式。"通道盒/层编辑器"面板如图 1-2-11 所示。

图 1-2-11　"通道盒/层编辑器"面板

小贴士

"通道盒/层编辑器"面板中显示的信息根据选定对象或组件的类型而变化。如果未选定对象，则"通道盒/层编辑器"面板为空。

8. 动画控制区

动画控制区如图 1-2-12 所示。其中，"时间"滑块显示已为选择对象设定的播放范围和关键帧（以红色线显示）。使用"时间"滑块右侧的文本框可以设定动画的当前帧（时间）。"范围"滑块用于控制"时间"滑块中反映的播放范围。动画开始时间文本框用于设置动画的开始时间。动画结束时间文本框用于设置动画的结束时间。播放开始时间文本框用于显示播放范围的当前开始时间，如果其值大于播放结束时间，则播放结束时间将被调整为大于播放开始时间的时间单位。播放结束时间文本框用于显示播放范围的当前结束时间，如果其值小于播放开始时间的值，则播放开始时间将被调整为小于播放结束时间的时间单位。播放控制器用于控制动画播放。当动画处于播放状态时，"停止"按钮才会出现。

图 1-2-12　动画控制区

9.　命令行

命令行用于输入 Maya 的 MEL 命令或脚本命令，如图 1-2-13 所示。Maya 的每一步操作都有对应的 MEL 命令，所以 Maya 的操作也可以通过命令行来实现。

图 1-2-13　命令行

任务 1.3　视图基本操作

微课：学习视图
基本操作

☞ **任务目的**

　　通过练习，掌握旋转视图、移动视图、缩放视图、使选定对象最大化显示、使场景中的所有对象最大化显示等基本操作。
　　本任务不设计具体的实施任务，请读者自行练习。

相关知识

1.　旋转视图

对视图的旋转操作只针对透视摄影机类型的视图，因为正交视图中的旋转功能是被锁定的。用户可以使用 Alt+鼠标左键对视图进行旋转操作。另外，还可以使用 Shift+Alt+鼠标左键完成水平或垂直单方向上的旋转操作。旋转视图如图 1-3-1 所示。

2．移动视图

在 Maya 中，移动视图实质上就是移动摄影机，如图 1-3-2 所示。用户可以使用 Alt+鼠标中键移动视图。另外，还可以使用 Shift+Alt+鼠标中键完成水平或垂直单方向上的移动操作。

3．缩放视图

缩放视图可以将场景中的对象进行放大或缩小，实质上就是改变视图摄影机与场景对象之间的距离，可以将视图的缩放操作理解为对视图摄影机进行的操作，如图 1-3-3 所示。用户可以使用 Alt+鼠标右键或 Alt+鼠标左键+鼠标中键对视图进行缩放操作。另外，还可以使用 Ctrl+Alt+鼠标左键选出一个区域，并使该区域放大到最大。

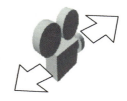

图 1-3-1　旋转视图　　　　　图 1-3-2　移动视图　　　　　图 1-3-3　缩放视图

4．使选定对象最大化显示

在选定某一个对象的前提下，可以使用 F 键使选择对象在当前视图中最大化显示。最大化显示的视图是根据光标所在的位置来判断的，将光标放在想要放大的区域内，再按 F 键就可以将选择的对象最大化显示在视图中了。另外，还可以使用 Shift+F 组合键一次性将全部视图进行最大化显示。

5．使场景中的所有对象最大化显示

按 A 键可以将当前场景中的所有对象全部最大化显示在一个视图中。另外，还可以使用 Shift+A 组合键将场景中的所有对象全部显示在所有视图中。

任务 *1.4* 编辑对象

微课：编辑对象

☞ 任务目的

通过练习，掌握移动对象操纵器、旋转对象操纵器、缩放对象操纵器、组合式操纵器的基本变换操作。

本任务不设计具体的实施任务，请读者自行练习。

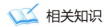

📖 **相关知识**

1. 移动对象

移动对象是指在三维空间坐标中对对象进行移动操作。移动操作的实质就是改变对象在 X、Y、Z 轴的位置。移动对象操纵器如图 1-4-1 所示。

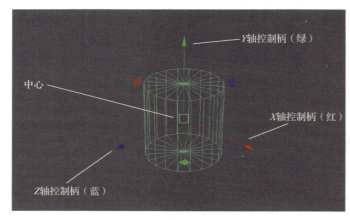

图 1-4-1　移动对象操纵器

2. 旋转对象

旋转对象同移动对象一样，也有自己的操纵器，如图 1-4-2 所示。利用旋转对象操纵器可以使物体围绕任意轴向进行旋转。拖动红色线圈表示将物体围绕 X 轴进行旋转，拖动绿色线圈表示将物体围绕 Y 轴进行旋转，拖动蓝色线圈表示将物体围绕 Z 轴进行旋转，拖动中间空白处可以使物体在任意方向上进行旋转。另外，也可以通过鼠标中键在视图中的任意位置拖动鼠标进行旋转。

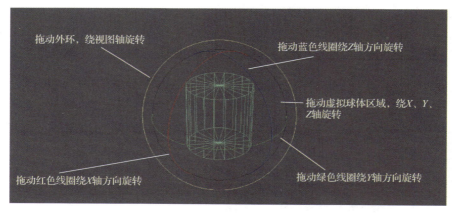

图 1-4-2　旋转对象操纵器

3. 缩放对象

在 Maya 中，可以对对象进行自由缩放操作。缩放对象也有自己的操纵器，如图 1-4-3 所示。

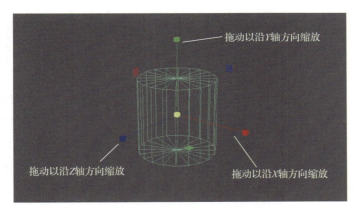

图 1-4-3　缩放对象操纵器

4. 组合式操纵器

在 Maya 中，组合式操纵器将移动、旋转和缩放操纵器的控制柄组合为一个整体，如图 1-4-4 所示。

当某个移动或缩放控制柄处于活动状态时，Maya 会隐藏轴旋转环。此时，单击外环旋转环就可以显示所有的旋转控制柄。

有些工具会有从操纵器中心伸出的另一个控制柄，单击该控制柄可以使操纵器轴在世界空间和局部空间之间进行切换。

图 1-4-4　组合式操纵器

小贴士

移动工具、旋转工具、缩放工具、组合式操纵器等变换工具都可以在工具栏中找到。

任务 1.5　设置坐标系统

微课：设置坐标系统

☞　任务目的

通过对三维坐标、世界空间、对象空间和局部空间的学习，结合软件操作，掌握坐标系统的设置方法。

本任务不设计具体的实施任务，请读者自行练习。

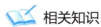

📖 相关知识 ————————————————————————————

1. 三维坐标

在 Maya 的三维坐标中，最基本的可视图元为点。点没有大小，但是有位置。为了确定点的位置，首先应在空间中建立任意一点作为原点。随后，可将某个点的位置表示为原点右侧（或左侧）若干单位、原点上方（或下方）若干单位，以及原点前面（或后面）若干单位。

图 1-5-1 中的 7、3、4 这 3 个数字提供了空间中点的三维坐标。例如，对于位于原点右侧 7 个单位（X）、原点上方 3 个单位（Y）和原点前面 4 个单位（Z）的点，其 X、Y、Z 坐标为(7,3,4)。

若要指定与原点相反方向的点，则应使用负数。例如，坐标为(-5,-2,-1)的点在原点左侧 5 个单位、原点下方 2 个单位及原点后面 1 个单位。

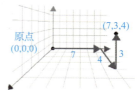

图 1-5-1　三维坐标

2. 世界空间、对象空间和局部空间

世界空间是整个场景的坐标系，它的原点位于场景的中心；而视图窗口中的栅格显示了世界空间轴。

对象空间是来自对象视点的坐标系。对象空间的原点位于对象的枢轴点处，而且其轴随对象旋转，如图 1-5-2 所示。

局部空间类似于对象空间，但是它使用对象层中对象父节点的原点和轴，如图 1-5-3 所示。当对象是变换组的一部分，而对象本身并未变换时，该空间非常有用。

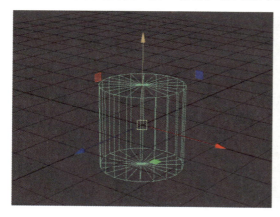

图 1-5-2　对象空间

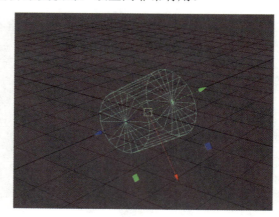

图 1-5-3　局部空间

任务 *1.6* 处理Maya软件的常见问题

微课：处理 Maya
软件的常见问题

☞ **任务目的**

在使用 Maya 软件的过程中，用户时常会遇到一些问题。本任务介绍 Maya 软件常见问题的处理方法。

本任务不设计具体的实施任务，请读者自行练习。

相关知识

1. 恢复 Maya 软件的初始界面

在操作 Maya 软件的过程中，有时操作界面的布局会变乱。这种情况下该如何恢复初始界面呢？

执行"窗口"→"UI 元素"→"还原 UI 元素"命令，如图 1-6-1 所示，即可恢复初始界面。

2. 运用布尔运算时出错

运用布尔运算实现如图 1-6-2 所示的效果时，模型会出现运算错误，该如何解决？

图 1-6-1　恢复初始界面

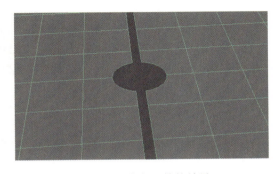

图 1-6-2　布尔运算的效果

准备进行布尔运算的两个物体绝对不能在开放边界处交叉，否则将出现运算错误。如图 1-6-3 所示的两种情况都是错误的模型交叉样式。

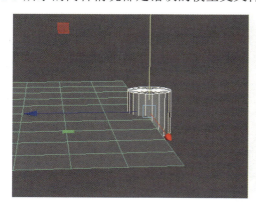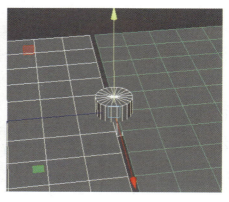

图 1-6-3　错误的模型交叉样式

如果一定要实现图 1-6-2 所示的效果，则可以先将面片挤出一定的厚度或挤出边界，使边界超出接触范围，然后进行布尔运算，布尔运算完成后删除多余的面。正确的模型交叉样式如图 1-6-4 所示。

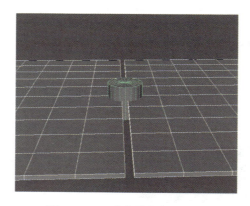

图 1-6-4　正确的模型交叉样式

3．软件突然崩溃

在操作 Maya 软件的过程中，软件突然崩溃，而用户事先没有保存文件。这种情况下如何找回之前的文件呢？

当遇到上述情况时，可以打开路径 C:\Users\Administrator\AppData\Local\Temp，找到与软件崩溃时间相同的文件夹，双击打开源文件即可。

小贴士

上述路径中的"Administrator"并不是固定的，它指的是用户所操作的计算机的用户名。

4. 角色不能返回原始姿势

在制作角色动画时，经常遇到角色动画身体无法回到原始姿势的情况。无论是将控制器参数设为零，还是单击"恢复绑定姿势"按钮都无法解决该问题。这时应该怎么做呢？

在 Maya 软件中进行角色设定时，通常会使用表达式作为属性连接的方式，但是在操作过程中往往会出现不能实时根据操作刷新的问题。解决方法有以下两种：①使用节点的方式进行属性连接，避免在角色设定中使用表达式；②在制作动画时在时间线的-1 帧设置一个默认姿势，如果在调整角色时出现无法返回默认姿势的情况，则直接回到-1 帧将这个姿势复制过来即可。之所以使用-1 帧，是因为-1 帧在渲染时不会被渲染出来。

任务 *1.7* 项目实训——制作石膏体组合模型

微课：项目实训——制作
石膏体组合模型

☞ **任务目的**

以图 1-7-1 所示的素描图为参照，制作完成如图 1-7-2 所示的模型效果。通过本项目实训，熟悉并掌握 Maya 界面元素、视图操作方法等基础知识。

图 1-7-1　石膏体组合模型参考图

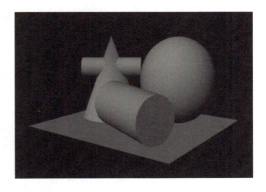

图 1-7-2　石膏体组合模型效果

 任务实施

> **技能点拨**：①打开软件；②创建基础模型圆锥体、圆柱体和球体，并修改相关参数；③使用"移动工具"和"旋转工具"对模型位置和角度进行调整；④新建桌面，渲染测试结果。

第 1 步　创建基础模型

01 打开 Maya 2023 中文版，执行"文件"→"查看图像"命令，导入素描参考图，如图 1-7-3 所示。

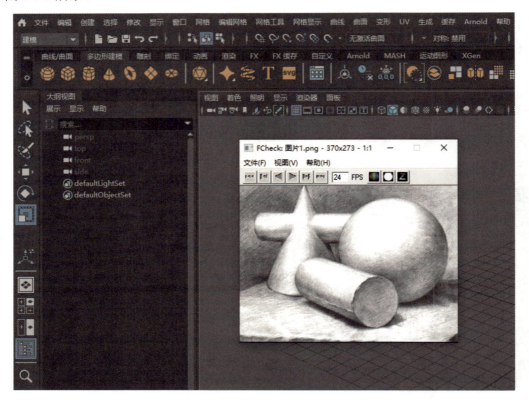

图 1-7-3　导入素描参考图

02 在菜单选择器中选择"建模"选项，使用"多边形圆锥体"工具在视图中创建一个圆锥体，并修改其半径为 5、高度为 12，如图 1-7-4 和图 1-7-5 所示。

图 1-7-4　创建圆锥体

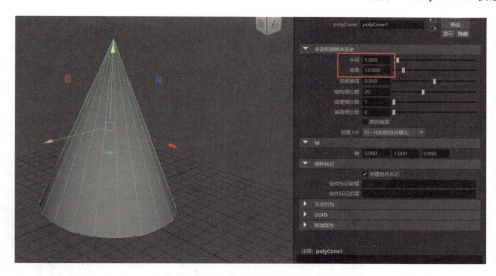

图 1-7-5 设置圆锥体的参数

03 创建圆柱体，并修改其半径为 3、高度为 12，如图 1-7-6 所示。

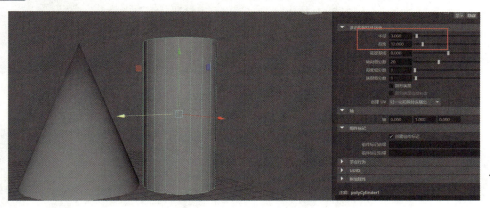

图 1-7-6 创建圆柱体

04 在视图中继续创建一个圆柱体和一个球体，并设置圆柱体的半径为 1.5、高度为 10，设置球体的半径为 6，效果如图 1-7-7 所示。

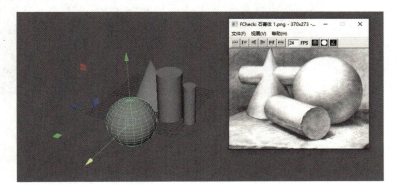

图 1-7-7 模型初始效果

第 2 步　调整模型的位置和角度

首先观察图 1-7-7，发现已创建的几个模型没有处于栅格上方。接下来，通过对"变换属性"选项组中相关数值的调整来更改模型的位置。

01　选择球体，在"属性编辑器"面板下的"pSphere1"选项组中调整"平移"文本框中的 Y 轴的数值为 6，然后按 Enter 键确认。此时，球体底部已上升至与栅格平齐，如图 1-7-8 和图 1-7-9 所示。

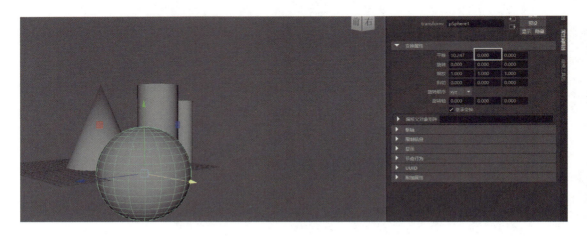

图 1-7-8　模型初始位置

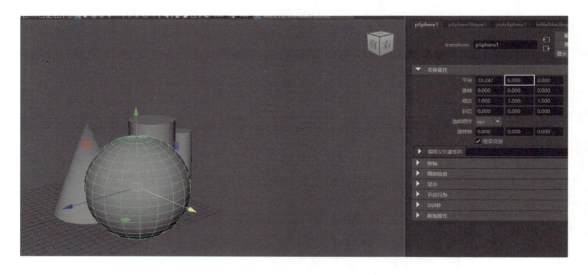

图 1-7-9　球体调整后的位置

02　选择较大的圆柱体，在"属性编辑器"面板下的"pCylinder2"选项组中调整"旋转"文本框中的 X 轴的数值为 90。此时，发现被选择的圆柱体发生了 90° 旋转。使用同样的方法调整另一个圆柱体的角度，结果如图 1-7-10 所示。

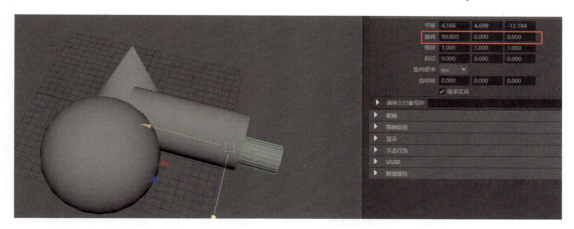

图 1-7-10　对圆柱体模型进行旋转调整

　　因为最终效果中两个圆柱体都是横向摆放的，所以此时并不需要对两个圆柱体进行垂直方向上的位移调整，而只需要对两个圆柱体进行旋转调整。

　　此时，再次观察视图中的模型效果，会发现较大的圆柱体未处于栅格上方，下面需要对其位置进行调整。

　　03　选择较大的圆柱体，在"属性编辑器"面板下的"pCylinder1"选项组中调整"平移"文本框中 Y 轴的数值为 3，结果如图 1-7-11 所示。

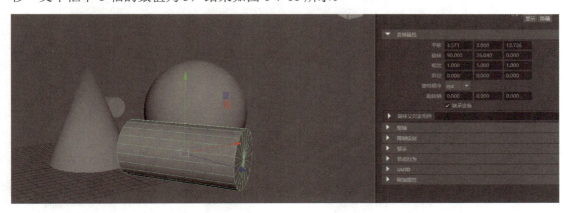

图 1-7-11　对圆柱体模型进行平移调整

　　在上述步骤 3 的操作中需要对视图进行切换，具体方法是按 Space 键，实现单视图和四视图之间的切换。

04 在顶视图中使用"旋转工具"对较小的圆柱体进行旋转调整，如图 1-7-12 和图 1-7-13 所示。

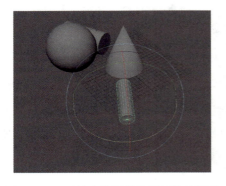
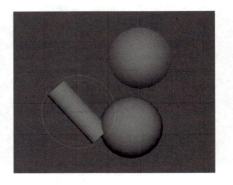

图 1-7-12　对较小的圆柱体进行旋转调整　　　　　图 1-7-13　调整后的效果

05 使用同样的方法对较大的圆柱体进行位置和角度调整，效果如图 1-7-14 所示。

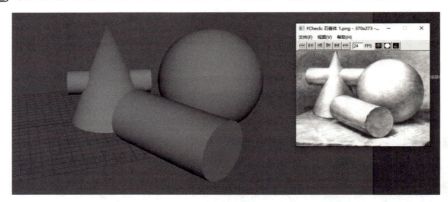

图 1-7-14　对较大的圆柱体进行调整后的效果

此时，对比观察图 1-7-14 中的模型效果和参考图，发现圆锥、圆柱组合体的位置不准确，需要对其位置进行调整。

06 在顶视图中按住鼠标左键，拖动鼠标框选圆锥、圆柱组合体，然后使用"移动工具"对该组合体进行位置调整，如图 1-7-15 和图 1-7-16 所示。

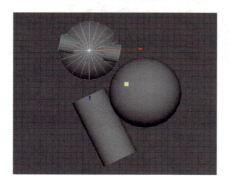
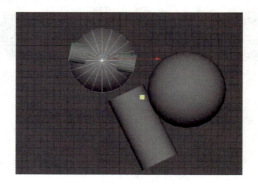

图 1-7-15　组合体调整前　　　　　　　　图 1-7-16　组合体调整后

07 创建一个多边形平面作为桌面，如图 1-7-17 所示，然后测试渲染。至此，完成石膏体组合模型的制作。

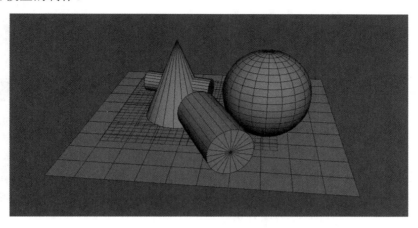

图 1-7-17　创建桌面模型

项 目

NURBS 建模

▌项目导读

　　NURBS 是对曲线的一种数学描述。NURBS 建模使用数学函数定义曲线和曲面，其最大的优势是表面精度的可调性，即在不改变外形的前提下可自由控制曲面的精细程度，特别适合用于制作工业造型和高精度生物模型。

　　本项目将对 NURBS 建模的相关知识进行系统介绍。

▌学习目标

- 掌握使用"CV 曲线工具"绘制曲线的方法。
- 掌握 NURBS 基本模型物体的创建方法。
- 掌握 NURBS 建模基础命令的使用方法。
- 通过"信息学校"文字的制作，提升对学校的认同感，培养爱国、爱乡、爱校的情怀。
- 通过电池、节能灯泡模型的制作，践行环保理念，提升社会责任感。
- 通过花瓶、檐口、茶壶模型的制作，坚定文化自信，弘扬中华优秀传统文化。
- 通过哑铃、口红、沙漏、工业存储罐模型的制作，培养精益求精的工作态度和职业素养。

任务 2.1 "倒角"命令的应用——制作"信息学校"模型

微课："倒角"命令的
应用——制作"信息
学校"模型

☞ **任务目的**

制作如图 2-1-1 所示的"信息学校"模型。通过本任务的学习，熟悉并掌握倒角文字的设置方法与技巧。

信息学校

图 2-1-1　"信息学校"模型效果

相关知识

倒角操作的主要作用是将模型中尖锐的边缘转化为圆角或斜角，以此增强模型的真实感。当选中模型的边线后，执行"倒角"命令，即可对模型的宽度和分段数进行调整。其中，宽度参数用于控制倒角的大小，而分段数则决定了倒角边缘的圆滑程度。倒角操作适用于机械零件、家具边角等需要柔化边缘的场景，能够有效避免边缘出现生硬的转折。

任务实施

技能点拨：①通过执行"创建"→"类型"命令，在窗口设置文本的内容、类型和字体等，并创建文本；②通过"几何体"面板中的选项和"启用倒角"复选框来调整文本的样式，完成模型的制作。

第 1 步　创建文本

打开 Maya 2023 中文版，执行"创建"→"类型"命令，如图 2-1-2 所示；然后在如图 2-1-3 所示的文本框中输入"信息学校"，并设置字体样式和大小，在视图中创建文本。创建的文本效果如图 2-1-4 所示。

图 2-1-2　执行"类型"命令

图 2-1-3　在文本框中输入文字

图 2-1-4　创建的文本效果

第 2 步　设置倒角参数

01　在"几何体"选项卡中的"倒角"选项组中选中"启用倒角"复选框，然后对文字参数进行调整，如图 2-1-5 所示，效果如图 2-1-6 所示。

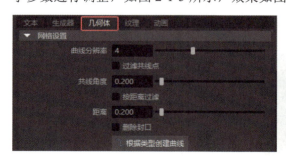

图 2-1-5　调整文字参数

图 2-1-6　倒角效果

02　在"倒角剖面"选项组中调整倒角类型，使用"轮廓"下面的不同按钮制作出不同的倒角结构。此外，还可以调整倒角的距离、偏移量和分段数，如图 2-1-7 所示。至此，完成"信息学校"模型的制作。

图 2-1-7　设置倒角参数

任务 2.2　"圆化工具"命令的应用——制作哑铃模型

微课:"圆化工具"
命令的应用——制作
哑铃模型

☞ **任务目的**

以图 2-2-1 为参照,利用基本的物体元素制作如图 2-2-2 所示的哑铃模型。通过本任务的学习,熟悉并掌握"圆化工具"命令的使用方法与技巧。

图 2-2-1　哑铃实物参照

图 2-2-2　哑铃模型效果

 相关知识

利用"圆化工具"命令可以将两个或两个以上的曲面在共享角与共享边处进行圆角处理。

任务实施

　　技能点拨:①使用非交互的创建方式创建 NURBS 圆柱体模型;②创建一个圆柱体作为哑铃的手柄;③使用"缩放工具"通过调整圆柱体的顶点来编辑哑铃手柄的形态;④使用"圆化工具"圆化边缘,复制除手柄外的模型,并移动其位置,完成模型的制作,同时对场景进行优化。

第 1 步　创建圆柱体

01 打开 Maya 2023 中文版，执行"创建"→"NURBS 基本体"命令，在级联菜单中关闭交互式创建方式，如图 2-2-3 所示。执行"创建"→"NURBS 基本体"→"圆柱体"命令，在场景中创建一个 NURBS 圆柱体，如图 2-2-4 所示。

图 2-2-3　关闭交互式创建方式

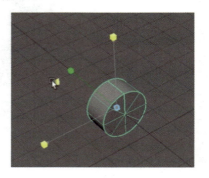

图 2-2-4　创建 NURBS 圆柱体 1

02 选择创建的 NURBS 圆柱体，在视图右侧的"通道盒/层编辑器"中设置"平移 X"为-2，"旋转 Z"为 90°，如图 2-2-5 所示。

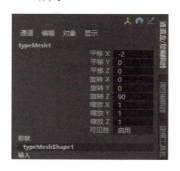

图 2-2-5　设置圆柱体的参数

第 2 步　制作手柄

01 执行"创建"→"NURBS 基本体"→"圆柱体"命令，在场景中创建一个圆柱体，如图 2-2-6 所示。

02 选择创建的 NURBS 圆柱体，在"通道盒/层编辑器"中设置"旋转 Z"为 90°，并调整长度和宽度，效果如图 2-2-7 所示。

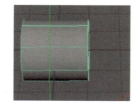

图 2-2-6　创建 NURBS 圆柱体 2

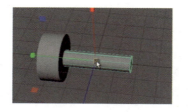

图 2-2-7　圆柱体调整后的效果

03 在"通道盒/层编辑器"中将圆柱体的"跨度数"设置为 4，如图 2-2-8 所示。

图 2-2-8　设置"跨度数"

04 选择 NURBS 圆柱体并右击，在弹出的快捷菜单中选择"控制顶点"选项，进入物体的"控制顶点"编辑模式，如图 2-2-9 所示。

05 选择如图 2-2-9 所示的框中的控制顶点，按 R 键激活"缩放工具"进行缩放。此时，可以看到哑铃的基本模型已经制作出来了，但是哑铃的圆柱体边缘过渡位置显得比较生硬，如图 2-2-10 所示。

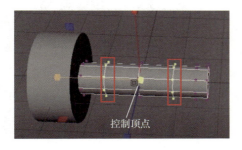

图 2-2-9　"控制顶点"编辑模式

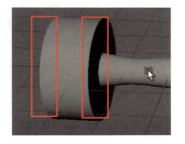

图 2-2-10　基本哑铃模型

第 3 步　圆化边缘

01 执行"编辑 NURBS 曲面"→"圆化工具"命令，如图 2-2-11 所示。按 4 键进入线框模式，框选边缘处的边，如图 2-2-12 所示。在"通道盒/层编辑器"中将"半径[1]"设置为 0.15，如图 2-2-13 所示。

图 2-2-11　执行"圆化工具"命令

图 2-2-12　选择边缘处的边

图 2-2-13　设置半径

02 重复步骤 1 的操作，将模型的另一边圆化，如图 2-2-14 所示。此时，若模型出现黑色面，则表明这些法线方向向内，接下来反转这些黑色面的法线方向：选择黑色面，然后执行"网格显示"→"反转方向"命令（图 2-2-15）即可。

图 2-2-14　圆化效果

图 2-2-15　反转方向

03 选择经过圆角处理后的除手柄外的模型，并按 Ctrl+D 组合键进行复制，然后对复制的模型进行 X 轴的缩放处理，缩放值为-1，如图 2-2-16 所示。将复制的模型移动到另一边，使两边对称，如图 2-2-17 所示。至此，完成哑铃模型的制作。

图 2-2-16　设置 X 轴的缩放值为-1

图 2-2-17　复制完成后的效果

任务 2.3　"自由形式圆角"命令的应用——制作电池模型

微课："自由形式圆角"
命令的应用——制作
电池模型

☞ **任务目的**

以图 2-3-1 为参照，制作如图 2-3-2 所示的电池模型。通过本任务的学习，熟悉并掌握"自由形式圆角"命令的使用方法与技巧。

图 2-3-1　电池实物参照

图 2-3-2　电池模型效果

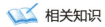 **相关知识**

利用"自由形式圆角"命令可以将两个曲面进行连接，并在连接处产生自由倒角。

 任务实施

　　技能点拨：①在场景中创建一个没有顶部的 NURBS 圆柱体，并沿 Y 轴进行缩放；②在电池主体模型顶部创建两个圆柱体，并使用"自由形式圆角"命令和"圆化工具"命令等制作电池的正极模型；③在电池主体底部创建一个圆柱体，并使用"圆化工具"命令将其与电池主体模型底部的相交曲面进行圆化处理；④对模型整体进行调整，完成模型的制作。

　　第 1 步　制作电池主体

　　01　打开 Maya 2023 中文版，单击"创建"→"NURBS 基本体"→"圆柱体"命令后面的按钮，如图 2-3-3 所示，在打开的"NURBS 圆柱体选项"窗口（图 2-3-4）中设置"封口"为底，然后单击"创建"按钮，即可在场景中创建一个圆柱体模型。

图 2-3-3　单击"圆柱体"命令后面的按钮

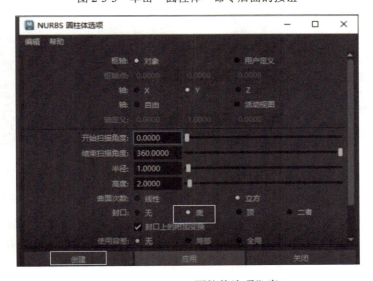

图 2-3-4　"NURBS 圆柱体选项"窗口

02 使用"缩放工具"将步骤 1 中创建的圆柱体沿 Y 轴方向缩放 2.5 个单位，制作电池的主体形状，如图 2-3-5 和图 2-3-6 所示。

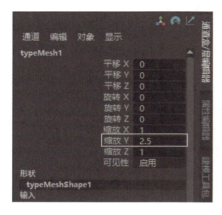

图 2-3-5　设置圆柱体的参数

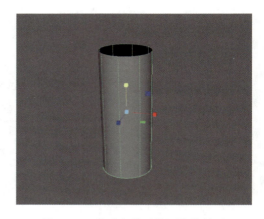

图 2-3-6　修改参数后的圆柱体效果

第 2 步　制作正极

01 打开"NURBS 圆柱体选项"窗口，设置"封口"为无，单击"创建"按钮，在场景中创建一个圆柱体模型。利用"缩放工具"对新创建的圆柱体进行调整，并把它放置在合适的位置，如图 2-3-7 和图 2-3-8 所示。

图 2-3-7　新建圆柱体

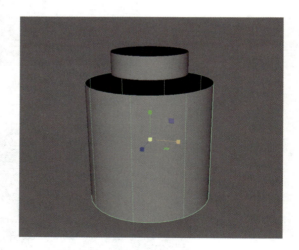

图 2-3-8　调整新建圆柱体后的效果

02 选择步骤 1 创建的圆柱体并右击，在弹出的快捷菜单中选择"等参线"选项，然后选择圆柱体底部的等参线，如图 2-3-9 所示，进入大圆柱体的"等参线"编辑模式。在按住 Shift 键的同时选择圆柱体顶部的等参线，如图 2-3-10 所示。执行"编辑 NURBS 曲面"→"曲面圆角"→"自由形式圆角"命令，如图 2-3-11 所示，模型效果如图 2-3-12 所示。

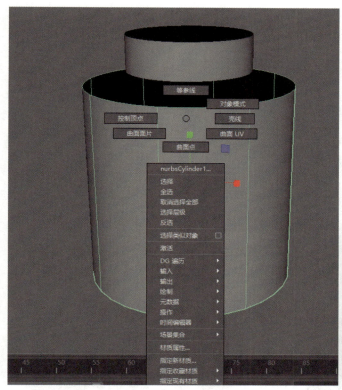

图 2-3-9　选择圆柱体底部的等参线

图 2-3-10　选择圆柱体顶部的等参线

图 2-3-11　执行"自由形式圆角"命令

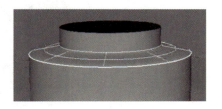

图 2-3-12　模型效果

03 再次创建一个圆柱体（图 2-3-13），创建时注意设置"封口"为顶。然后使用"缩放工具"和"移动工具"对模型的位置和大小进行调整。

图 2-3-13　创建圆柱体

04 执行"编辑 NURBS 曲面"→"曲面圆角"→"自由形式圆角"命令，效果如图 2-3-14 所示。再将黑色面的法线进行反转，效果如图 2-3-15 所示。

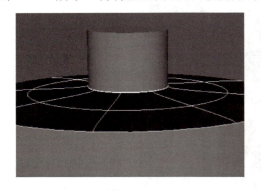

图 2-3-14　自由形式圆角后的效果

图 2-3-15　黑色面法线反转后的效果

05 执行"编辑 NURBS 曲面"→"圆化工具"命令，选择顶部圆柱体模型的相交曲面，如图 2-3-16 所示。然后在"通道盒/层编辑器"中设置倒角的"半径[0]"为 0.05，如图 2-3-17 所示，按 Enter 键确认倒角操作，效果如图 2-3-18 所示。

图 2-3-16　选择顶部圆柱体模型的相交曲面

图 2-3-17　设置倒角半径

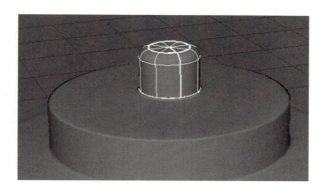

图 2-3-18　圆化并倒角后的效果

第 3 步　制作负极

01 与正极相比，电池负极的制作要容易一些。首先创建一个圆柱体，注意设置"封口"为底；然后使用"缩放工具"和"移动工具"对圆柱体的大小和位置进行调整，效果如图 2-3-19 所示。

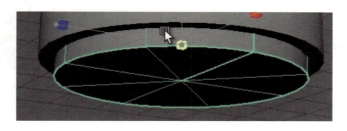

图 2-3-19　调整新建圆柱体的大小和位置

02 执行"编辑 NURBS 曲面"→"圆化工具"命令，选择步骤 1 创建的圆柱体底部的相交曲面，在"通道盒/层编辑器"中设置倒角的"半径"为 0.05，并按 Enter 键确认，效果如图 2-3-20 所示。然后将黑色面的法线进行反转，效果如图 2-3-21 所示。

图 2-3-20　圆柱体底部圆化并倒角后的效果

图 2-3-21　黑色面法线反转后的效果

03 使用同样的方法对电池主体底部的边缘进行倒角处理。然后选中电池模型，按 Ctrl+D 组合键复制 3 个电池模型，并调整电池模型的位置。至此，完成电池的制作。

任务 2.4 "布尔"命令的应用——制作口红模型

微课："布尔"命令的
应用——制作口红模型

☞ **任务目的**

以图 2-4-1 为参照，制作如图 2-4-2 所示的口红模型。通过本任务的学习，熟悉并掌握"布尔"命令的使用方法与技巧。

图 2-4-1　口红实物参照

图 2-4-2　口红模型效果

📖 **相关知识**

利用"布尔"命令可以将两个曲面物体或多个曲面物体进行结合、相减或相交；利用"放样"命令可以将多条曲线连接以生成曲面物体，其具体应用详见任务 2.7。

 任务实施

　　技能点拨：①在场景中创建一个圆柱体模型，并调整圆柱体的控制点，使其呈现出方形的结构，制作口红外壳；②创建一个圆柱体和球体模型，调整球体模型的控制点，并进行布尔运算，制作口红芯模型；③对口红的外壳模型进行复制，然后删除底面，并再次复制，最后对两个圆柱体底部的等参线进行放样，制作口红的模型；④使用"圆化工具"命令对口红外壳和口红盖模型的边缘进行圆化操作，完成模型的制作。

　　第 1 步　制作口红外壳

　　01 打开 Maya 2023 中文版，执行"创建"→"NURBS 基本体"→"圆柱体"命令，在场景中创建一个圆柱体模型，并在打开的"工具设置"对话框中设置圆柱体的参数。创建的圆柱体如图 2-4-3 所示。

图 2-4-3　创建圆柱体

02 切换到顶视图，进入 NURBS 圆柱体的"控制顶点"编辑模式，框选如图 2-4-4 所示的顶点。

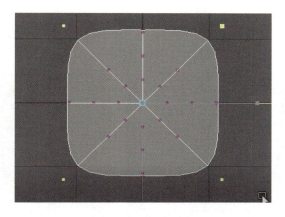

图 2-4-4　框选顶点

03 选择圆柱体模型，按 Ctrl+D 组合键进行复制，使用"缩放工具"缩小复制生成的圆柱体，使用"移动工具"将缩小后的圆柱体移至合适的位置，如图 2-4-5 所示。

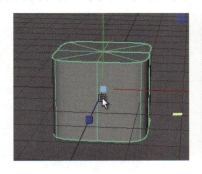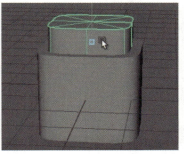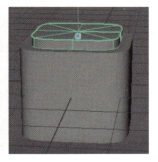

图 2-4-5　圆柱体模型的缩小、移动

第 2 步　制作口红芯

01 执行"创建"→"NURBS 基本体"→"圆柱体"命令，在场景中创建一个圆柱体，然后使用"移动工具"将其移至如图 2-4-6 所示的位置。

02 执行"创建"→"NURBS 基本体"→"圆柱体"命令，在场景中创建一个圆柱体，调整其形状、大小，再使用"移动工具"将其移至如图 2-4-7 所示的位置。

03 创建一个 NURBS 球体，使用"移动工具"将其移至如图 2-4-8 所示的位置。

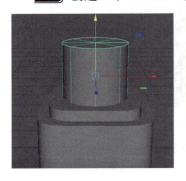 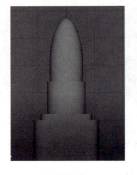 

图 2-4-6 创建并移动圆柱体　　　图 2-4-7 圆柱体的变形、移动效果　　　图 2-4-8 创建并移动球体

04 执行"编辑 NURBS 曲面"→"布尔"→"差集工具"命令，选择口红和球体，并按 Enter 键确认，如图 2-4-9 所示。

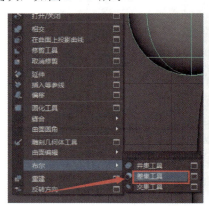 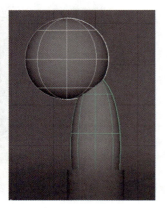

图 2-4-9 进行差集运算

05 选择口红部分，这时可以观察到相交部分已被去掉，同时运算的球体的未相交部分也被去掉了，如图 2-4-10 所示。然后将黑色面的法线进行反转。

第 3 步　制作口红盖

01 选择底部的圆柱体，按 Ctrl+D 组合键进行复制，使用"旋转工具"将复制生成的对象在 X 轴上旋转 90°，再使用"移动工具"将其拖出来。删除该圆柱体底部的面（图 2-4-11），复制剩下的部分，并使用"缩放工具"缩小复制的圆柱体。

02 先进入内层圆柱体的"等参线"编辑模式，选择底部的等参线；再进入外层圆柱体的"等参线"编辑模

图 2-4-10 进行差集运算后的效果

式，按住 Shift 键的同时选择底部的等参线，如图 2-4-12 所示；执行"曲面"→"放样"命令生成曲面，效果如图 2-4-13 所示。然后将黑色面的法线进行反转。

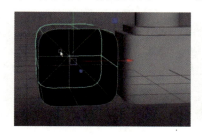

图 2-4-11　删除面

图 2-4-12　选择底部的等参线

图 2-4-13　生成曲面效果

第 4 步　综合调整

01　执行"编辑 NURBS"→"圆化工具"命令，选择口红外壳圆柱体的底部相交曲面进行圆化操作。使用同样的方法对其他部位进行圆化操作，效果如图 2-4-14 所示。

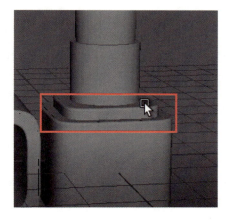

图 2-4-14　圆化后的效果

02　将黑色面的法线进行反转。至此，完成口红模型的制作。

任务 2.5 "CV曲线工具"命令的应用——制作花瓶模型

微课："CV 曲线工具"
命令的应用——制作
花瓶模型

☞ 任务目的

以图 2-5-1 为参照，制作如图 2-5-2 所示的花瓶模型。通过本任务的学习，熟悉并掌握"CV 曲线工具"命令的使用方法与技巧。

图 2-5-1 花瓶实物参照

图 2-5-2 花瓶模型效果

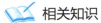 相关知识

　　CV 曲线工具又称可控点曲线工具，其创建出来的曲线形状和平滑度非常容易控制，在不必精确定位的情况下就可以创建曲线，该工具还能根据可控点的创建位置自动添加编辑点。

 任务实施

　　技能点拨：①使用"CV 曲线工具"命令绘制基本曲线；②在前视图中进入曲线的"控制顶点"编辑模式，使用"移动工具"调整曲线的形态；③使用"旋转"命令旋转曲线生成曲面模型；④使用"移动工具"通过调整曲线的顶点来调整花瓶模型的形态，完成模型的制作。

　　第 1 步　绘制曲线

　　01 打开 Maya 2023 中文版，按 Space 键的同时单击进入前视图，执行"创建"→"CV 曲线工具"命令，并在前视图绘制如图 2-5-3 所示的曲线。

　　02 选择绘制的曲线并右击，在弹出的快捷菜单中选择"控制顶点"选项，进入曲线的"控制顶点"编辑模式，如图 2-5-4 所示。

　　03 使用"移动工具"调整曲线控制点的位置，如图 2-5-5 所示。

图 2-5-3 绘制曲线

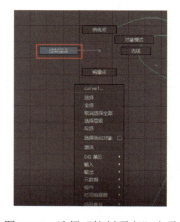
图 2-5-4 选择"控制顶点"选项

图 2-5-5 调整控制点的位置

第 2 步　旋转曲线

切换到透视图，选择曲线，执行"曲面"→"旋转"命令，此时曲线就会围绕其自身的 Y 轴旋转，生成一个曲面模型，如图 2-5-6 所示。

第 3 步　调整模型

01　在前视图中单击"线框"按钮，选择场景中的曲线。

図 2-5-6　生成的曲面模型

02　进入曲线的"控制顶点"编辑模式，使用"移动工具"调整曲线的形态，花瓶模型会跟随曲线的形态进行变化，如图 2-5-7 所示。

03　确认无误后将花瓶的面进行反转，如图 2-5-8 所示。至此，完成花瓶模型的制作。

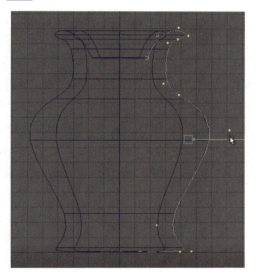

图 2-5-7　调整曲线的形态

图 2-5-8　面反转后的花瓶效果

任务 2.6　"挤出"命令的应用——制作节能灯泡模型

微课："挤出"命令的
应用——制作节能
灯泡模型

☞ 任务目的

以图 2-6-1 为参照，制作如图 2-6-2 所示的节能灯泡模型。通过本任务的学习，熟悉并掌握"挤出"命令的使用方法与技巧。

图 2-6-1　节能灯泡实物参照　　　　　　　　　图 2-6-2　节能灯泡模型效果

 相关知识

使用"挤出"命令可以将一条曲线沿着另一条路径曲线移动来产生曲面。

 任务实施

　　技能点拨：①在场景中创建一个 NURBS 圆柱体，将其顶部的控制点缩小一些；②再次创建一个 NURBS 圆柱体，对两个 NURBS 圆柱体模型的边缘进行圆化操作；③在场景中创建一个多边形的螺旋体，通过调整参数来制作节能灯座的螺纹；④绘制灯管的 U 形曲线，创建一个 NURBS 图形，使用"挤出"命令制作灯管模型；⑤使用复制的方法制作其他灯管，删除模型历史记录，冻结模型的变换属性，并删除无用的曲线，完成模型的制作。

　　第 1 步　创建立方体

　　01 打开 Maya 2023 中文版，执行"创建"→"NURBS 基本体"→"圆柱体"命令，在场景中创建一个圆柱体模型，具体参数设置如图 2-6-3 所示，创建的圆柱体如图 2-6-4 所示。

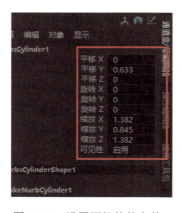

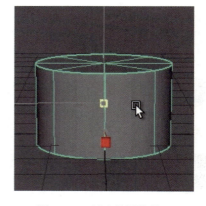

图 2-6-3　设置圆柱体的参数 1　　　　　　　　图 2-6-4　创建的圆柱体 1

　　02 进入 NURBS 圆柱体的"控制顶点"编辑模式，选择顶部所有的控制点，然后使用"缩放工具"将其缩小，如图 2-6-5 所示。

图 2-6-5　缩小顶部控制点

03 执行"创建"→"NURBS 基本体"→"圆柱体"命令，在场景中创建一个圆柱体模型，具体参数设置如图 2-6-6 所示，创建的圆柱体如图 2-6-7 所示。

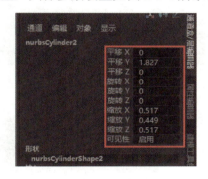

图 2-6-6　设置圆柱体的参数 2

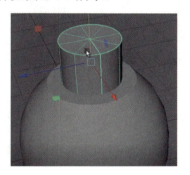

图 2-6-7　创建的圆柱体 2

04 执行"编辑 NURBS 曲面"→"圆化工具"命令，选择顶部圆柱体模型的相交曲面，调整出现的倒角手柄，如图 2-6-8 所示。调整倒角手柄后，选择黑色面的法线进行反转，效果如图 2-6-9 所示。

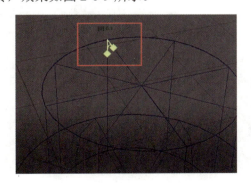

图 2-6-8　调整出现的倒角手柄

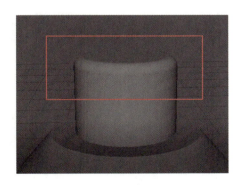

图 2-6-9　调整倒角手柄后的效果

第 2 步　制作螺纹

01 执行"创建"→"多边形基本体"→"螺旋体"命令，在视图中创建一个螺旋体，具体参数设置如图 2-6-10 所示，创建的螺旋体如图 2-6-11 所示。

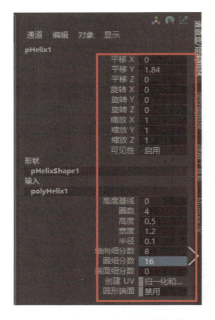

图 2-6-10　设置螺旋体的参数

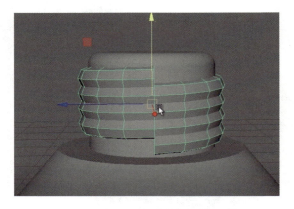

图 2-6-11　创建的螺旋体

02 在螺旋体模型处于选择的状态下，按 3 键对模型进行圆滑显示，如图 2-6-12 所示。

第 3 步　制作灯管

01 执行"创建"→"EP 曲线工具"命令（"EP 曲线工具"命令的应用详见任务 2.10），在前视图绘制一条如图 2-6-13 所示的曲线。

02 执行"创建"→"NURBS 基本体"→"圆形"命令，在场景中创建一个 NURBS 圆形，如图 2-6-14 所示。

图 2-6-12　圆滑显示

图 2-6-13　创建 EP 曲线

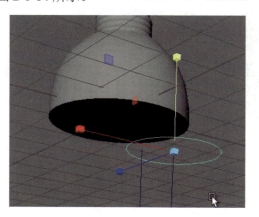

图 2-6-14　创建 NURBS 圆形

03 选择圆形，在按住 Shift 键的同时选择曲线，执行"曲面"→"挤出"命令，挤出如图 2-6-15 所示的灯管模型。

04 选择灯管模型，在顶视图中将其复制两份，然后使用"移动工具"和"旋转工具"将其调整至如图 2-6-16 所示的位置。

05 进入透视图，使用"移动工具"对 3 个灯管模型进行调整，避免灯管和灯座分离，如图 2-6-17 所示。选择黑色面的法线进行反转，再删除多余的面。

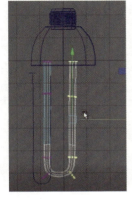
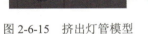
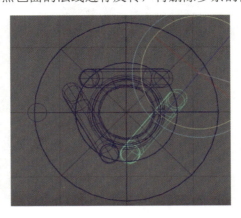

图 2-6-15　挤出灯管模型　　　图 2-6-16　复制灯管模型并调整其位置　　　图 2-6-17　移动 3 个灯管模型

第 4 步　调整场景

01 执行"创建"→"NURBS 基本体"→"球体"命令，在场景中创建一个 NURBS 球体作为节能灯的底部，具体参数设置如图 2-6-18 所示，创建的球体如图 2-6-19 所示。至此，完成灯泡模型的制作。

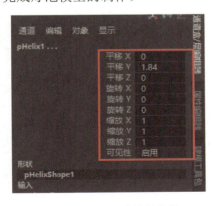
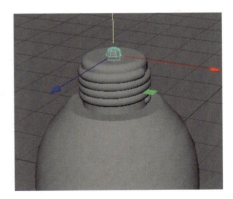

图 2-6-18　设置球体的参数　　　　　　图 2-6-19　创建的球体

02 执行"窗口"→"大纲视图"命令，打开"大纲视图"面板，如图 2-6-20 所示。选择"curve1"和"nurbsCircle1"对象，并将它们删除。

03 选择物体模型，执行"编辑"→"按类型删除"→"历史"命令，清除所有模型的历史记录。再次执行"修改"→"冻结变换"命令，冻结物体"通道盒/层编辑器"中的属性。

图 2-6-20　"大纲视图"面板

任务 *2.7*　"放样"命令的应用——制作檐口模型

微课："放样"命令的
应用——制作檐口模型

☞ **任务目的**

　　以图 2-7-1 为参照，制作如图 2-7-2 所示的檐口模型。通过本任务的学习，熟悉并掌握"放样"命令的使用方法与技巧。

图 2-7-1　檐口实物参照

图 2-7-2　檐口模型效果

 相关知识

　　放样操作是通过将多条轮廓线进行连接生成连续的曲面，该功能适用于创建管道、曲面造型等结构。具体操作时，依次选中所需的曲线后执行"放样"命令，Maya 软件会自动生成过渡曲面。用户可以通过调整曲线的顺序或形状来对生成曲面的形态进行控制，此功能在工业设计及生物模型制作（如花瓶、蛇身等模型）中有着广泛的应用。

💻 **任务实施**

> **技能点拨：**①使用"EP 曲线工具"命令绘制基本曲线；②进入曲线的"控制顶点"编辑模式，使用"移动工具"调整曲线的形态；③使用"放样"命令放样曲线生成曲面；④在场景中创建一个立方体，并调整立方体的位置和大小，搭建场景，完成模型的制作。

第 1 步　绘制曲线

01 按住 Space 键的同时右击，进入右视图，执行"创建"→"EP 曲线工具"命令，在右视图中绘制一条如图 2-7-3 所示的曲线。

02 选择绘制的曲线并右击，在弹出的快捷菜单中选择"控制顶点"选项，进入曲线的"控制顶点"编辑模式，然后使用"移动工具"调整曲线控制点的位置，将曲线的形态调整为如图 2-7-4 所示的形式。

图 2-7-3　创建 EP 曲线

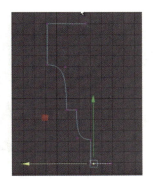

图 2-7-4　调整曲线后的效果

第 2 步　放样曲线

01 在透视图中使用"移动工具"调整曲线的位置，使用"缩放工具"调整曲线的大小，如图 2-7-5 所示。曲线的具体参数设置如图 2-7-6 所示。

图 2-7-5　使用"缩放工具"调整曲线

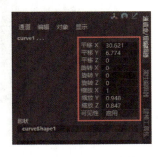

图 2-7-6　曲线的具体参数设置

02 选择曲线，按 Ctrl+D 组合键复制一条曲线，然后使用"移动工具"在 X 轴上移动 50 个长度单位的距离，如图 2-7-7 所示。

03 选择两条曲线，执行"曲面"→"放样"命令，生成如图 2-7-8 所示的曲面。

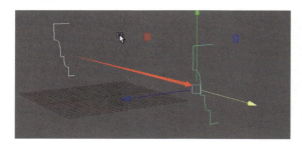

图 2-7-7　复制并移动曲线

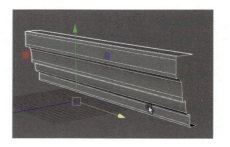

图 2-7-8　曲面放样效果

第 3 步　搭建场景

01 选择第 2 步中创建的曲面，按 Ctrl+D 组合键复制曲面，然后使用"旋转工具"将复制的曲面沿 Y 轴旋转 90°，结果如图 2-7-9 所示。

02 选择复制的曲面，使用"移动工具"将其移动到合适的位置，如图 2-7-10 所示。

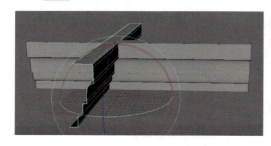

图 2-7-9　复制并旋转曲面

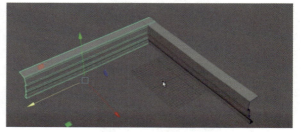

图 2-7-10　移动复制的曲面

03 框选所有的物体模型，执行"修改"→"冻结变换"命令，如图 2-7-11 所示，冻结物体"通道盒/层编辑器"中的属性。

图 2-7-11　执行"冻结变换"命令

04 确保所有的物体模型处于选择状态后，执行"编辑"→"按类型删除"→"历史"命令，清除所有模型的历史记录。

05 执行"窗口"→"大纲视图"命令，打开"大纲视图"面板，删除无用的曲线，如图 2-7-12 所示。

06 执行"创建"→"NURBS 基本体"→"立方体"命令，在场景中创建一个立方体，如图 2-7-13 所示。

图 2-7-12　删除无用的曲线

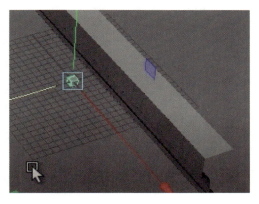

图 2-7-13　创建立方体

07 使用"移动工具"和"缩放工具"将立方体调整至合适的位置和大小，如图 2-7-14 所示。至此，完成檐口模型的制作。

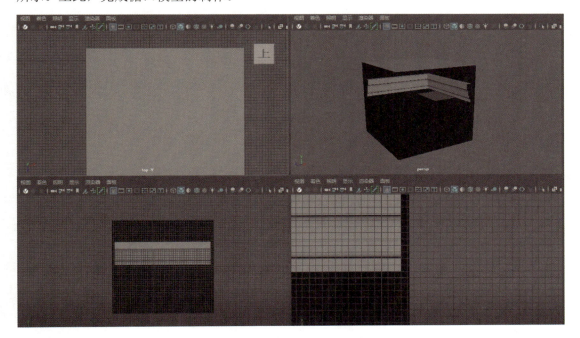

图 2-7-14　调整立方体的位置和大小

任务 2.8 "附加曲线"命令的应用——制作沙漏模型

微课："附加曲线"命令
的应用——制作沙漏模型

☞ **任务目的**

以图 2-8-1 为参照，制作如图 2-8-2 所示的沙漏模型。通过本任务的学习，熟悉并掌握"附加曲线"命令的使用方法与技巧。

图 2-8-1　沙漏实物参照

图 2-8-2　沙漏模型效果

 相关知识

使用"两点圆弧"命令可以建立一个垂直于正交视图的弓形曲线，它可以显示圆弧的半径值，但不可以建立封闭的圆形曲线；使用"旋转"命令可以将一条曲线沿着一个轴向旋转以产生曲面。

任务实施

　　技能点拨：①使用"两点圆弧"命令绘制一条圆弧曲线，复制绘制的曲线，并将两条曲线附加为一条曲线；②使用"旋转"命令将曲线旋转生成曲面，并通过调整曲线的控制点来调整曲面的形态；③创建 NUBRS 圆柱体模型，并将圆柱体的边缘调整得圆滑些，制作沙漏的底盘和顶盖；④制作沙漏的支柱模型；⑤复制沙漏的支柱模型，再使用"移动工具"摆放好复制对象的位置，完成模型的制作。

第 1 步　制作沙漏

01 打开 Maya 2023 中文版，按住 Space 键的同时右击，进入前视图，执行"创建"→"曲线工具"→"两点圆弧"命令。在场景中绘制一段两点圆弧，默认情况下生成的圆弧是朝向左侧的，如图 2-8-3 所示。通过拖动手柄将圆弧反转过来，如图 2-8-4 所示。

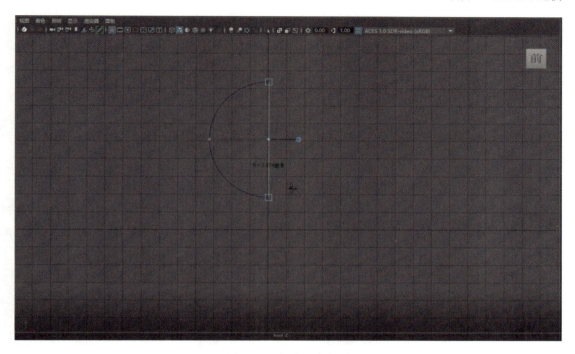

图 2-8-3　创建两点圆弧

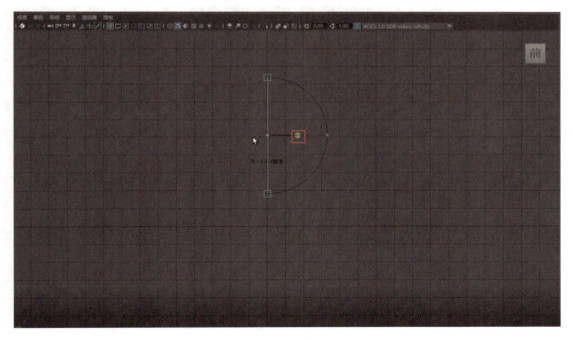

图 2-8-4　反转圆弧

02 选择圆弧曲线，单击"曲线"→"重建"命令后的按钮，在打开的"重建曲线选项"窗口中设置"跨度数"为 5，如图 2-8-5 所示，然后单击"重建"按钮。

图 2-8-5　重建曲线

03　选择曲线，按 Ctrl+D 组合键复制一条曲线，并使用"移动工具"将复制的曲线向上拖动至和原曲线有一点缝隙的位置处，如图 2-8-6 所示。

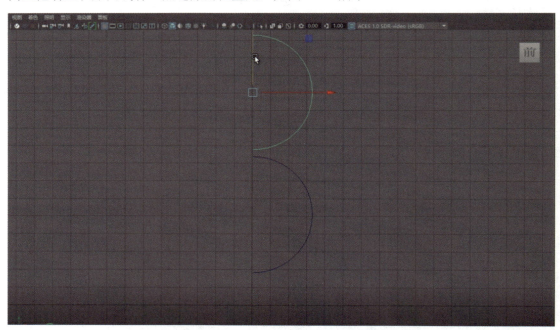

图 2-8-6　复制并拖动曲线

04　单击"曲线"→"附加"命令后的按钮，在打开的"附加曲线选项"窗口中取消选中"保持原始"复选框，如图 2-8-7 所示，然后单击"附加"按钮。附加曲线后的效果如图 2-8-8 所示。

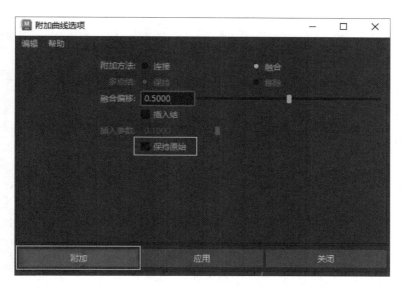

图 2-8-7   取消选中"保持原始"复选框

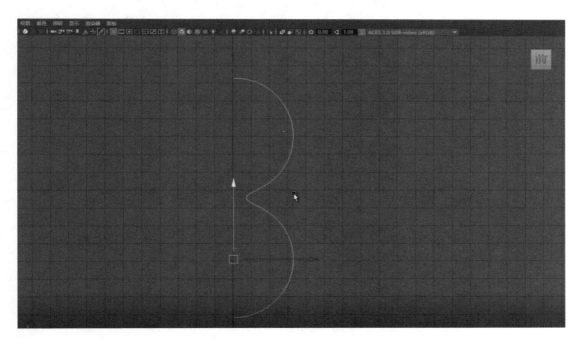

图 2-8-8   附加曲线后的效果

05 选择曲线，执行"曲面"→"旋转"命令，生成的曲面如图 2-8-9 所示。如果生成的曲面为黑色，则执行"曲面"→"反转方向"命令将面进行反转。

06 选择曲线，进入曲线的"控制顶点"编辑模式，然后使用"移动工具"将曲线上的控制点按照如图 2-8-10 所示的效果进行调整。

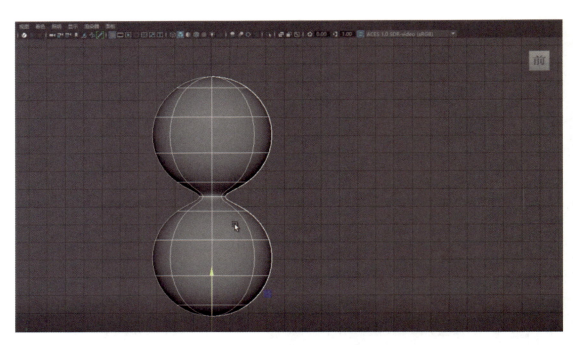

图 2-8-9　使用"旋转"命令生成的曲面

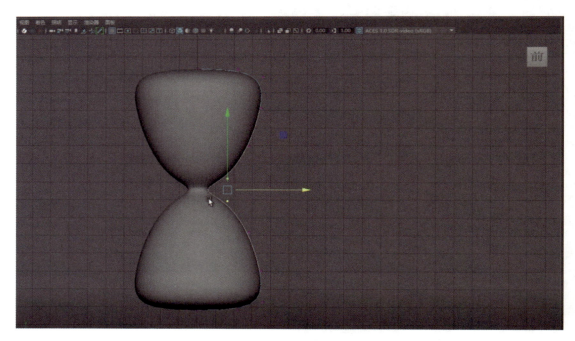

图 2-8-10　调整曲线控制点

07 选择曲线顶部和底部的控制点，使用"缩放工具"在 Y 轴上进行缩放，如图 2-8-11 所示。

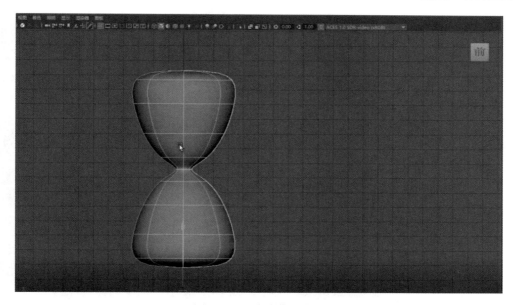

图 2-8-11　缩放曲面效果

第 2 步　制作底盘和顶盖模型

01　执行"创建"→"NUBRS 基本体"→"圆柱体"命令，创建一个圆柱体，然后调整圆柱体的大小和位置，将其作为沙漏的底盘；再按 Ctrl+D 组合键复制另一个圆柱体并调整其位置，将其作为沙漏的顶盖，如图 2-8-12 所示。

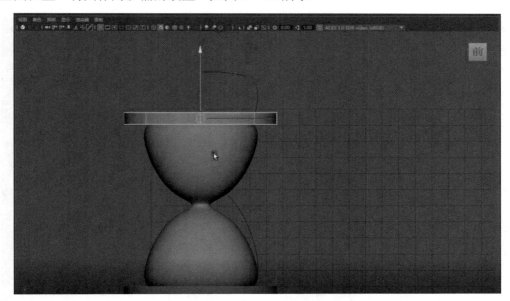

图 2-8-12　创建两个圆柱体分别作为沙漏的底盘和顶盖

02　对圆柱体的转折边进行圆角处理，执行"编辑 NUBRS 曲面"→"圆化工具"命令，选择顶部圆柱体模型的相交曲面，调整出现的倒角手柄（调整倒角大小），设置圆角半径为 0.1，如图 2-8-13 所示。对另一个圆柱进行圆角处理，再将黑色面的法线进行反转。

图 2-8-13　设置圆角半径

03　选择所有的模型，先单击"多边形建模"选项卡中的"删除选定对象"和"冻结变换"按钮，如图 2-8-14 所示，再删除多余的曲线。

图 2-8-14　"删除选定对象"和"冻结变换"按钮

第 3 步　制作支柱模型

01　执行"创建"→"EP 曲线工具"命令，在前视图绘制一条如图 2-8-15 所示的曲线。

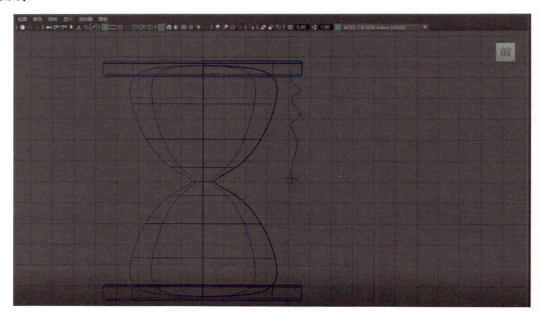

图 2-8-15　创建 EP 曲线

02　进入曲线的"控制顶点"编辑模式，使用"移动工具"调整曲线的控制点，以使曲线圆滑，如图 2-8-16 所示。

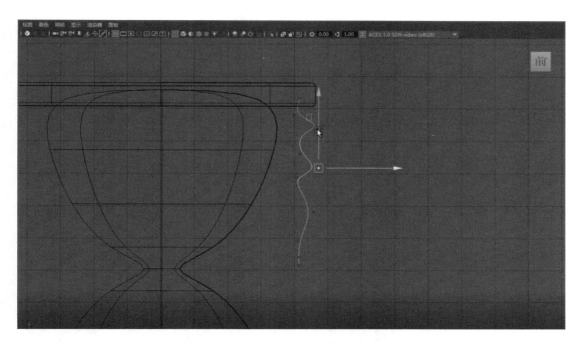

图 2-8-16　调整曲线的控制点

03 选择曲线的模型，按 D 键调出坐标轴，调整沙漏轴的位置，将曲线的坐标拖动到如图 2-8-17 所示的位置，然后按 D 键关闭坐标轴。

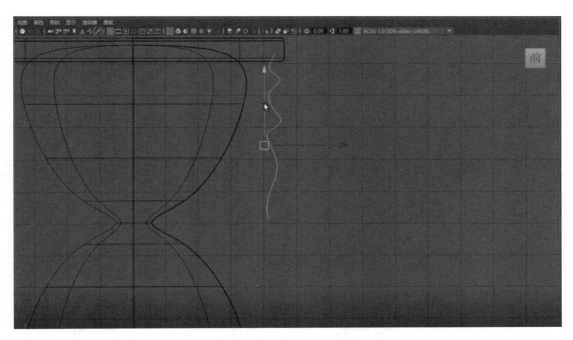

图 2-8-17　调整曲线的位置

04 选择曲线，按 Ctrl+D 组合键进行复制，然后在"通道盒/层编辑器"中将"缩放 Y"设置为-1，并将曲线调整到合适的位置。最后选择这两条曲线进行附加操作，结果如图 2-8-18 所示。

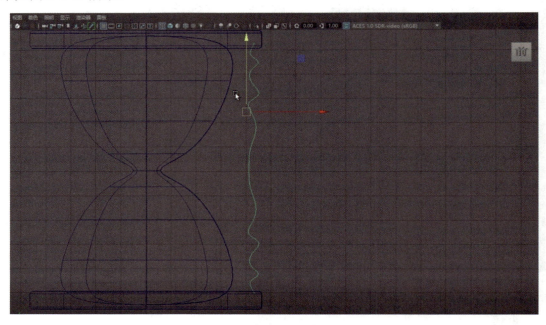

图 2-8-18　附加后的曲线

05 选择附加后的曲线，执行"曲面"→"旋转"命令，生成沙漏支柱的曲面模型，如图 2-8-19 所示。然后将黑色面的法线进行反转。

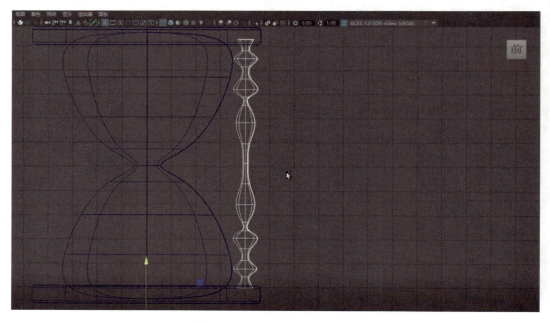

图 2-8-19　沙漏支柱的曲面模型

第 4 步　整理场景

在顶视图中复制 3 份沙漏支柱的曲面模型，然后使用"移动工具"将它们分别移动到如图 2-8-20 所示的位置。至此，沙漏的模型就制作完成了，如图 2-8-21 所示。

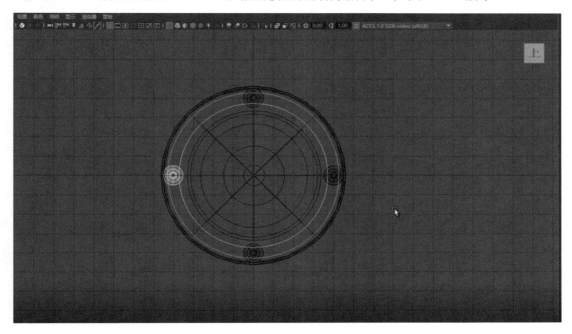

图 2-8-20　复制并移动沙漏支柱

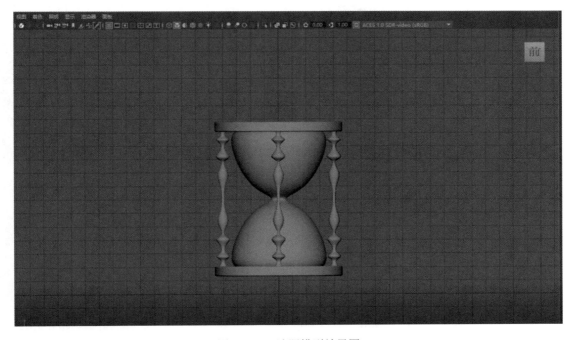

图 2-8-21　沙漏模型效果图

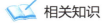

任务 2.9 "缝合"命令的应用——制作工业存储罐模型

微课："缝合"命令的应用——制作工业存储罐模型

☞ **任务目的**

以图 2-9-1 为参照，制作如图 2-9-2 所示的工业存储罐模型。通过本任务的学习，熟悉并掌握"缝合"命令的使用方法与技巧。

图 2-9-1 工业存储罐实例参照

图 2-9-2 工业存储罐模型效果

 相关知识

使用"缝合"命令可以将两个曲面点、线缝合连接到一起，其包含"缝合曲面点"命令、"缝合边工具"命令和"全局缝合"命令。使用"全局缝合"命令可以将多个曲面物体进行缝合。

任务实施

> **技能点拨**：①在场景中创建一个圆柱体模型，并调整其大小；②先将圆柱体顶部的面片向上移动，然后使用"全局缝合"命令制作罐体顶部；③在场景中创建一个圆锥体模型，制作存储罐底部的模型；④在场景中创建圆柱体模型，并调整至合适的形状，再通过复制制作存储罐的支架和攀梯；⑤在场景中创建两个立方体模型，制作工业存储罐的底座模型和底部结构，完成模型的制作。

第 1 步 制作罐体模型

01 打开 Maya 2023 中文版，执行"创建"→"NURBS 基本体"→"圆柱体"命令，在场景中创建一个圆柱体模型，具体参数设置如图 2-9-3 所示。创建的圆柱体如图 2-9-4 所示。

02 选择圆柱体顶部的面片模型，使用"移动工具"将其向上移动至如图 2-9-5 所示的位置。

图 2-9-3　设置圆柱体的参数 1　　图 2-9-4　创建的圆柱体 1　　图 2-9-5　移动面片模型

03 保持对面片模型的选择，并选择圆柱体整体模型，执行"曲面"→"缝合"→"全局缝合"命令，然后在"通道盒/层编辑器"中的"globalStitchl"选项组下设置"最大间隔"为 2，完成罐体顶部的制作。

04 执行"创建"→"NURBS 基本体"→"圆锥体"命令，在场景中创建一个圆锥体模型作为存储罐的底部，具体参数设置如图 2-9-6 所示，创建的圆锥体如图 2-9-7 所示。

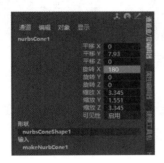

图 2-9-6　设置圆锥体的参数　　　　　　　图 2-9-7　创建的圆锥体

第 2 步　制作支架模型

01 执行"创建"→"NURBS 基本体"→"圆柱体"命令，在场景中创建一个圆柱体模型作为存储罐的支架，具体参数设置如图 2-9-8 所示，创建的圆柱体如图 2-9-9 所示。

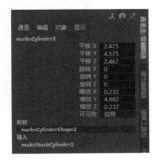

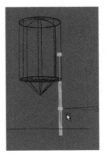

图 2-9-8　设置圆柱体的参数 2　　　　　图 2-9-9　创建的圆柱体 2

02 选择步骤 1 创建的圆柱体，在顶视图中按 Ctrl+D 组合键将其复制 3 份，并分别移动到合适的位置，如图 2-9-10 所示。

03 再次创建两个圆柱体，并使它们沿 Z 轴各旋转 45° 和−45°，形成 X 形支架，然后使用"移动工具"将其移动至如图 2-9-11 所示的位置，按 Ctrl+G 组合键使其组成模型。

04 切换到顶视图，按 Ctrl+D 组合键复制 3 份 X 形支架，并分别移动至如图 2-9-12 所示的位置。

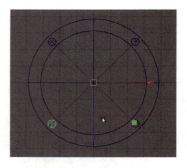

图 2-9-10　复制并移动圆柱体

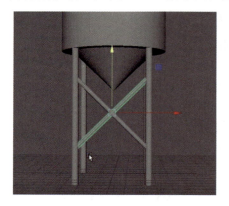

图 2-9-11　创建支架

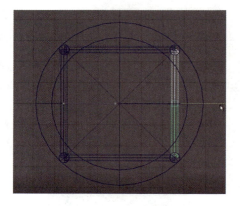

图 2-9-12　复制并移动 X 形支架

第 3 步　制作攀梯模型

01 在场景中创建一个 NURBS 圆柱体，作为攀梯的一侧，具体参数设置如图 2-9-13 所示，创建的圆柱体如图 2-9-14 所示。

02 将步骤 1 创建的 NURBS 圆柱体复制一份，并移动至如图 2-9-15 所示的位置，制作攀梯的另一侧。

图 2-9-13　设置圆柱体的参数 3

图 2-9-14　创建的圆柱体 3

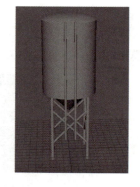

图 2-9-15　复制并移动圆柱体

03 再次创建一个 NURBS 圆柱体，并将其沿 Z 轴旋转 90°，具体参数设置如图 2-9-16 所示，创建的圆柱体如图 2-9-17 所示。

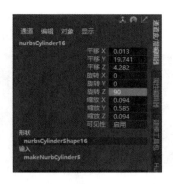

图 2-9-16   设置圆柱体的参数 4

图 2-9-17   创建的圆柱体 4

04 将步骤 3 创建的 NURBS 圆柱体复制多份，然后使用"移动工具"将其分别移动至合适的位置，制作攀梯模型，如图 2-9-18 所示。

05 制作攀梯和罐体之间的连接结构，效果如图 2-9-19 所示。

图 2-9-18   制作攀梯模型

图 2-9-19   制作连接结构

第 4 步   制作底部结构

01 执行"创建"→"NURBS 基本体"→"立方体"命令，在场景中创建一个立方体模型作为工业存储罐的底座，具体参数设置如图 2-9-20 所示，创建的立方体如图 2-9-21 所示。

图 2-9-20   设置立方体的参数 1

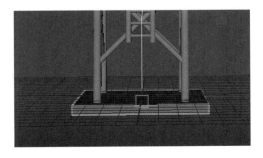

图 2-9-21   创建的立方体 1

02 再次创建一个立方体模型作为工业存储罐的底部结构，具体参数设置如图 2-9-22 所示，创建的立方体如图 2-9-23 所示。底部结构完成后，即完成工业存储罐模型的制作。

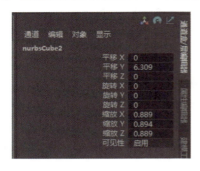

图 2-9-22　设置立方体的参数 2

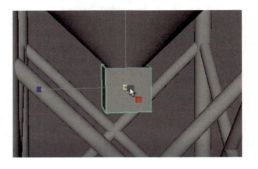

图 2-9-23　创建的立方体 2

任务 2.10　"EP曲线工具"命令的应用——制作茶壶模型

微课："EP 曲线工具"
命令的应用——制作茶
壶模型

☞ **任务目的**

以图 2-10-1 为参照，制作如图 2-10-2 所示的茶壶模型。通过本任务的学习，熟悉并掌握"EP 曲线工具"命令的使用方法与技巧。

图 2-10-1　茶壶实物参照

图 2-10-2　茶壶模型效果

📖 **相关知识**

"EP 曲线工具"命令又称"编辑点曲线工具"命令，使用该命令创建的曲线不易控制，但可以精确创建编辑点，且会在创建编辑点的位置自动创建 CV 弧度。

任务实施

技能点拨：①在前视图绘制 EP 曲线，通过旋转的方法制作壶身的模型；②在场景中绘制一条曲线和一个 NURBS 圆形，再将 NURBS 圆形按照曲线挤出，制作壶嘴模型；③使用与制作壶嘴相同的方法制作壶柄的模型；④删除模型的历史记录和场景中的曲线，从壶嘴模型上重新复制曲线，再将曲线投影到壶身模型，并使用"自由形式圆角"命令将复制出的曲线和投影到壶身模型上的曲线生成倒角结构；⑤使用同样的方法制作壶柄与壶身之间的倒角结构，完成模型的制作。

第 1 步　制作壶身

01　打开 Maya 2023 中文版，在前视图中执行"创建"→"曲线工具"→"EP 曲线工具"命令，绘制一条如图 2-10-3 所示的曲线。

02　选择步骤 1 绘制的曲线，执行"曲面"→"旋转"命令，制作壶身模型，如图 2-10-4 所示。

图 2-10-3　创建 EP 曲线 1

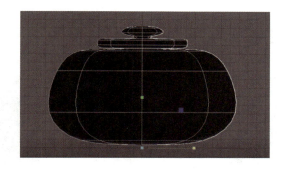

图 2-10-4　壶身模型

第 2 步　制作壶嘴

01　执行"创建"→"EP 曲线工具"命令，绘制一条如图 2-10-5 所示的曲线。

02　执行"创建"→"NURBS 基本体"→"圆形"命令，在场景中创建一个 NURBS 圆形，并使用"移动工具"将其移动至如图 2-10-6 所示的位置。

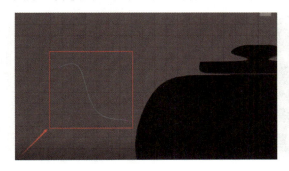

图 2-10-5　创建 EP 曲线 2

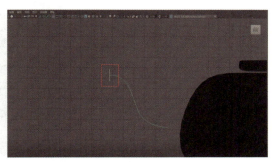

图 2-10-6　创建并移动 NURBS 圆形 1

03 选择 NURBS 圆形和步骤 1 绘制的曲线，执行"曲面"→"挤出"命令，模型挤出效果如图 2-10-7 所示。

04 进入模型的"壳线"编辑模式，使用"缩放工具"调整壳线的形状，制作壶嘴模型，如图 2-10-8 所示。

图 2-10-7　模型挤出效果　　　　　图 2-10-8　调整壳线，制作壶嘴模型

第 3 步　制作壶柄

01 在前视图中执行"创建"→"曲线工具"→"EP 曲线工具"命令，绘制一条如图 2-10-9 所示的曲线。

02 执行"创建"→"NURBS 基本体"→"圆形"命令，在场景中创建一个 NURBS 圆形，并使用"移动工具"将其移动至如图 2-10-10 所示的位置。

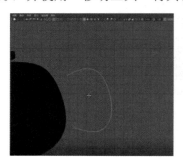
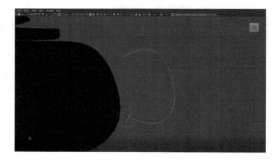

图 2-10-9　创建 EP 曲线 3　　　　　图 2-10-10　创建并移动 NURBS 圆形 2

03 选择 NURBS 圆形与壶柄的曲线，执行"曲面"→"挤出"命令，制作壶柄模型，如图 2-10-11 所示。

图 2-10-11　壶柄模型

第 4 步　设置倒角结构

01 选择场景中所有的模型，执行"编辑"→"按类型删除"→"历史"命令，删除模型的历史记录并冻结变换；打开"大纲视图"面板，选择场景中的所有曲线并删除，如图 2-10-12 所示；选择黑色的面，执行"曲面"→"反转"命令，进行反转，效果如图 2-10-13 所示。

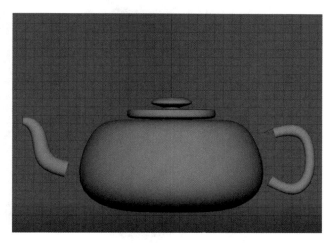

图 2-10-12　删除场景中的曲线　　　　　图 2-10-13　黑色面的法线反转后的效果

02 使用"自由形式圆角"命令将壶嘴和壶柄结构与茶壶主体进行连接。进入壶嘴模型的"等参线"编辑模式，并选择边缘处的等参线，如图 2-10-14 所示。然后执行"编辑曲线"→"复制曲面曲线"命令，将表面曲线复制出来，再执行"修改"→"居中枢轴"命令，将曲线的坐标设置在其中心位置，如图 2-10-15 所示。

03 在前视图使用"缩放工具"将曲线调大，然后使用"移动工具"将其移动到如图 2-10-16 所示的位置。

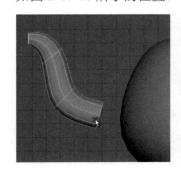

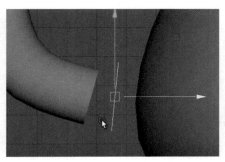

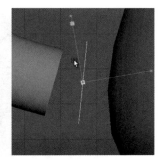

图 2-10-14　选择边缘处的　　　图 2-10-15　设置曲线的　　　图 2-10-16　调整曲线的
　　　　　　等参线　　　　　　　　　　　坐标位置　　　　　　　　　大小与位置

04 切换到右视图，选择曲线和壶身模型，如图 2-10-17 所示。执行"曲面"→"在曲面投影曲线"命令，曲线投影效果如图 2-10-18 所示。

图 2-10-17　选择曲线和壶身模型（右视图）

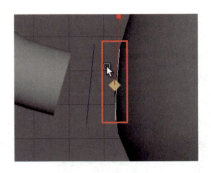

图 2-10-18　曲线投影效果

05　进入壶嘴模型的"等参线"编辑模式，选择壶嘴底部边缘的等参线，然后选择投影在壶身上的曲线，如图 2-10-19 所示。执行"曲面"→"曲面圆角"→"自由形式圆角"命令，壶嘴模型的最终效果如图 2-10-20 所示。

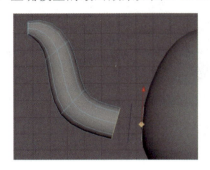

图 2-10-19　选择等参线与投影曲线

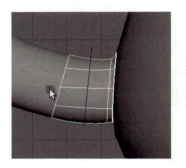

图 2-10-20　壶嘴模型的最终效果

06　使用同样的方法制作壶柄与壶身之间的倒角结构，效果如图 2-10-21 所示。

07　选择所有模型，冻结变换并删除历史记录，选择黑色的面，执行"曲面"→"反转"命令进行反转，再将"大纲视图"面板中的曲线删除，效果如图 2-10-22 所示。至此，茶壶模型就制作完成了。

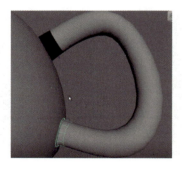

图 2-10-21　壶柄与壶身之间的倒角结构效果

图 2-10-22　茶壶模型

项 目

多边形建模

▎项目导读

多边形建模是 Maya 软件中最早且发展最为成熟、应用最广泛的一种建模技术。它采用直观的方法,通过控制 3D 空间中的点、线和面来构建物体的外形。作为传统建模方式的代表,多边形建模具有显著优势。其基础模型可以是简单的几何形状,也能通过"多边形工具"创建复杂结构。该技术主要依赖于三角形和四边形面的组合拼接,非常适用于构建建筑物、游戏角色及动画人物等模型。

本项目将对多边形建模的相关知识进行系统介绍。

▎学习目标

- 掌握多边形基本体的创建和使用方法。
- 掌握编辑多边形的方法。
- 掌握多边形元素级别的切换方法。
- 通过轮毂、螺钉等模型的制作,培养严谨的工作态度,传承工匠精神。
- 通过奶茶杯、苹果、草莓等日常实物模型的制作,培养学生善于发现、善于观察的能力。
- 通过神殿、拱桥、琵琶等模型的制作,感受建筑艺术与传统乐器之美。
- 通过高尔夫球、羽毛球、篮球等模型的制作,弘扬为国争光的体育精神。

任务 3.1 基本体的应用——制作钻石模型

微课: 基本体的应用——
制作钻石模型

☞ **任务目的**

以图 3-1-1 为参照，制作如图 3-1-2 所示的钻石模型。通过本任务的学习，熟悉并掌握较复杂多边形基本体的创建方法与技巧。

图 3-1-1　钻石实物参照

图 3-1-2　钻石模型效果

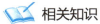

📖 **相关知识**

多边形是指由多条边组成的封闭图形。在 Maya 软件中，两个点形成一条线，3 个点形成一个面，通过"点—线—面"的组合，再经过不断叠加，由多个面可以形成物体的基本外形，通过 Maya 软件中特定的工具即可形成光滑的表面。

多边形的边决定了面的结构，既可以由 3 条边组成一个面，也可以由多条边组成一个面。在创建多边形物体时，应尽量使用 4 条边组成多边形的面，如果不能使用 4 条边组成面，那么也可以使用 3 条边组成面。为了降低渲染过程中的模型扭曲现象，建模时应避免使用超过 4 条边的面。

💻 **任务实施**

技能点拨: ①在视图中创建一个圆柱体，并对圆柱体的参数进行调整; ②使用"移动工具"和"缩放工具"对圆柱体的点、边、面元素进行位置和大小的修改; ③使用"合并"命令合并圆柱体底部的点; ④将制作完成的模型进行复制，完成模型的制作。

第 1 步　创建圆柱体

打开 Maya 2023 中文版，执行"创建"→"多边形基本体"→"圆柱体"命令，在场景中创建两个圆柱体，如图 3-1-3 所示，并修改两个圆柱体的参数，设置"高度"为 1.5,

"轴向细分数"为 8，"高度细分数"为 4，"端面细分数"为 0，如图 3-1-4 所示，使其基本符合钻石模型。修改参数后的圆柱体效果如图 3-1-5 所示。

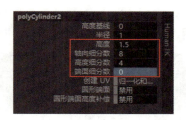

图 3-1-3　在场景中创建两个　　　图 3-1-4　设置圆柱体参数　　　图 3-1-5　修改参数后的
　　　　　　圆柱体　　　　　　　　　　　　　　　　　　　　　　　　　　　　圆柱体效果

第 2 步　编辑钻石形态

01　选择圆柱体并右击，在弹出的快捷菜单中选择"面"选项，进入模型的"面"层级，如图 3-1-6 所示。

02　选择模型顶部的面，使用"缩放工具"对该面进行缩放操作，效果如图 3-1-7 所示。

03　将视图切换到右视图，进入模型的"顶点"层级，并选择模型底端的顶点，在按住 Shift 键的同时右击，在弹出的快捷菜单中依次执行"合并顶点"和"合并顶点中心"命令，效果如图 3-1-8 所示。

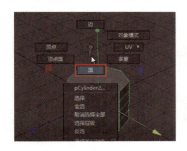

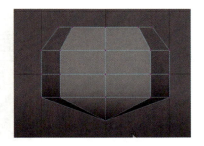

图 3-1-6　选择"面"选项　　　　图 3-1-7　缩放效果　　　　　图 3-1-8　合并底部顶点

04　进入模型的"边"层级，在模型倒数第 2 行任意一条边上双击，同时选择该行所有的边，然后使用"缩放工具"将选择的边缩小，如图 3-1-9 所示。

05　再次进入模型的"顶点"层级，选择模型顶部的点，然后使用"移动工具"将选择的点向下移动一定的距离，得出钻石的侧面形状，如图 3-1-10 所示。

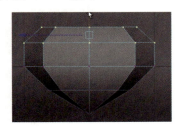

图 3-1-9　缩小选择的边　　　　　　　图 3-1-10　钻石的侧面形状

第 3 步　调整钻石的摆放布局

01 选择场景中的钻石模型，按 Ctrl+D 组合键复制钻石模型，复制出来的模型会与原始模型重叠，这时需要使用"移动工具"将复制的模型进行移动，效果如图 3-1-11 所示。

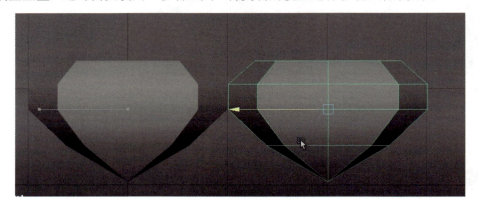

图 3-1-11　复制并移动模型

02 使用"移动工具"和"缩放工具"对模型的位置进行调整，使其在构图上美观。最后可以创建一个面作为底面。至此，完成钻石模型的制作。

任务 3.2　"保持面的连接性"命令的应用——制作盒子模型

微课："保持面的连接性"命令的应用——制作盒子模型

☞ **任务目的**

以图 3-2-1 为参照，制作如图 3-2-2 所示的盒子模型。通过本任务的学习，熟悉并掌握"保持面的连接性"命令的使用方法与技巧。

图 3-2-1　盒子模型参照

图 3-2-2　盒子模型效果

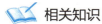 相关知识

"保持面的连接性"命令用于控制挤出操作过程中相邻面的拓扑连接状态。当启用该功能时，挤出的面会自动缝合共享边；当关闭该功能时，每个面将独立挤出，且可独立移动，适用于硬表面建模或特殊结构的制作。

 任务实施

技能点拨：①在视图中创建一个立方体，并调整大小；②使用"挤出"命令制作盒子的凹槽；③使用"复制面"命令制作盒子的边缘部件；④对模型进行最终的调整，完成模型的制作。

第 1 步　创建立方体

01 打开 Maya 2023 中文版，执行"创建"→"多边形基本体"→"立方体"命令，在场景中创建一个立方体，在"通道盒/层编辑器"中修改该立方体的参数，如图 3-2-3 所示。

图 3-2-3　创建立方体并设置其参数

02 全选模型并右击，在弹出的快捷菜单中选择"面"选项，进入模型的"面"层级。在"面"层级中框选所有的面，在按住 Shift 键的同时右击，在弹出的快捷菜单中单击"挤出面"按钮，然后在打开的对话框中取消选中"保持面的连接性"复选框，或在按住 Ctrl 键的同时单击，在偏移选项上移动，将其进行缩放，效果如图 3-2-4 所示。

03 再次执行"挤出"命令，选择蓝色移动杆在局部平移选项上移动，向内挤出，效果如图 3-2-5 所示。

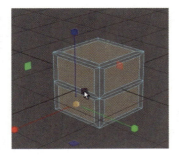

图 3-2-4　立方体的挤出效果

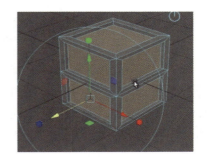

图 3-2-5　向内挤出的效果

第 2 步　制作边缘部件

01 选中"保持面的连接性"复选框，进入模型的"面"层级，选择如图 3-2-6 所示的两个面，执行"编辑网格"→"复制面"命令，将这两个面复制并移动，如图 3-2-7 所示。

02 进入复制面的"点"层级，使用"移动工具"和"缩放工具"调整复制面的形状，如图 3-2-8 所示。

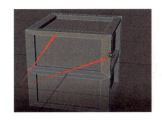
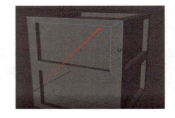
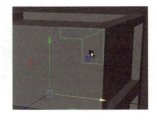

图 3-2-6　选择面　　　　　图 3-2-7　复制并移动选择的面　　　　图 3-2-8　调整复制面的形状

03 保持复制面的选择状态，进入"面"层级，选择对应的面再次进行挤出操作，此时应注意"保持面的连接性"属于启用状态，使该复制面有一定的厚度，再对模型的位置进行调整，效果如图 3-2-9 所示。

04 进入前视图，按 Ctrl+D 组合键复制物体，然后使用"旋转工具"将复制的物体移动到每一个拐角处，如图 3-2-10 所示。至此，完成盒子模型的制作。

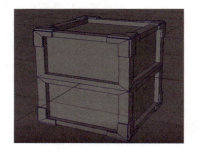

图 3-2-9　复制面的挤出效果　　　　　　　图 3-2-10　复制并移动物体

任务 3.3 "插入循环边工具"命令的应用——制作玻璃瓶模型

微课："插入循环边工具"
命令的应用——制作
玻璃瓶模型

☞ **任务目的**

以图 3-3-1 为参照，制作如图 3-3-2 所示的玻璃瓶模型。通过本任务的学习，熟悉并掌握"插入循环边工具"命令的使用方法与技巧。

图 3-3-1　玻璃瓶实物参照

图 3-3-2　玻璃瓶模型效果

 相关知识

　　"插入循环边工具"用于在多边形的连续边环上添加细分结构。其核心参数包括分段数与滑动偏移量。在使用此功能时，需确保模型为四边面拓扑结构，它支持自动识别循环路径。在操作过程中，按住 Shift 键可滑动边的位置。此功能常用于强化模型的转折结构，或者为后续的变形动画提供支撑线。

 任务实施

　　技能点拨：①在视图中创建一个圆柱体，通过对圆柱体进行参数调整，使其基本符合玻璃瓶模型；②使用"插入循环边工具"命令，制作玻璃瓶身模型；③使用"挤出"命令和"缩放工具"制作玻璃瓶的基本模型；④使用"插入循环边工具"命令编辑玻璃瓶的木塞部形态，并调整玻璃瓶木塞的结构；⑤对模型进行最终的调整，完成模型的制作。

　　第 1 步　创建圆柱体

　　01 打开 Maya 2023 中文版，执行"创建"→"多边形基本体"→"圆柱体"命令，创建一个圆柱体，如图 3-3-3 所示。

　　02 进入模型的"面"层级，删除顶部的面，如图 3-3-4 所示，将顶部的边向外挤出；然后选择正面视图，进入模型的"面"层级，框选最上面一层的面并向外挤出；最后选择透视图，删除内圈的面，效果如图 3-3-5 所示。

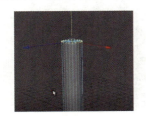

图 3-3-3　创建基本圆柱体

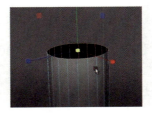

图 3-3-4　删除顶部的面

图 3-3-5　模型挤出后的效果

　　第 2 步　制作玻璃瓶

　　01 选择竖向的边，在按住 Shift 键的同时右击，在弹出的快捷菜单中选择"插入循环边工具"选项，如图 3-3-6 所示，然后按住鼠标右键不放，拖至确定添加线段的位置后释放鼠标右键，即可成功添加循环线。插入循环边后的效果如图 3-3-7 所示。

图 3-3-6　"插入循环边工具"选项

图 3-3-7　插入循环边后的效果

02 插入合适数量的循环边，如图 3-3-8 所示。通过这些循环边来制作玻璃瓶的造型，如图 3-3-9 所示。

图 3-3-8　插入合适数量的循环边

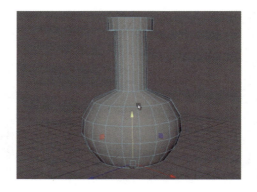

图 3-3-9　制作玻璃瓶造型

03 进入模型的"点"层级，调整瓶口整体的大小，调整完成后，进入面模式。选择所有的面，执行"挤出"命令，并将"厚度"设置为-0.2，如图 3-3-10 所示。此时，整体的玻璃瓶造型就制作出来了，如图 3-3-11 所示。

图 3-3-10　设置挤出的厚度

图 3-3-11　玻璃瓶效果图

04 进入模型的"面"层级，选择所有的面，在按住 Shift 键的同时右击选择面法线，然后反转法线，如图 3-3-12 所示。选择转折处的边，执行"倒角"命令，然后设置"分数"为 0.3，如图 3-3-13 所示。

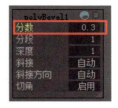

图 3-3-12　选择面法线　　　　　　　　图 3-3-13　设置"分数"参数

05 按 3 键进入平滑模式，观察模型发现模型中间处出现黑色的面，如图 3-3-14 所示，这是因为模型内部的面超出了外部的面。选择模型内部的边，向内进行缩放即可，缩放后的效果如图 3-3-15 所示。

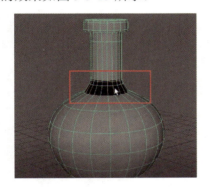

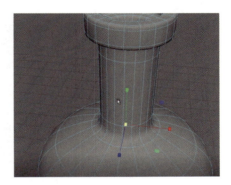

图 3-3-14　模型中间黑色的面　　　　　　图 3-3-15　缩放后的效果

第 3 步　制作玻璃瓶木塞

01 执行"创建"→"多边形基本体"→"圆柱体"命令，然后设置圆柱体的参数。使用"插入循环边工具"命令插入合适数量的循环边，通过这些循环边来制作玻璃瓶木塞，如图 3-3-16 所示。

图 3-3-16　制作玻璃瓶木塞

02 按 4 键进入线框模式，选择转折处的边，执行"倒角"命令，使转角处更加圆滑，然后按 3 键进行平滑处理。至此，玻璃瓶木塞就制作完成了。

> **小贴士**
>
> "插入循环边工具"命令可以在所选边的所有平行边上进行边的插入。

任务 3.4 特殊命令的应用——制作轮毂模型

微课：特殊命令的
应用——制作
轮毂模型

👉 **任务目的**

以图 3-4-1 为参照，制作如图 3-4-2 所示的轮毂模型。通过本任务的学习，结合"特殊复制"命令、"结合"命令等的综合运用，掌握较复杂多边形建模的方法与技巧。

图 3-4-1 轮毂实物参照

图 3-4-2 轮毂模型效果

相关知识

"特殊复制"命令可用于创建所选对象的多个副本，也可以轻量引用现有对象（称为实例）；因为实例与原始对象相链接，所以更改原始对象将自动更改该对象的所有实例。使用"结合"命令可以将多个多边形合并为一个多边形，方法为：先选择多个多边形，然后执行"网格"→"结合"命令，拾取要合并的多边形物体将其合并。

任务实施

> **技能点拨**：①在视图中创建一个圆柱体，通过对圆柱体进行编辑制作轮毂的基本模型；②使用"挤出"命令将个别面进行挤出，制作轮毂的一个叶片模型，并删除不需要的面；③使用"特殊复制"命令复制出其他叶片；④使用"挤出"命令和"移动工具"等对单个叶片模型进行塑造和调整；⑤制作轮毂的外圈模型，并优化；⑥对模型进行最终的调整，完成模型的制作。

第 1 步 创建基本形态

图 3-4-3 创建的圆柱体

01 执行"创建"→"多边形基本体"→"圆柱体"命令，或在工具架的"多边形"选项卡中单击"多边形圆柱体"按钮，创建一个如图 3-4-3 所示的圆柱体。

02 在"通道盒/层编辑器"中设置圆柱体的参数，如图 3-4-4 所示。设置参数后的圆柱体效果如图 3-4-5 所示。

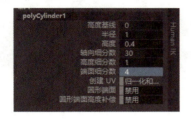

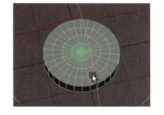

图 3-4-4 设置圆柱体的参数   图 3-4-5 设置参数后的圆柱体效果

03 使用"旋转工具"将圆柱体在 Y 轴上旋转 6°，如图 3-4-6 所示，这样就有一条笔直的边线穿过圆柱体的 X 轴中心，如图 3-4-7 所示。

04 选择圆柱体，执行"修改"→"冻结变换"命令；进入模型的"面"层级，选择如图 3-4-8 所示的面，执行"编辑网格"→"挤出"命令。

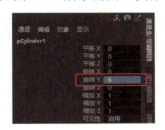

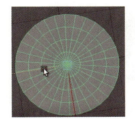

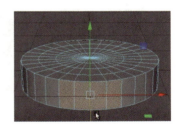

图 3-4-6 设置旋转角度   图 3-4-7 旋转角度后的效果   图 3-4-8 选择圆柱体的面

05 切换到顶视图，使用"移动工具"将新挤出的面移出来，如图 3-4-9 所示；选择模型上如图 3-4-10 所示的面，并将其删除，效果如图 3-4-11 所示。

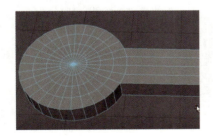

图 3-4-9 移动挤出的面   图 3-4-10 选择模型的面 1   图 3-4-11 删除面后的效果

06 选择模型，单击"编辑"→"特殊复制"命令后面的 ▣ 按钮，打开"特殊复制选项"窗口，具体参数设置如图 3-4-12 所示。完成设置后单击"特殊复制"按钮，这样就镜像复制出了其他轮毂叶片的模型，如图 3-4-13 所示。

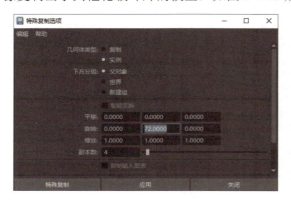

图 3-4-12 "特殊复制选项"窗口

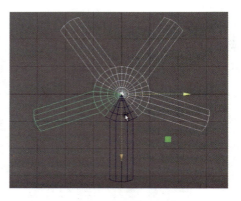

图 3-4-13 特殊复制后的效果 1

07 选择 5 个轮毂的叶片，执行"网格"→"结合"命令，将它们合并为一个物体，如图 3-4-14 所示。进入模型的"顶点"层级，选择如图 3-4-15 所示的点，然后单击"编辑网格"→"合并"命令后的按钮，在打开的"合并顶点选项"窗口中将"阈值"修改为 0.01，如图 3-4-16 所示，然后单击"合并"按钮，效果如图 3-4-17 所示。

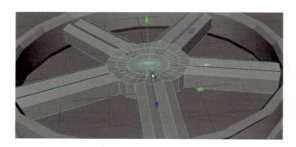

图 3-4-14 合并后的效果

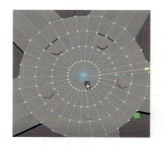

图 3-4-15 选择顶点

图 3-4-16 设置阈值

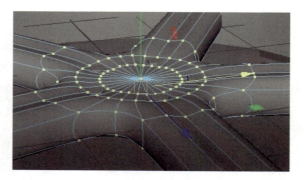

图 3-4-17 执行合并操作后的效果

08 进入模型的"边"层级，选择如图 3-4-18 所示的边，然后使用"移动工具"将这些边线向上移动一定的距离。

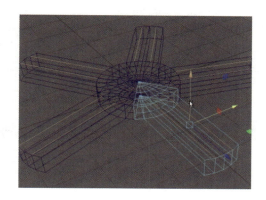

图 3-4-18　选择模型的边 1

09 选择如图 3-4-19 所示的面，执行"编辑网格"→"挤出"命令，并通过手柄将选择的面向下挤出，效果如图 3-4-20 所示。

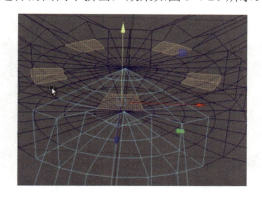

图 3-4-19　选择模型的面 2

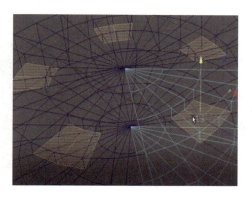

图 3-4-20　向下挤出选择面后的效果

10 选择如图 3-4-21 所示的边，然后使用"移动工具"将这些边线向下移动少许，效果如图 3-4-22 所示。

图 3-4-21　选择模型的边 2

图 3-4-22　移动边线后的效果

11 进入模型的"面"层级，选择如图 3-4-23 所示的面，并将其删除，效果如图 3-4-24 所示。按 3 键进行圆滑处理，效果如图 3-4-25 所示。

图 3-4-23　选择模型的面 3　　　图 3-4-24　删除相应面后的效果　　　图 3-4-25　进行圆滑处理后的效果

第 2 步　调整模型细节

01　执行"创建"→"多边形基本体"→"圆柱体"命令，创建一个圆柱体，如图 3-4-26 所示，在"通道盒/层编辑器"中设置圆柱体的参数，如图 3-4-27 所示。

02　选择圆柱体模型，执行"修改"→"冻结变换"命令，再执行"修改"→"重置变换"命令，将圆柱体的坐标轴重置到世界坐标的中心点上，如图 3-4-28 所示。

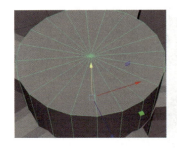

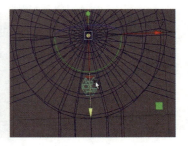

图 3-4-26　创建圆柱体　　　　图 3-4-27　设置圆柱体的参数　　　图 3-4-28　重置坐标中心点

03　选择圆柱体模型，单击"编辑"→"特殊复制"命令后的按钮，打开"特殊复制选项"窗口，具体参数设置如图 3-4-12 所示。完成设置后单击"特殊复制"按钮，效果如图 3-4-29 所示。

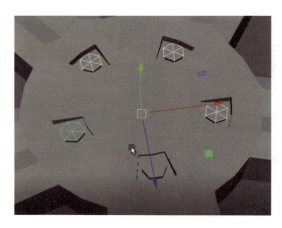

图 3-4-29　特殊复制后的效果 2

04 执行"创建"→"多边形基本体"→"管道"命令，在场景中创建一个管状体作为轮毂的外圈，如图 3-4-30 所示。然后在"通道盒/层编辑器"中设置其参数，如图 3-4-31 所示，设置参数后的管状体效果如图 3-4-32 所示。

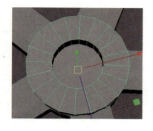

图 3-4-30　创建的管状体　　　图 3-4-31　设置管状体的参数　　　图 3-4-32　设置参数后的
　　　　　　　　　　　　　　　　　　　　　　　　　　　　　　　　　　　　管状体效果

05 进入管状体的"面"层级，选择内圈和外圈的面，如图 3-4-33 所示。执行"编辑网格"→"挤出"命令，并通过手柄将其在 Y 轴上进行缩放，效果如图 3-4-34 所示。保持对内圈和外圈面的选择，按 G 键再次执行"挤出"命令，将挤出的面向内挤出，效果如图 3-4-35 所示。

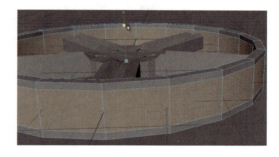

图 3-4-33　选择内圈和外圈的面　　　　　　　　图 3-4-34　挤出与缩放效果

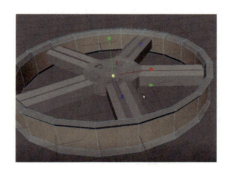

图 3-4-35　再次挤出的效果

第 3 步　最终整理

选择所有的模型，执行"编辑"→"按类型删除"→"历史"命令，清除所有模型的历史记录。执行"修改"→"冻结交换"命令，并删除场景中多余的曲线。至此，完成轮毂模型的制作。

任务 *3.5* "套索工具"命令的应用——制作螺钉模型

微课："套索工具"
命令的应用——制作
螺钉模型

☞ 任务目的

以图 3-5-1 为参照，制作如图 3-5-2 所示的螺钉模型。通过本任务的学习，掌握"套索工具"命令的使用方法与技巧。

图 3-5-1 螺钉实物参照

图 3-5-2 螺钉模型效果

相关知识

"套索工具"命令允许用户在"视图"面板中通过绘制自由形式的形状来选择模型和组件。使用该工具时，Maya 会自动连接套索的结束点和开始点，形成一个封闭的选取区域。若要修改套索的范围，则进入选择点模式，并通过按住鼠标左键拖动来选定并移动所需的点。

 任务实施

技能点拨：①创建基本螺旋体，并对其进行编辑制作螺钉的主体；②使用"挤出"命令创建螺钉的螺母；③使用"挤出"命令制作螺钉的底部；④通过布尔运算制作螺母的凹槽；⑤对模型进行最终调整，完成模型的制作。

第 1 步 创建基本螺旋体

01 执行"创建"→"多边形基本体"→"螺旋线"命令，在左视图创建一个螺旋体，如图 3-5-3 所示。

02 在"通道盒/层编辑器"中对螺旋体的参数进行修改，如图 3-5-4 所示。修改参数后的螺旋体效果如图 3-5-5 所示。

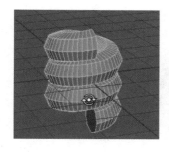 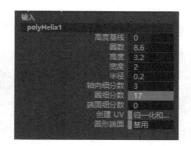 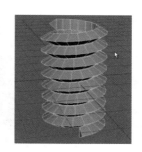

图 3-5-3　创建螺旋体　　　图 3-5-4　设置螺旋体的参数　　　图 3-5-5　修改参数后的螺旋体效果

03 将视图切换到顶视图，单击"套索工具"按钮，然后进入模型的"面"层级，选择螺旋体中心位置的面，如图 3-5-6 所示，然后按 Delete 键删除选择的面，效果如图 3-5-7 所示。

04 进入模型的"顶点"层级，选择所有的点，单击"编辑网格"→"合并"命令后的按钮，在打开的"合并顶点选项"对话框中单击"合并"按钮。合并顶点后的效果如图 3-5-8 所示。

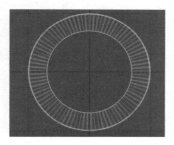 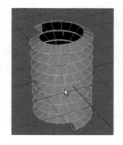 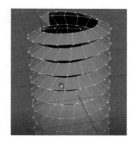

图 3-5-6　选择螺旋体中心位置的面　　　图 3-5-7　删除面后的效果　　　图 3-5-8　合并顶点后的效果

05 执行"编辑网格"→"合并顶点工具"命令，将如图 3-5-9 所示的顶点合并在一起，效果如图 3-5-10 所示。

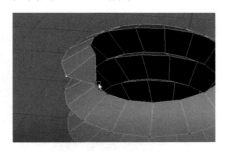 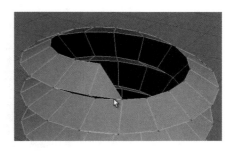

图 3-5-9　顶点合并前的效果　　　　　　图 3-5-10　顶点合并后的效果

第 2 步　制作螺母

01 进入模型的"边"层级，双击模型顶部的边，将循环的边全部选中，在工具架的"多边形"选项卡中单击"挤出"按钮，并将选择的边线略向上移动，如图 3-5-11 所示。

02 保持对边的选择，使用"缩放工具"沿 Y 轴对其进行缩放，重复缩放几次，直到边线呈水平状为止，如图 3-5-12 所示。

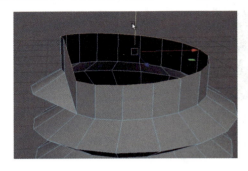
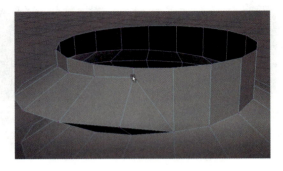

图 3-5-11　挤出边线　　　　　　　　　　　图 3-5-12　压平后的效果

03 进入模型的"顶点"层级，选择如图 3-5-13 所示的点并进行移动，使靠近螺母的螺纹过渡圆滑。再将顶部的环形边移动至靠近螺母的顶端，如图 3-5-14 所示。

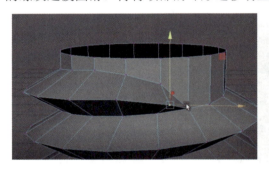
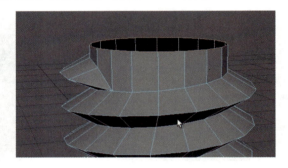

图 3-5-13　选择并移动点　　　　　　　　　图 3-5-14　移动环形边

04 保持对螺钉顶部环形边的选择，执行"编辑网格"→"挤出"命令，然后使用"缩放工具"对新挤出的边进行缩放操作，如图 3-5-15 所示。

05 执行"编辑网格"→"挤出"命令，并将挤出的边沿 Y 轴进行移动，如图 3-5-16 所示。

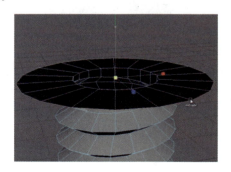
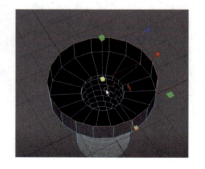

图 3-5-15　挤出并缩放后的效果　　　　　　图 3-5-16　挤出并移动后的效果

06 重复步骤 5 的操作，不断对螺钉的顶部执行"挤出"命令，效果分别如图 3-5-17～图 3-5-19 所示。

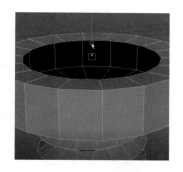
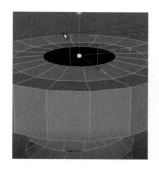
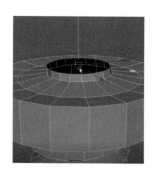

图 3-5-17　挤出后的效果 1　　　　图 3-5-18　挤出后的效果 2　　　　图 3-5-19　挤出后的效果 3

07　选择螺母顶部的环形边，执行"编辑网格"→"合并到中心"命令，将顶部合并到一起，如图 3-5-20 所示。

08　选择螺钉底部的环形边，使用制作螺母的方法对螺钉底部的环形边进行挤出操作，如图 3-5-21 所示。再次执行"编辑网格"→"合并到中心"命令，将环形边合并到中心位置，如图 3-5-22 所示。此时，螺钉模型已经具有大体的形状了，效果如图 3-5-23 所示。

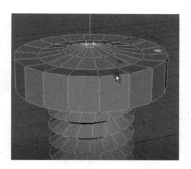
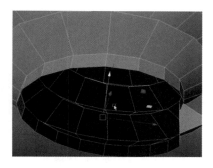

图 3-5-20　将顶部的环形边合并到中心　　　　　　图 3-5-21　挤出底部的环形边

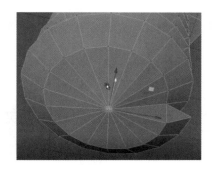
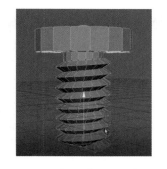

图 3-5-22　将底部的环形边合并到中心　　　　　　图 3-5-23　螺钉模型的大体形状

第 3 步　制作螺母的凹槽

01　执行"创建"→"多边形基本体"→"立方体"命令，在场景中创建一个立方体，如图 3-5-24 所示。然后使用"缩放工具"对立方体进行缩放操作，如图 3-5-25 所示。

02 选择螺钉的模型并选择立方体，执行"网格"→"布尔"→"差集"命令，制作螺母的凹槽，如图 3-5-26 所示。

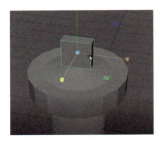
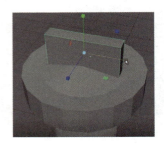
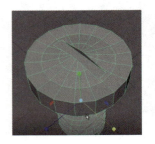

图 3-5-24　创建立方体　　　　图 3-5-25　缩放立方体　　　　图 3-5-26　布尔差集运算后的效果

第 4 步　最后的调整

01 选择螺钉模型，按住 Ctrl 键的同时使用"缩放工具"沿 Y 轴对模型进行缩放操作，如图 3-5-27 所示。

02 复制一个螺钉模型，然后将其摆放到合适的位置，如图 3-5-28 所示。

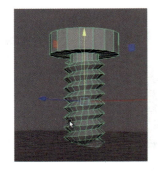
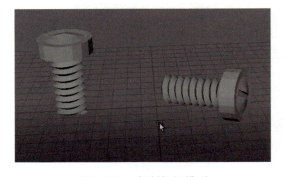

图 3-5-27　螺钉模型的缩放效果　　　　　　图 3-5-28　复制螺钉模型

03 调整场景中的布局，创建一个平面作为地面。至此，完成螺钉模型的制作。

任务 3.6　"挤出"命令的综合应用——制作奶茶杯模型

微课："挤出"命令的
综合应用——制作奶
茶杯模型

☞ **任务目的**

　　以图 3-6-1 为参照，制作如图 3-6-2 所示的奶茶杯模型。通过本任务的学习，熟悉并掌握"挤出"命令的综合应用方法与技巧。

图 3-6-1　奶茶杯实物参照　　　　　　　　　图 3-6-2　奶茶杯模型效果

 相关知识

　　通过向多边形网格添加分段，可以平滑选定的区域。连续单击"平滑"或"应用"按钮，或者调整分段的数值，均可实现多次平滑效果。

 任务实施

　　技能点拨：①在视图中创建一个圆柱体，并对其进行编辑制作奶茶杯的基本模型；②使用"挤出"等命令对奶茶杯模型进行编辑；③对模型进行最终调整，完成模型的制作。

　　第 1 步　制作杯身

　　01 打开 Maya 2023 中文版，执行"创建"→"多边形基本体"→"圆柱体"命令，在场景中创建一个圆柱体，如图 3-6-3 所示，并设置参数，如图 3-6-4 所示。进入模型的"顶点"层级，调整圆柱体的造型，使其基本符合奶茶杯模型，如图 3-6-5 所示。

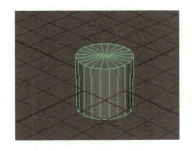

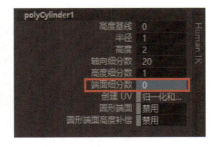

图 3-6-3　创建奶茶杯模型的　　　　图 3-6-4　设置奶茶杯模型　　　　图 3-6-5　修改参数后的
　　　　　　基本圆柱体　　　　　　　　　　圆柱体的参数　　　　　　　　　　圆柱体效果

　　02 执行"编辑网格"→"插入循环边工具"命令，在杯身添加循环边，如图 3-6-6 所示。进入模型的"面"层级，选择如图 3-6-7 所示的面，执行"挤出"命令，将选择的面挤出，并将"厚度"设置为 0.15，结果如图 3-6-8 所示。

图 3-6-6　添加循环边 1

图 3-6-7　选择面

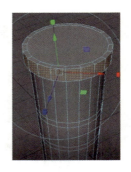

图 3-6-8　挤出选择的面

03 执行"编辑网格"→"插入循环边工具"命令，在杯身的中间添加两条循环边，继续在杯身下方添加两条循环边，如图 3-6-9 所示，然后对其进行适当的缩放，结果如图 3-6-10 所示。

图 3-6-9　添加循环边 2

图 3-6-10　缩放循环边后的效果

04 选择杯身底部的面，如图 3-6-11 所示，执行"挤出"命令，并缩放杯底的面，如图 3-6-12 所示。然后使用"移动工具"将面向上移动，并对底部进行向内挤出操作，使其产生一个凹面，如图 3-6-13 所示。

图 3-6-11　选择杯身底部的面

图 3-6-12　挤出并缩放杯底的面

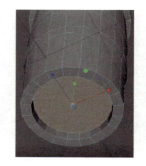

图 3-6-13　挤出凹面

05 选择顶部的面并删除，如图 3-6-14 所示，按住 Shift 键的同时选择整个奶茶杯边缘处的边，然后执行"编辑网格"→"倒角"命令，并将倒角数值设置为 0.3，效果如图 3-6-15 所示。选择整个模型并进行挤出操作，设置挤出厚度为-0.1，制作出杯子的厚度。

此时杯子的表面为黑色，执行"网格显示"→"反向"命令，对所有的面进行反转操作。杯身的最终效果如图 3-6-16 所示。

图 3-6-14　删除顶部的面　　　　图 3-6-15　倒角后的效果 1　　　　图 3-6-16　杯身的最终效果

第 2 步　制作杯盖

01 进入模型的"面"层级，选择顶部的环形面，按住 Shift 键的同时右击，在弹出的快捷菜单中执行"复制"命令，如图 3-6-17 所示；然后进入"边"层级，将边往中间挤。在环形平面中，使用"插入循环边工具"在中间位置添加一条循环边，然后选中这条边，再进行倒角操作，设置倒角数值为 0.1，效果如图 3-6-18 所示。

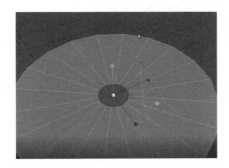

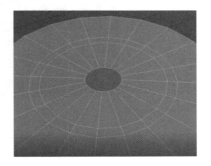

图 3-6-17　复制面　　　　　　　　　图 3-6-18　插入循环边后的效果

02 进入模型的"面"层级，选择循环边之间的面，如图 3-6-19 所示，对选中的面执行"挤出"命令，将面向下挤出，效果如图 3-6-20 所示。

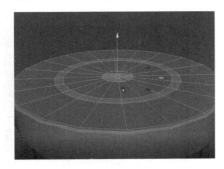

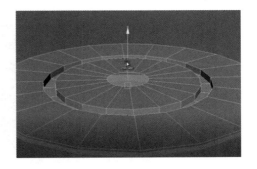

图 3-6-19　选择循环边之间的面　　　　图 3-6-20　将面向下挤出后的效果

03 进入模型的"边"层级，执行"挤出"命令，把底部的边向内挤出，制作出封口效果，如图 3-6-21 所示。执行"编辑网格"→"插入循环边工具"命令，在杯子中间添加两条循环边，并设置添加的"分数"为 0.45，如图 3-6-22 所示。

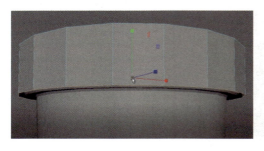

图 3-6-21　封口效果　　　　　　　　　　图 3-6-22　添加循环边 3

04 选择中间的面，使用"缩放工具"进行缩放，效果如图 3-6-23 所示。最后选择对应的边进行倒角操作，并设置倒角数值为 0.3，确认无误后对模型进行挤出操作，对法线进行反转后再对对应的边进行倒角操作。

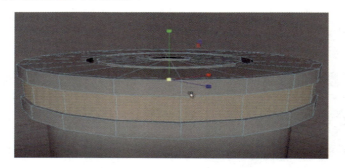

图 3-6-23　中间面缩放后的效果

第 3 步　制作吸管

01 执行"创建"→"多边形基本体"→"圆柱体"命令，在场景中创建一个圆柱体，如图 3-6-24 所示，然后调整圆柱体的大小和位置。

02 选择圆柱体的上、下两个面，将其删除。在圆柱体中间插入一条循环边，然后调整顶部和中间的顶点，效果如图 3-6-25 所示。

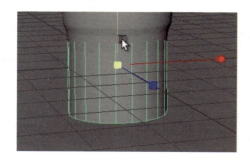

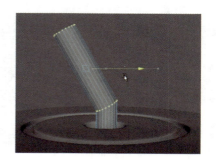

图 3-6-24　创建吸管基本圆柱体　　　　　图 3-6-25　调整顶部和中间的顶点

03 对刚插入的循环边进行倒角操作，并设置倒角数值为 0.1，效果如图 3-6-26 所示。执行"挤出"命令，并设置挤出厚度为-0.01，然后执行"网格显示"→"反向"命令，对所有的面进行反转，效果如图 3-6-27 所示。

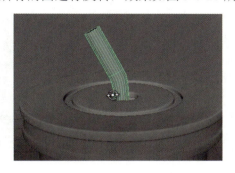

图 3-6-26　倒角后的效果 2

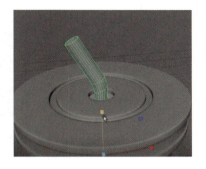

图 3-6-27　挤出效果

04 调整吸管大小，将吸管置于合适的位置。至此，完成奶茶杯模型的制作。

任务 *3.7* "多分割工具"命令的应用——制作神殿模型

微课："多分割工具"
命令的应用——制作
神殿模型

☞ **任务目的**

以图 3-7-1 为参照，制作如图 3-7-2 所示的神殿模型。通过本任务的学习，熟悉并掌握较复杂多边形建模的综合应用方法与技巧，以及"多分割工具"命令的使用方法。

图 3-7-1　神殿实物参照

图 3-7-2　神殿模型效果

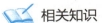 **相关知识**

"多分割工具"命令用于在多边形物体表面创建点或边，是多边形建模中常用的命令，多用于创建新边或循环边。需要注意的是，移动鼠标指针，可以拖动新加入的顶点在同一

条边上自由移动。但此命令不能一次加入过多的点，若加入的点过多，则会在按 Enter 键之后出现错误。如果需要加入较多的点，则需要进行多次操作。

任务实施

> **技能点拨：**①在视图中创建一个圆柱体，通过对圆柱体进行编辑，制作石柱的基本模型；②使用"硬化边"等命令对石柱模型进行编辑；③使用"雕刻几何体工具"和"布尔运算"等命令制作石柱破损的效果；④使用"倒角"等命令制作底座和基石；⑤使用"复制"和"成组"等命令制作其他部分，并组合模型，完成模型的制作。

第 1 步　创建石柱

01 打开 Maya 2023 中文版，执行"创建"→"多边形基本体"→"圆柱体"命令，或在工具架的"曲面"选项卡中单击"多边形圆柱体"按钮，在视图中创建一个圆柱体，如图 3-7-3 所示。

02 在"通道盒/层编辑器"中对圆柱体的参数进行设置，如图 3-7-4 所示。修改参数后的圆柱体效果如图 3-7-5 所示。

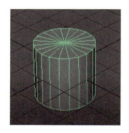

图 3-7-3　创建石柱　　　　图 3-7-4　设置石柱基本　　　　图 3-7-5　修改参数后的
　　　基本圆柱体　　　　　　　圆柱体的参数　　　　　　　　圆柱体效果

03 进入模型的"顶点"层级，选择两个连续的顶点，然后空两个顶点，再继续选择两个连续的顶点，以此类推，每隔两个顶点就选择两个连续的顶点，如图 3-7-6 所示。

04 使用"缩放工具"对顶点进行缩放，效果如图 3-7-7 所示。

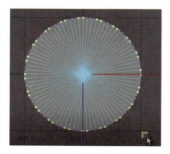
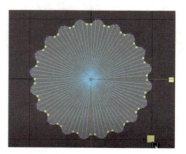

图 3-7-6　依次选择两个连续的顶点　　　　图 3-7-7　对顶点进行缩放后的效果

05 进入模型的"边"层级，选择顶部的边和底部的边并
对其进行倒角操作，设置"分数"为 0.3、"分段"为 2，如图 3-7-8
所示。

06 向上复制出新的石柱并调整好位置，如图 3-7-9 所示。
使用 Ctrl+D 组合键，把该物体复制 4 份，并由上到下排列，制作
出石柱大体造型，图 3-7-10 所示。

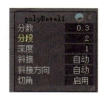

图 3-7-8　设置倒角的参数

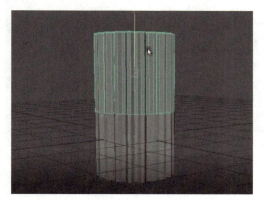

图 3-7-9　复制石柱

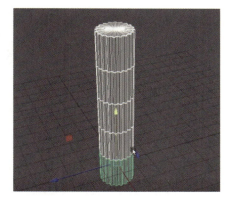

图 3-7-10　石柱大体造型

第 2 步　制作石柱破损效果

01 使用"多切割工具"制作石柱破损结构效果，在要破损的地方创建边，然后选择
圆柱体，执行"编辑网格"→"插入循环边工具"命令，添加循环边，移动鼠标指针使新
添加的边与顶面的距离如图 3-7-11 所示。进入模型的"面"层级，在按住 Shift 键的同时选
择破损的面，执行"编辑网格"→"挤出"命令，将选择的面向内挤出并缩小，然后按 3
键观察平滑后的效果，如图 3-7-12 所示。

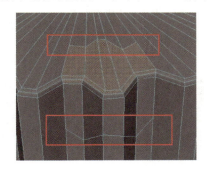

图 3-7-11　添加的边

图 3-7-12　向中间缩放后的效果

02 单击"编辑 NURBS"→"雕刻几何体工具"命令后的按钮，如图 3-7-13 所示，
打开"工具设置"窗口。此时鼠标指针变成了一个笔刷，按 B 键可以调整笔刷的大小。在
"雕刻参数"选项组中选择雕刻的方式，如图 3-7-14 所示。这里选择平滑方式进行处理，
如图 3-7-15 所示，平滑后的效果如图 3-7-16 所示。

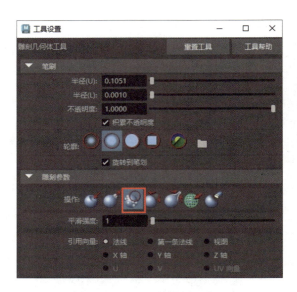

图 3-7-13　"雕刻几何体工具"命令

图 3-7-14　"工具设置"窗口

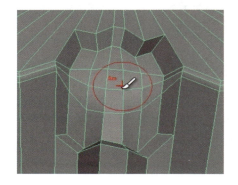

图 3-7-15　平滑处理

图 3-7-16　平滑后的效果

03 重复步骤 2 的操作，制作另一侧的破损效果，如图 3-7-17 所示。在使用"雕刻几何体工具"时，注意需要在模型的对象模式上进行雕刻。

图 3-7-17　破损效果

另外，也可以使用另外一种方法为石柱添加破损效果，具体如下。

步骤1 创建一个作为破损形状的物体，即创建一个立方体，并将立方体变形。

步骤2 将作为破损形状的物体移至柱子的边缘，使其与柱子呈相交状态。

步骤3 先选择石柱，再选择破损物体，执行"网格"→"布尔运算"→"差集"命令，即可得到石柱的破损边缘。

使用上述两种方式，可以为石柱多制作几处破损，让模型更加丰富。

第3步 制作底座

01 将最下方的圆柱体作为底座，如图3-7-18所示，使用"缩放工具"调整圆柱体的大小和位置，效果如图3-7-19所示。

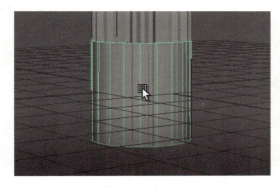
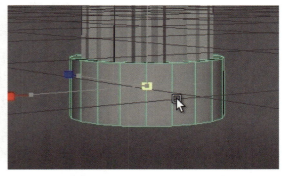

图3-7-18 选择底座圆柱体　　　　图3-7-19 调整圆柱体的大小和位置

02 在前视图或侧视图中进行操作，选择圆柱体上的点，将圆柱体调整成圆台形状，如图3-7-20所示。

03 执行"编辑网格"→"插入循环边工具"命令，在圆台的上、下各添加一条边，并进行倒角操作，最终效果如图3-7-21所示。

图3-7-20 圆台形状　　　　　　图3-7-21 圆台的最终效果

第 4 步　制作基石

01 基石以立方体为基本形状，因此创建一个立方体，然后将形状压成扁一些的立方体，如图 3-7-22 所示。

02 对立方体进行倒角操作。选择基石立方体的所有边，执行"编辑网格"→"倒角"命令，然后设置倒角参数，效果如图 3-7-23 所示。

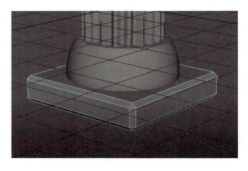

图 3-7-22　制作基石　　　　　　　　　　　　　图 3-7-23　倒角后的效果

03 为了方便后面的复制操作，可以将底座和基石放到一个组中，按 Ctrl+G 组合键或执行"编辑"→"成组"命令即可。柱顶和柱底的制作方法一样，可以直接将柱底的基石和底座复制到柱顶，然后变换方向，效果如图 3-7-24 所示。

04 按住 X 键，使圆台底座、方形基石和柱体的中心点均在中心原点对齐，以保证圆台底座、方形基石和柱体的中心是一致的，如图 3-7-25 所示。

05 为了方便后面的复制操作，可以把柱子的所有物体放到一个组中。选择这根柱子中的所有物体，如图 3-7-26 所示，按 Ctrl+G 组合键或执行"编辑"→"成组"命令即可。

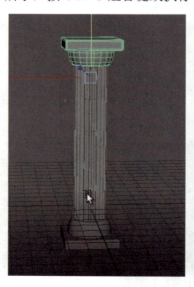

图 3-7-24　复制并旋转柱底的　　　图 3-7-25　在中心原点对齐　　　图 3-7-26　选择柱子中的
　　　　　　基石和底座　　　　　　　　　　　　　　　　　　　　　　　　　　　　　所有物体

06 单击"编辑"→"特殊复制"命令后的按钮，在打开的"特殊复制选项"窗口中设置参数，如图 3-7-27 所示，然后单击"应用"按钮。

07 使用上述方法制作另外 3 侧的柱子，16 根柱子复制后的效果如图 3-7-28 所示。

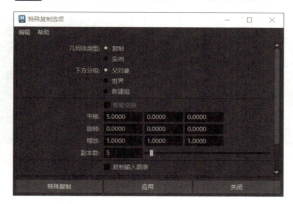

图 3-7-27　设置特殊复制的参数

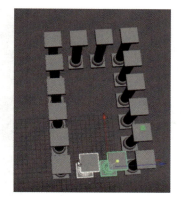

图 3-7-28　复制后的效果

第 5 步　制作台阶

01 创建一个立方体，并调整其形状为又长又扁，如图 3-7-29 所示。执行"编辑网格"→"倒角"命令，并设置倒角大小，对该立方体进行倒角操作。将立方体作为石板，垫在柱子的下面，如图 3-7-30 所示。使用 Ctrl+D 组合键复制石板，并沿柱子分布的方向进行排列，排在柱子的下面。除 X 轴方向外，Z 轴方向也使用同样的方法以石板排满。使用同样的方法将神殿中心处的地板铺满，不要有遗漏，效果如图 3-7-31 所示。

图 3-7-29　创建立方体并调整其形状

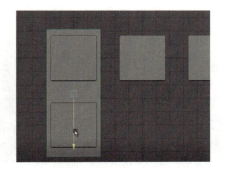

图 3-7-30　立方体放置图

图 3-7-31　神殿地板效果

02 制作 3 层台阶，每一层需要比上面一层更加宽大、突出。这里使用将第一层台阶复制再放大的方法来制作第二层和第三层的台阶，如图 3-7-32 所示。台阶的最终效果如图 3-7-33 所示。

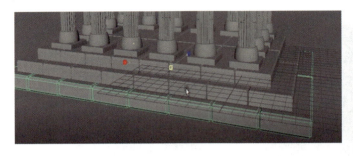

图 3-7-32　复制并排列台阶　　　　　　　　　　图 3-7-33　台阶的最终效果

第 6 步　制作神殿顶部的装饰

01 创建立方体并进行搭建，如图 3-7-34 所示。将第一层架在柱头上方，注意这一层的边缘要略小于柱头的顶端，如图 3-7-35 所示。

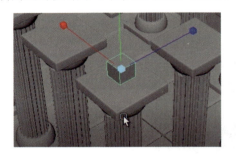

图 3-7-34　创建立方体并进行搭建　　　　　　　图 3-7-35　立方体的放置效果

02 创建中间一层，即带有浮雕的一层。这一层的大小与第一层的大小相同，并且有少许的结构性装饰，应先把这一层砖块的位置放好。创建 3 个立方体，并将其拉成竖长形状，然后在顶部加入一个横向的立方体作为局部装饰，如图 3-7-36 所示。

03 将这 4 个立方体放入一个组中，调整组物体的大小，按住 C 键的同时将组移动到顶层砖块处，摆放好装饰物。对装饰物进行复制、旋转，将装饰物放置在屋顶外侧，如图 3-7-37 所示。

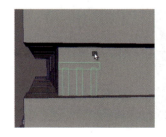
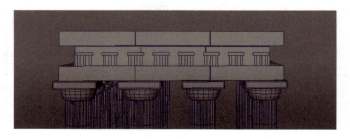

图 3-7-36　创建立方体组合装饰物　　　　　　　图 3-7-37　放置装饰物

第 7 步　制作屋顶

创建一个圆柱体，设置其"轴向细分数"为 3，如图 3-7-38 所示，使圆柱体变成三角形。再对三角形进行参数调整，如图 3-7-39 所示，调整后的效果如图 3-7-40 所示。对三角形的前、后面执行"挤出"命令，效果如图 3-7-41 所示，再挤出一个向内的空间。将三角形缩放至合适的大小后放置在顶部，并复制 6 份相同的三角形，效果如图 3-7-42 所示。至此，完成神殿模型的制作。

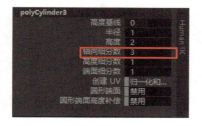

图 3-7-38　设置圆柱体的参数

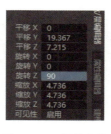

图 3-7-39　调整参数

图 3-7-40　三角形调整后的效果

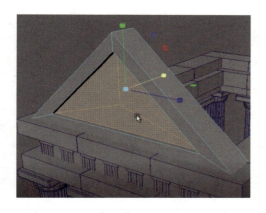

图 3-7-41　三角形前、后面挤出后的效果

图 3-7-42　复制三角形后的效果

任务 3.8　"软选择"命令的应用——制作琵琶模型

微课："软选择"命令的应用——制作琵琶模型

☞ **任务目的**

以图 3-8-1 为参照，制作如图 3-8-2 所示的琵琶模型。通过本任务的学习，掌握琵琶模型多边形建模的方法与技巧，以及"软选择"命令的使用方法。

图 3-8-1　琵琶实物参照　　　　　　　　图 3-8-2　琵琶模型效果

 相关知识

　　本任务利用"CV 曲线工具"命令与"软选择"命令来完成模型的创建。利用"CV 曲线工具"命令可以方便地创建一些形状比较多变的模型，也可以绘制曲线，然后执行"挤出"命令，得到想要的模型。CV 曲线的曲线次数越高，曲线越平滑。在需要对一个范围进行快速调整时，通常只需按 B 键，即可进入"软选择"模式，并且可以在按住 B 键的同时利用鼠标左键来调整软选择的范围，以便快速调整模型的形体。

 任务实施

　　技能点拨：①使用"球体"命令制作琵琶的大体形态；②使用"挤出"命令按照绘制的曲线挤出琵琶琴头的形状；③使用多边形基本体配合"挤出"和"复制"命令制作琵琶的配件；④对模型进行最终的调整，完成模型的制作。

　　第 1 步　制作琵琶主体

　　01 打开 Maya 2023 中文版，执行"创建"→"多边形基本体"→"球体"命令，在视图中创建一个球体，如图 3-8-3 所示，然后在"通道盒/层编辑器"中进行如图 3-8-4 所示的设置。

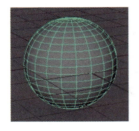

图 3-8-3　创建琵琶模型的基本球体　　　　图 3-8-4　设置球体参数

02 进入模型的"边"层级，在顶视图中选择球体一半的
边线，如图 3-8-5 所示，并将其删除。

03 进入模型的"面"层级，选择半球体顶部的一个面，
如图 3-8-6 所示。

04 双击"移动工具"，在打开的"移动工具"面板中选
中"软选择"复选框，如图 3-8-7 所示。

图 3-8-5　选择要删除的边

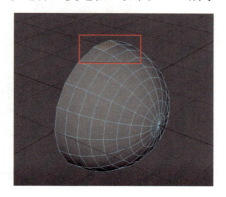

图 3-8-6　选择顶部的一个面

图 3-8-7　选中"软选择"复选框

05 将选择的面进行挤出操作后，进入模型的"边"层级，选择后面的边界线，执行
"网格"→"填充洞"命令。然后使用"移动工具"将半球体顶部的面沿 Y 轴进行移动，如
图 3-8-8 所示。执行"编辑网格"→"挤出"命令，将选择的面挤出。最后进入模型的"边"
层级，选择后面的边界线，执行"网格"→"填充洞"命令，效果如图 3-8-9 所示。

图 3-8-8　移动半球体顶部的面

图 3-8-9　挤出面的效果

第 2 步　制作琵琶琴头

01 执行"创建"→"多边形基本体"→"立方体"命令，在场景中创建一个立方体
并调整其大小和位置，如图 3-8-10 所示。

02 将视图切换到右视图，执行"创建"→"CV 曲线工具"命令，绘制一条如图 3-8-11
所示的 CV 曲线。

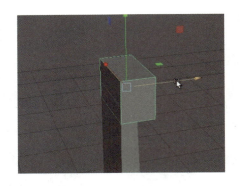

图 3-8-10　创建立方体并调整其大小和位置　　　　图 3-8-11　绘制 CV 曲线

03　选择之前创建的立方体模型，进入模型的"边"层级。选择任意 X 轴方向的边，在按住 Shift 键的同时右击，在弹出的快捷菜单中选择"插入循环边工具"→"多个循环边"选项，并将"循环边数"修改为 2，然后单击插入循环边。移动 CV 曲线至立方体模型中心，进入模型的"面"层级，选择顶部两侧的面，再按住 Shift 键并选择绘制的 CV 曲线，执行"编辑网格"→"挤出"命令，并在"通道盒/层编辑器"中设置参数，如图 3-8-12 所示。模型效果如图 3-8-13 所示。

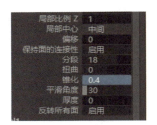

图 3-8-12　设置参数　　　　　　　　　　　图 3-8-13　模型效果

04　执行"创建"→"多边形基本体"→"圆柱体"命令，在场景中创建一个圆柱体，并在"通道盒/层编辑器"中设置其参数，如图 3-8-14 所示。进入圆柱体的"顶点"层级，框选环形的段数点，并进行合理的缩放，制作琵琶的卷弦器，如图 3-8-15 所示。选择卷弦器模型，执行"编辑"→"复制"命令，将卷弦器复制 3 份，并利用"旋转工具"进行位置和方向的调整，效果如图 3-8-16 所示。

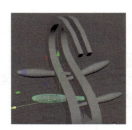

图 3-8-14　设置圆柱体的参数 1　　图 3-8-15　卷弦器模型　　图 3-8-16　卷弦器模型的最终效果

第 3 步　制作琵琶配件

01 执行"创建"→"多边形基本体"→"圆柱体"命令，在场景中创建一个圆柱体，在"通道盒/层编辑器"中设置其参数，如图 3-8-17 所示。使用"移动工具"将调整好的圆柱体移动到合适的位置，如图 3-8-18 所示。

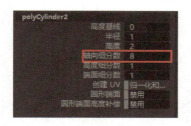

图 3-8-17　设置圆柱体的参数 2

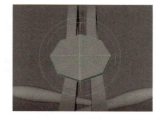

图 3-8-18　圆柱体的位置

02 选择圆柱体前面的面，执行"编辑网格"→"挤出"命令，通过控制手柄将挤出的多边形调整成如图 3-8-19 所示的效果。重复执行几次"挤出"命令，将该物体调整成如图 3-8-20 所示的效果。

图 3-8-19　调整挤出的多边形

图 3-8-20　挤出多边形的最终效果

03 执行"创建"→"多边形基本体"→"圆柱体"命令，在场景中创建一个圆柱体，并使用"缩放工具"调整其大小，制作琵琶琴枕的模型。使用"移动工具"将其移动到合适的位置。执行"编辑"→"复制"命令，然后使用"缩放工具"制作长度不一的琵琶琴枕，如图 3-8-21 所示。

04 执行"网格工具"→"创建多边形工具"命令，在前视图绘制琵琶琴码的多边形路径，如图 3-8-22 所示。绘制完成后按 Enter 键结束。

图 3-8-21　琵琶琴枕模型

图 3-8-22　绘制多边形路径

05 进入琵琶琴码模型的"面"层级，选择琵琶琴码的面，执行"编辑网格"→"挤出"命令，并通过控制手柄将多边形调整成如图 3-8-23 所示的效果。

06 选择琵琶琴码模型，执行"网格"→"镜像切图"命令，并将控制手柄移动到接近中线的位置，这样就对称地复制出了琵琶琴码的另外一半，并且其已经与原来的一半很好地连接在一起了，如图 3-8-24 所示。

 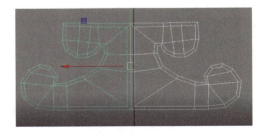

图 3-8-23　挤出并调整琵琶琴码　　　　　　图 3-8-24　镜像切图的效果

07 执行"创建"→"多边形基本体"→"圆柱体"命令，创建一个圆柱体作为琵琶的琴弦，使用"缩放工具"和"移动工具"将其移动到合适的位置。然后将琴弦复制 3 份，并放到合适的位置，效果如图 3-8-25 所示。

图 3-8-25　琴弦

08 对模型进行最终的调整。至此，完成琵琶模型的制作。

任务 3.9　"结合"命令的应用——制作高尔夫球模型

微课："结合"命令的
应用——制作高尔夫球
模型

☞ **任务目的**

以图 3-9-1 为参照，制作如图 3-9-2 所示的高尔夫球模型。通过本任务的学习，掌握"结合"命令的功能及使用方法，熟悉并掌握高尔夫球模型多边形建模的方法与技巧。

图 3-9-1　高尔夫球实物参照

图 3-9-2　高尔夫球模型效果

相关知识

　　"结合"命令用于将多个独立模型合并为一个单一对象，以便进行整体编辑操作。在选中需要合并的物体后，执行"结合"命令，此时模型的顶点和边可以跨越原始部件进行调整。例如，在将角色的头部与身体进行拼接后，通过结合这两个部分，能够统一调整接缝处的顶点，从而确保整体结构的连贯性。

任务实施

　　技能点拨：①在场景中创建一个球体，使用"平滑"命令对球体模型进行圆滑处理；②在场景中创建并复制球体模型，调整好球体的大小和位置；③将所有球体合并为一个整体，再进行布尔运算；④使用"填充洞"命令修补布尔运算产生的"破洞"，完成模型的制作。

　　第 1 步　第一种方法

　　01　打开 Maya 2023 中文版，执行"创建"→"多边形基本体"→"球体"命令，创建一个球体，如图 3-9-3 所示。再创建一个球体，在"通道盒/层编辑器"中设置球体的参数，如图 3-9-4 所示。修改参数后的球体效果如图 3-9-5 所示。

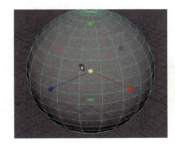
图 3-9-3　创建球体

图 3-9-4　设置另一个球体的参数

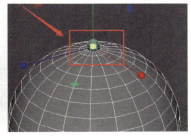
图 3-9-5　修改参数后的球体效果

02 将第二个球体的坐标轴调整到大球体正中心，按 D 键进入坐标轴编辑模式，再按 V 键开启捕捉功能，如图 3-9-6 所示。使用小球体进行复制，然后进行布尔差集运算，制作出高尔夫球的造型。

03 打开"特殊复制选项"窗口，设置 X 轴的"旋转"数值为 10，"副本数"为 17，如图 3-9-7 所示，然后单击"特殊复制"按钮，效果如图 3-9-8 所示。执行"结合"命令，将小球结合成一个物体。

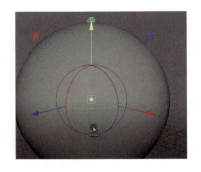

图 3-9-6　进行捕捉

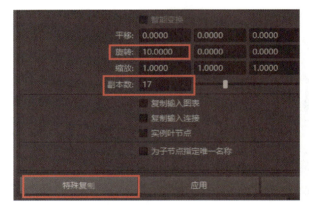

图 3-9-7　"特殊复制选项"窗口

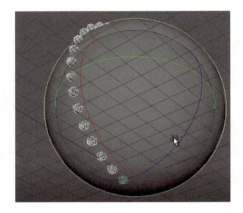

图 3-9-8　复制后的效果 1

04 将坐标轴调整到大球的正中心，然后对整体的小球依次进行复制，并调整其位置，效果如图 3-9-9 所示。

05 选择大球和结合后的小球，执行"网格"→"布尔"→"差集"命令，制作高尔夫球表面的凹陷结构，如图 3-9-10 所示。

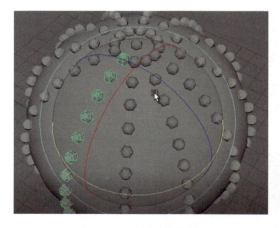

图 3-9-9　复制后的效果 2

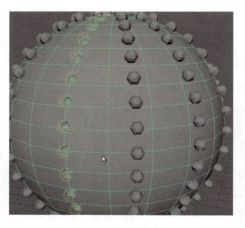

图 3-9-10　表面的凹陷结构

小贴士

"结合"命令可以将选择的两个或多个网格组合到单个多边形网格中，一旦多个多边形被组合到同一网格中，就只能在两个单独的网格壳之间进行编辑操作。

第 2 步　第二种方法

01 执行"创建"→"多边形基本体"→"柏拉图多面体"命令，如图 3-9-11 所示，创建一个多面体。在"通道盒/层编辑器"中设置"细分模式"为三角形，"细分数量"为 9，如图 3-9-12 所示。设置完成后的多面体效果如图 3-9-13 所示。

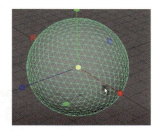

图 3-9-11　"柏拉图多面体"命令　　图 3-9-12　设置参数　　图 3-9-13　设置完成后的多面体效果

02 进入模型的"边"层级，框选所有的边，执行"创建"→"集"→"快速选择集"命令，如图 3-9-14 所示，创建一个快速选择集。

图 3-9-14　创建快速选择集

03 对整个模型进行平滑处理，平滑处理之后就出现了高尔夫球的凹陷结构，如图 3-9-15 所示。然后进入模型的"边"层级，选择刚刚创建的集，并将其删除，效果如图 3-9-16 所示。

图 3-9-15　平滑处理后的效果　　　　　图 3-9-16　删除集后的效果

04 进入模型的"面"层级，选择所有的面进行挤出操作，然后使用"缩放工具"将其向中间缩小，并禁用"保持面的连接性"功能，如图 3-9-17 所示。继续进行挤出操作，将局部偏移值进行调整，然后选择缩放轴将其缩小到最小，如图 3-9-18 所示。

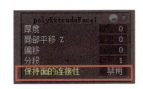

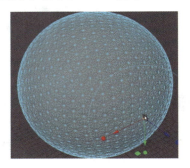

图 3-9-17　禁用"保持面的连接性"功能　　　　图 3-9-18　缩放后的效果

05 进入模型的"顶点"层级，选择所有的顶点，进行合并操作，并设置合并的"阈值"为 0.001，如图 3-9-19 所示。至此，完成高尔夫球模型的制作。

图 3-9-19　设置"阈值"参数

任务 3.10　"冻结变换"命令的应用——制作羽毛球模型

微课："冻结变换"命令的
应用——制作羽毛球模型

☞ **任务目的**

以图 3-10-1 为参照，制作如图 3-10-2 所示的羽毛球模型。通过本任务的学习，熟悉并掌握羽毛球模型多边形建模的方法与技巧，以及"冻结变换"命令的使用方法。

图3-10-1　羽毛球实物参照

图3-10-2　羽毛球模型效果

 相关知识

　　"冻结变换"命令会将对象的位移、旋转、缩放值重置为零，但对象会保持在当前的空间位置。此命令在动画制作中十分常用。例如，在调整好角色的初始姿势后，对其进行冻结变换操作，后续的动画制作将以归零状态作为起点，从而避免初始值对关键帧产生干扰。在数据清零之后，对象的"属性"面板会显示为默认值，这为后续的动画控制提供了便利。

 任务实施

　　技能点拨：①创建球体并调整，制作球头模型；②制作彩带；③制作羽毛；④制作圆环；⑤对模型进行最终调整，完成模型的制作。

　　第1步　创建球头模型

　　01 打开 Maya 2023 中文版，执行"创建"→"多边形基本体"→"球体"命令，在视图中创建一个球体，如图3-10-3所示。在"通道盒/层编辑器"中设置球体的参数，如图3-10-4所示。修改参数后的球体效果如图3-10-5所示。

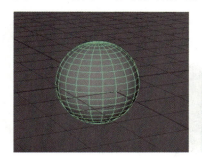

图3-10-3　创建球体

图3-10-4　设置球体的参数

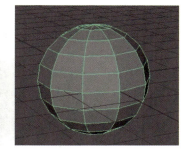

图3-10-5　修改参数后的球体效果

　　02 选择球体，进入球体的"顶点"层级，框选球体上半部分的点进行缩放操作，将球体模型调整为如图3-10-6所示的效果。

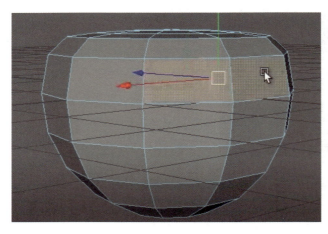

图 3-10-6　缩放球体模型

第 2 步　制作彩带

01 进入模型的"面"层级，选择模型的面，如图 3-10-7 所示。执行"编辑网格"→
"复制面"命令，复制选择的面，如图 3-10-8 所示。

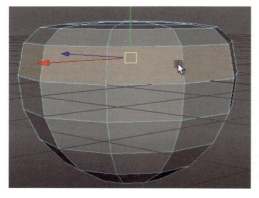

图 3-10-7　选择模型的面

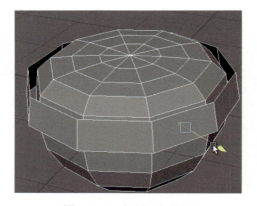

图 3-10-8　复制选择的面

02 选择复制的面，如图 3-10-9 所示，执行"挤出"命令，对复制的面进行挤出操作，
如图 3-10-10 所示。然后调整挤出面的位置和大小，如图 3-10-11 所示，即可得到彩带。

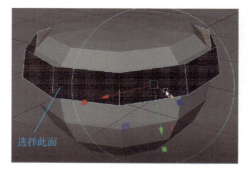

图 3-10-9　选择复制的面

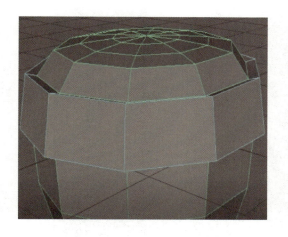

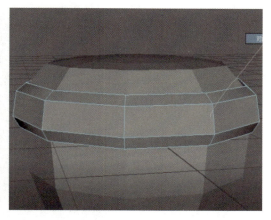

图 3-10-10　挤出选择复制面　　　　　　　　图 3-10-11　调整挤出面的位置和大小

第 3 步　制作羽毛

01 执行"创建"→"多边形基本体"→"圆柱体"命令，创建一个圆柱体，如图 3-10-12 所示。

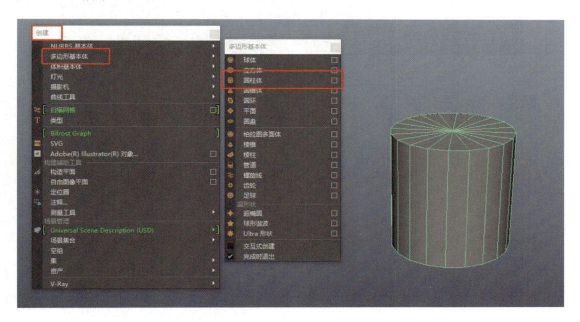

图 3-10-12　创建圆柱体

02 选择圆柱体，修改其属性参数，将参数"缩放 X"修改为 0.1，"缩放 Y"修改为 4.2，"缩放 Z"修改为 0.1，并修改圆柱体的大小，如图 3-10-13 所示。

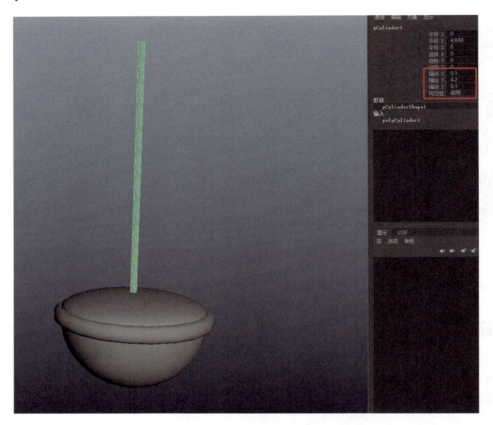

图 3-10-13　修改圆柱体的参数

03 执行"创建"→"多边形基本体"→"平面"命令，创建一个平面，并设置"细分宽度"为 2，"高度细分数"为 3，如图 3-10-14 所示。

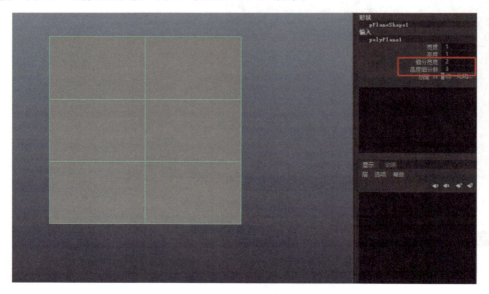

图 3-10-14　创建平面

04 选中模型，进入"点"层级，调整面片的顶点位置，制作出羽毛的形状，如图 3-10-15 所示。

图 3-10-15　制作羽毛造型

05 选中圆柱体和面片两个模型，再执行"网格"→"结合"命令，将两个物体结合成一个整体，如图 3-10-16 所示。

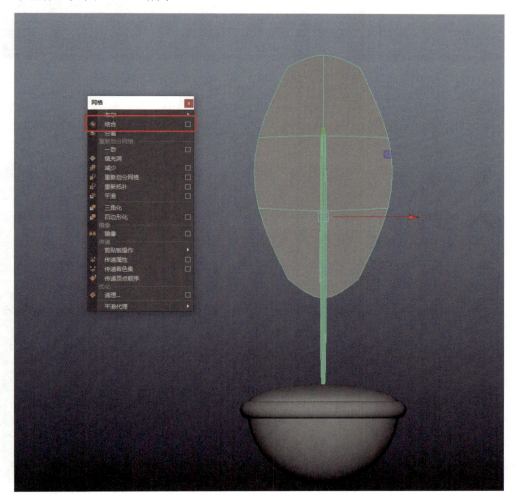

图 3-10-16　结合模型

06 使用"移动工具"和"旋转工具"修改羽毛的位置及倾斜的角度，结果如图 3-10-17 所示。

07 选中调整好位置的羽毛模型，执行"修改"→"冻结变换"命令，重置模型数值，设置平移和旋转数值为 0，缩放数值为 1，如图 3-10-18 所示。

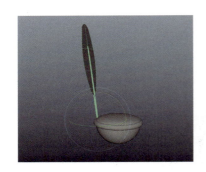

图 3-10-17　调整羽毛的位置

图 3-10-18　冻结变换

08 选择羽毛模型，执行"编辑"→"特殊复制"命令，在打开的"特殊复制选项"窗口中设置"几何体类型"为"复制"，旋转 Y 轴数值为 30，"副本数"为 11，如图 3-10-19 所示，然后单击"特殊复制"按钮。

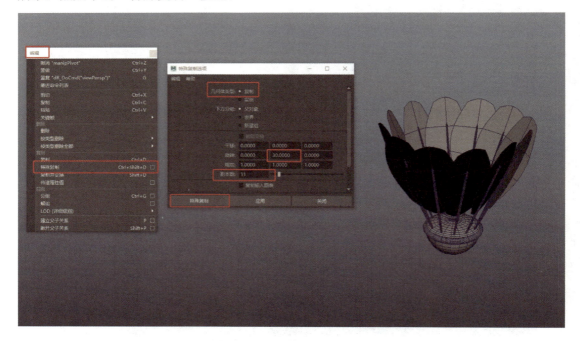

图 3-10-19　"特殊复制"窗口

09 选中调整好位置的羽毛模型，执行"修改"→"冻结变换"命令，重置模型数值，设置平移和旋转数值为 0，缩放数值为 1，最终效果如图 3-10-20 所示。

图 3-10-20　羽毛的最终效果

小贴士

"冻结变换"命令是一个很常用的基础命令，可以将选择对象上的当前变换调整为对象的零位置。

第 4 步　制作圆环

01 在工具架的"多边形"选项卡中单击"圆环"按钮，创建一个圆环，并将其摆放到合适的位置，如图 3-10-21 所示。在"通道盒/层编辑器"中设置圆环的参数，如图 3-10-22 所示。

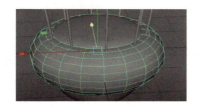

图 3-10-21　创建圆环

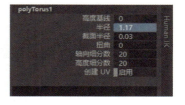

图 3-10-22　设置圆环的参数

02 把圆环放置在合适的位置并选择圆环，如图 3-10-23 所示。然后进入圆环的"点"层级，调整其形状，如图 3-10-24 所示。

图 3-10-23　放置与选择圆环

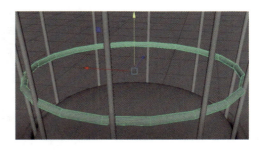

图 3-10-24　调整圆环的形状

03 复制一个圆环，并将其放置在第一个圆环的上面，然后进行形状上的调整。制作完成第一个羽毛球后，对其进行复制，得到两个羽毛球。对这两个羽毛球进行调整，至此完成羽毛球模型的制作。

任务 *3.11* "雕刻工具"命令的应用——制作苹果模型

微课："雕刻工具"命令的
应用——制作苹果模型

☞ **任务目的**

以图 3-11-1 为参照，制作如图 3-11-2 所示的苹果模型。通过本任务的学习，熟悉并掌握苹果模型多边形建模的方法与技巧，以及"雕刻工具"的使用方法。

图 3-11-1 苹果实物参照

图 3-11-2 苹果模型效果

📖 **相关知识**

雕刻工具主要是使用笔刷来制作模型，其中比较常用的雕刻工具有"松弛工具"和"平滑工具"。"松弛工具"主要用于松弛模型中的顶点，使模型的布线均匀。

💻 **任务实施**

技能点拨：①使用"挤出"命令制作苹果的大体形态；②使用"圆柱体"命令制作树枝的大体形状；③使用平面多边形制作叶片的大体造型。

第 1 步 制作苹果主体

01 打开 Maya 2023 中文版，执行"创建"→"多边形基本体"→"立方体"命令，在视图中创建一个立方体，如图 3-11-3 所示。然后对其进行平滑处理，将平滑的"分段级别"设置为 2，如图 3-11-4 所示。

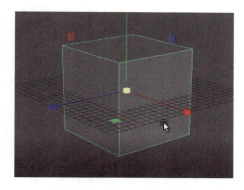

图 3-11-3　创建苹果模型的基本立方体

图 3-11-4　设置立方体的参数

02　平滑后选择顶部中间的 4 个顶点向下移动，并进行倒角操作，如图 3-11-5 所示。然后使用"缩放工具"将中间的面缩小，制作挤出效果，如图 3-11-6 所示。

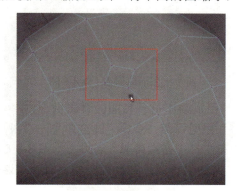

图 3-11-5　选择顶部的顶点

图 3-11-6　挤出效果

03　选择中间的多边面向中间挤出，如图 3-11-7 所示。同理，对底部的顶点进行相同的处理，效果如图 3-11-8 所示。

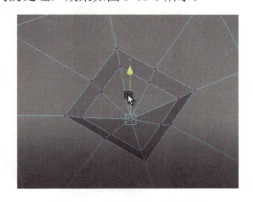

图 3-11-7　顶部挤出后的效果

图 3-11-8　底部挤出后的效果

04　执行"网格工具"→"雕刻工具"→"松弛工具"命令，如图 3-11-9 所示。使用"松弛工具"对模型进行调整，如图 3-11-10 所示。

图 3-11-9　"雕刻工具"级联菜单　　　　图 3-11-10　使用"松弛工具"调整后的效果

第 2 步　制作苹果上的树枝

01 执行"创建"→"多边形基本体"→"圆柱体"命令，在场景中创建一个圆柱体，如图 3-11-11 所示。

02 调整圆柱体的大小和位置，将其调整为树枝的造型，如图 3-11-12 所示。

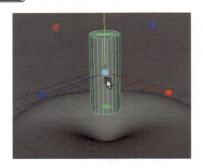

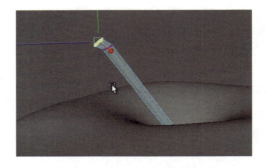

图 3-11-11　创建圆柱体　　　　　　图 3-11-12　将圆柱体调整为树枝的造型

第 3 步　制作苹果叶片

01 使用平面来制作叶子结构，创建一个平面，在"通道盒/层编辑器"中设置平面的参数，如图 3-11-13 所示。然后调整平面整体的造型，使其为叶子造型，如图 3-11-14 所示。

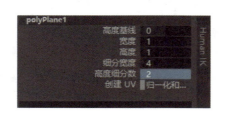

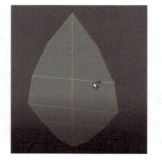

图 3-11-13　设置平面的参数　　　　　图 3-11-14　叶子造型

02 选择叶子上的边，对边进行倒角操作，然后调整叶子的位置，如图 3-11-15 所示。至此，整个苹果模型制作完成。

图 3-11-15　调整叶子后的效果

"桥接工具" 命令的应用——制作拱桥模型

微课: "桥接工具" 命令的
应用——制作拱桥模型

☞ **任务目的**

以图 3-12-1 为参照, 制作如图 3-12-2 所示的拱桥模型。通过本任务的学习, 熟悉并掌握 "桥接工具" 命令的使用方法与技巧。

图 3-12-1　拱桥实物参照

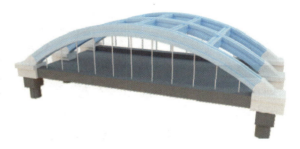

图 3-12-2　拱桥模型效果

 相关知识

在多边形建模中, 桥接工具主要用于连接独立的网格边缘或面, 通过在边缘之间及面与面之间创建新的面来实现连接。

 任务实施

技能点拨: ①创建基本立方体, 制作拱桥的桥面结构; ②创建基本立方体, 使用 "桥接工具" 制作桥的主拱造型; ③创建基本圆柱体, 制作桥的钓竿造型; ④创建圆柱体和立方体, 制作桥墩模型; ⑤对模型进行最终的调整, 完成模型的制作。

第 1 步　创建基本立方体

01 执行"创建"→"多边形基本体"→"立方体"命令，创建一个立方体，再对立方体的大小和位置进行调整，效果如图 3-12-3 所示。

02 进入右视图，使用"插入循环边工具"在中间添加一条循环线，效果如图 3-12-4 所示。选择环形边，并进行倒角操作，然后使用"插入循环边工具"为模型添加竖线循环边，确认无误后，删除两侧的面，效果如图 3-12-5 所示。

  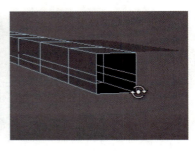

图 3-12-3　创建立方体 1　　　　图 3-12-4　添加循环边　　　　图 3-12-5　删除两侧的面

03 选中模型，按 Ctrl+D 组合键进行复制，然后将缩放轴 Z 轴的数值调整为-1，如图 3-12-6 所示，然后将复制后的模型与原模型进行结合。

04 选择两侧相同的边，执行"桥接工具"命令，效果如图 3-12-7 所示。同理，桥接底部的边，桥面的大体形状就制作出来了，如图 3-12-8 所示。

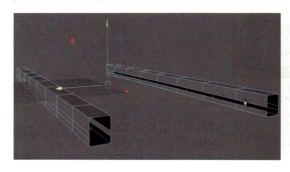 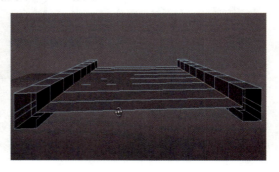

图 3-12-6　复制后的模型　　　　　　　　图 3-12-7　桥接两个立方体后的效果

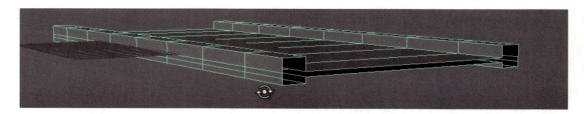

图 3-12-8　桥面的大体形状

第 2 步　制作桥的主拱

01 创建一个立方体，然后调整其大小和位置，如图 3-12-9 所示。添加一条线并进行倒角操作，通过倒角来添加分段数；在右视图中，选择侧面的边进行连接，再选择竖向的边进行连接，效果如图 3-12-10 所示。

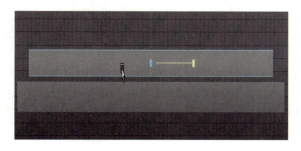

图 3-12-9　创建立方体 2

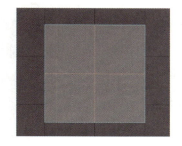

图 3-12-10　两侧边连接后的效果

02 选择连接后的边，进行倒角操作，并设置倒角数值为 0.3，效果如图 3-12-11 所示。选择两侧的面，进行挤出操作，并设置挤出厚度为 0.2，效果如图 3-12-12 所示。然后选择两侧的面，将其删除。

图 3-12-11　倒角后的效果

图 3-12-12　挤出后的效果

03 创建一个立方体，然后调整其大小和位置，如图 3-12-13 所示。进入前视图，将两个模型进行结合，然后删除主拱左侧的模型，如图 3-12-14 所示。调整完成后对其进行复制操作，并将缩放轴 X 轴调整为-1，再将两个模型结合，效果如图 3-12-15 所示。最后对其进行复制操作，以备后面使用。

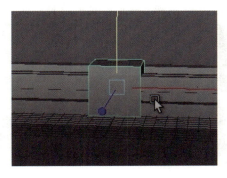

图 3-12-13　创建立方体 3

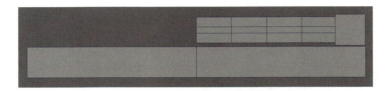

图 3-12-14　删除左侧模型后的效果

图 3-12-15　复制并结合模型后的效果

04 进入模型的"顶点"层级，将合并后的模型中间的顶点进行合并，如图 3-12-16 所示。然后执行"变形"→"非线性"→"弯曲"命令，如图 3-12-17 所示，对合并后的模型进行弯曲处理。

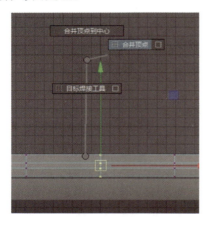

图 3-12-16　合并顶点

图 3-12-17　执行"弯曲"命令

05 将旋转轴 Z 轴旋转 90°，按 T 键，选择中间蓝色的顶点，然后按住鼠标左键向下移动，调整墙面的大小和位置，效果如图 3-12-18 所示。

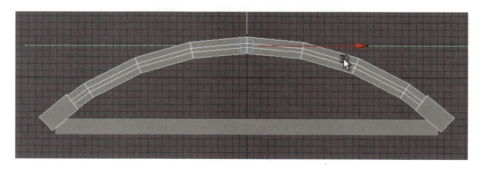

图 3-12-18　主拱和桥面的大体造型

06 创建一个立方体，然后调整其大小和位置，如图 3-12-19 所示。选择立方体侧面的边并添加线段，调整线的位置，然后选择两侧的面进行挤出操作，效果如图 3-12-20 所示。

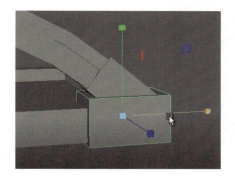

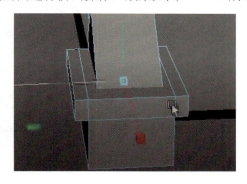

图 3-12-19　创建立方体 4　　　　　　　　图 3-12-20　两侧的面挤出后的效果

07 进入模型的"边"层级，选择所有的边，然后减选竖向的边，如图 3-12-21 所示。对模型进行倒角操作，然后对其进行复制，制作另一侧的主拱结构造型。

08 将步骤 3 复制的模型进行调整，使其穿过主拱结构，如图 3-12-22 所示。然后将其复制多份，并调整其位置，即可制作出桥的主拱模型，如图 3-12-23 所示。

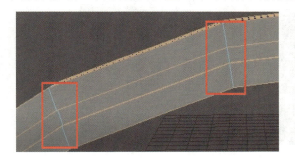

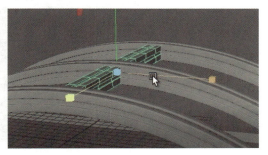

图 3-12-21　减选竖向的边　　　　　　　　图 3-12-22　调整模型的位置

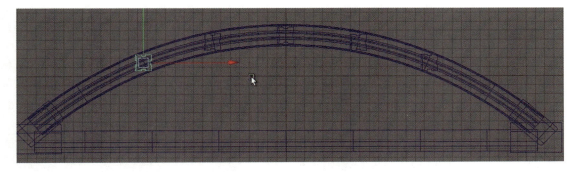

图 3-12-23　主拱模型

第 3 步　制作桥梁拉索结构

01 执行"创建"→"多边形基本体"→"圆柱体"命令，在场景中创建一个圆柱体，如图 3-12-24 所示。

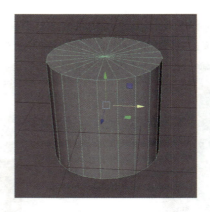

图 3-12-24　创建圆柱体

02 制作桥梁的拉索结构，调整圆柱体的大小和位置，并将其摆放在桥梁上，然后使用 Ctrl+D 组合键复制并制作其他的拉索结构，如图 3-12-25 所示。最后将整体拉索结构复制到另一侧。

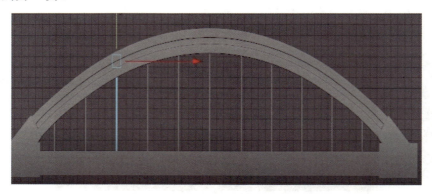

图 3-12-25　制作拉索结构

第 4 步　制作桥墩

01 创建一个圆柱体和一个立方体，然后调整其大小和位置，如图 3-12-26 所示。然后将其复制多份，并调整其位置，如图 3-12-27 所示。

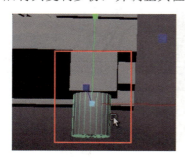

图 3-12-26　创建圆柱体和立方体

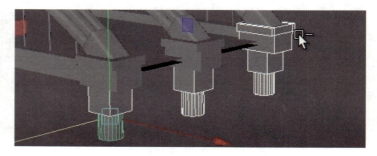

图 3-12-27　复制圆柱体和立方体后的效果

02 对拱桥模型进行最终的调整，至此整个拱桥模型制作完成。

任务 *3.13* "雕刻工具"命令的应用——制作篮球模型

微课:"雕刻工具"命令
的应用——制作篮球模型

☞ 任务目的

以图 3-13-1 为参照,制作如图 3-13-2 所示的篮球模型。通过本任务的学习,熟悉并掌握篮球模型建模的方法与技巧。

图 3-13-1 篮球实物参照

图 3-13-2 篮球模型效果

相关知识

雕刻工具适用于将任意类型的模型进行圆化变形处理。

任务实施

技能点拨:①使用"立方体"命令制作篮球的大体形态;②使用"挤出"命令制作篮球上的花纹;③对模型进行最终的调整,完成模型的制作。

第 1 步 制作篮球主体

01 打开 Maya 2023 中文版,执行"创建"→"多边形基本体"→"立方体"命令,创建立方体,如图 3-13-3 所示,然后在"通道盒/层编辑器"中进行如图 3-13-4 所示的设置。

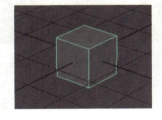

图 3-13-3 创建篮球模型的基本立方体

图 3-13-4 设置立方体的参数

02 选择顶部和底部的顶点，将其往中间移动进行缩小操作，再选择顶部和底部两侧的顶点进行缩小操作，如图 3-13-5 所示。

图 3-13-5　模型进行缩小操作

03 对模型进行平滑处理，设置平滑的"分段级别"为 2，如图 3-13-6 所示。执行"变形"→"雕刻工具"命令，效果如图 3-13-7 所示。在"通道盒/层编辑器"中通过设置最大置换数的数值和衰减距离，来调整模型的软化效果。

图 3-13-6　平滑后的效果

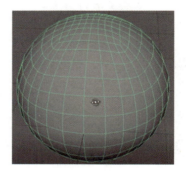

图 3-13-7　雕刻后的效果

第 2 步　制作篮球上的花纹

01 选择对应的边进行倒角操作，然后选择倒角后的面，如图 3-13-8 所示。按 Ctrl+E 组合键进行挤出操作，效果如图 3-13-9 所示。

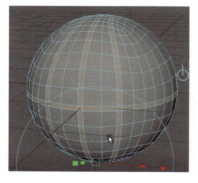

图 3-13-8　选择倒角后的面

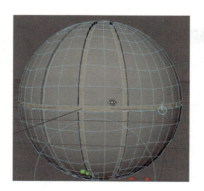

图 3-13-9　挤出后的效果

02 进入模型的"边"层级,使用"插入循环边工具"在篮球模型上的所有凹槽两侧添加环形线,如图3-13-10所示。得到的篮球模型如图3-13-11所示。

图3-13-10　添加环形边

图3-13-11　篮球模型

任务 3.14 "刺破"命令的应用——制作草莓模型

微课:"刺破"命令的
应用——制作
草莓模型

☞ **任务目的**

以图3-14-1为参照,制作如图3-14-2所示的草莓模型。通过本任务的学习,熟悉并掌握较复杂多边形建模的综合应用方法与技巧,以及"刺破"命令的使用方法。

图3-14-1　草莓实物参照

图3-14-2　草莓模型效果

📖 **相关知识**

刺破工具通过将一个中心顶点插入平面,并经由该面的中心点进行分割,从而创造出新的面。

💻 **任务实施**

> **技能点拨:** ①创建一个球体,制作草莓的基本模型;②使用"刺破"等命令对草莓模型进行编辑;③创建一个平面来制作草莓叶子。

第 1 步　创建草莓主体

01 打开 Maya 2023 中文版，执行"创建"→"多边形基本体"→"球体"命令，创建一个球体，如图 3-14-3 所示。然后在"通道盒/层编辑器"中设置"轴向细分数"和"高度细分数"，数值均设置为 16，如图 3-14-4 所示，然后调整球体的大小和位置。

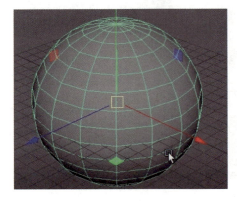

图 3-14-3　创建球体　　　　　　　　　　　　　图 3-14-4　调整球体的参数

02 选中模型，单击"变形"→"晶格"命令后的按钮，在打开的"晶格选项"窗口中对分段数进行调整，如图 3-14-5 所示，效果如图 3-14-6 所示。

03 选择晶格，进入晶格的"点"层级，通过晶格点制作草莓的大体造型，如图 3-14-7 所示。然后选择中间的球体模型，删除模型的历史记录并冻结变换。

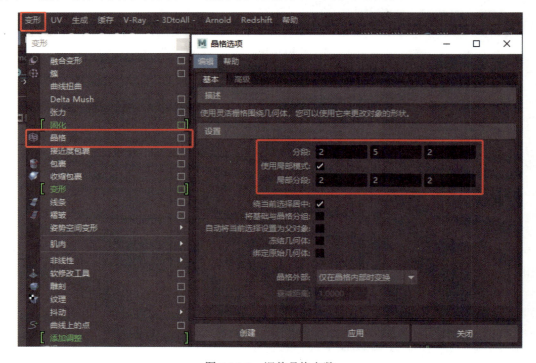

图 3-14-5　调整晶格参数

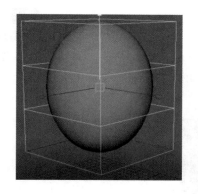
图 3-14-6　调整后的球体效果

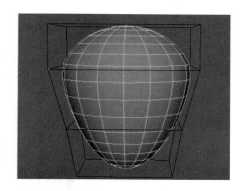
图 3-14-7　草莓的大体造型

04　进入模型的"边"层级，选择所有的边，单击"创建"→"集"→"快速选择集"命令后的按钮，在打开的"创建快速选择集"对话框中，创建一个快速选择集，如图 3-14-8 所示，将所有的线编为一个集合。进入模型的"面"层级，选择所有的面，然后单击菜单栏中"编辑网格"面板中的"刺破"按钮，对面进行刺破处理，效果如图 3-14-9 所示。

图 3-14-8　对所有的边创建一个集

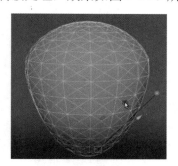
图 3-14-9　面的刺破效果

05　进入模型的"边"层级，选择前面创建的快速选择集，执行"快速选择集"命令，然后将其删除。进入模型的"面"层级，选择所有的面，在顶视图中减选最中心的环形面，如图 3-14-10 所示。对其余的面进行挤出操作，执行"挤出"命令之后会打开一个对话框，在对话框中取消禁用挤出的"保持面的连接性"功能，效果如图 3-14-11 所示。将面向中间进行缩放，然后进行挤出操作，重复进行挤出操作，效果如图 3-14-12 所示。最后创建一个新的快速选择集，并将名称修改为"面"。

图 3-14-10　删除中心的环形面

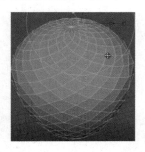
图 3-14-11　挤出后的效果 1

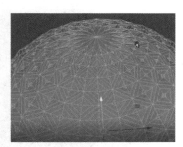
图 3-14-12　重复挤出后的效果

第 2 步　创建草莓叶

01 执行"创建"→"多边形基本体"→"平面"命令，创建一个多边形平面，如图 3-14-13 所示。设置"面"的"细分宽度"为 2，"高度细分数"为 4，如图 3-14-14 所示。

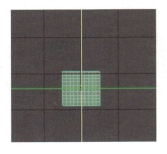

图 3-14-13　创建多边形平面　　　　图 3-14-14　调整多边形平面的参数

02 进入模型的"顶点"层级，通过调整顶点，制作草莓叶子的结构，如图 3-14-15 所示。然后对整个叶子的结构进行缩放操作，再对叶子模型执行"挤出"命令，并调整挤出厚度，效果如图 3-14-16 所示。

图 3-14-15　调整顶点后的模型　　　　图 3-14-16　挤出后的效果 2

03 选择两侧的顶点，将其向中间进行压扁，模拟叶子边缘中间粗边缘薄的造型，在中间位置选择线倒角后的环形面进行挤出操作，效果如图 3-14-17 所示。然后使用"晶格"命令对叶子进行调整，效果如图 3-14-18 所示。

图 3-14-17　环形边挤出后的效果　　　　图 3-14-18　晶格点调整后的效果

04 调整模型的位置，先按 D 键调整模型轴的位置，再按 V 键开启捕捉功能，调整叶子模型的轴向，如图 3-14-19 所示。使用"特殊复制"命令，对调整后的叶子进行复制，然后将复制出来的叶子进行旋转，效果如图 3-14-20 所示。

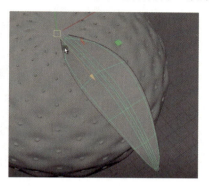 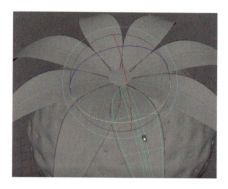

图 3-14-19　调整叶子的位置　　　　　图 3-14-20　叶子复制后的效果

05 切换至侧视图或前视图，把草莓蒂的边沿缩小，如图 3-14-21 所示，然后选择上边沿的点，并将其缩小。至此，完成草莓模型的制作。

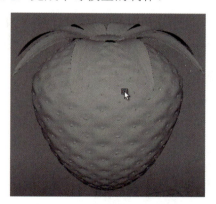

图 3-14-21　最终调整后的效果

任务 *3.15* "nCloth"命令的应用——制作枕头模型

微课："nCloth"命令
的应用——制作枕头
模型

👉 **任务目的**

以图 3-15-1 为参照，制作如图 3-15-2 所示的枕头模型。通过本任务的学习，熟悉并掌握枕头模型的制作方法与技巧，以及"nCloth"命令的使用方法。

图 3-15-1　枕头实物参照

图 3-15-2　枕头模型效果

 相关知识

"nCloth"（布料）命令主要通过设置压力、重力等参数来模拟物体的碰撞效果，从而制作桌布、枕头等模型。

任务实施

> **技能点拨：** ①创建一个立方体，通过对立方体进行编辑来制作枕头模型；②使用"nCloth"命令对枕头模型进行编辑；③使用"复制"命令制作其他部分，完成模型的制作。

01 打开 Maya 2023 中文版，执行"创建"→"多边形基本体"→"立方体"命令，创建一个立方体，如图 3-15-3 所示。

02 在"通道盒/层编辑器"中对立方体的参数进行设置，如图 3-15-4 所示。修改参数后的立方体如图 3-15-5 所示。

图 3-15-3　创建立方体

图 3-15-4　设置立方体的参数

图 3-15-5　修改效果参数后的立方体

03 在菜单栏中单击"集"下拉按钮，在弹出的下拉列表中选择"FX"选项，如图 3-15-6 所示，菜单栏中出现"nCloth"选项卡。执行"nCloth"→"创建 nCloth"命令，为模型添加布料特效。然后在"通道盒/层编辑器"中对压力的数值进行设置，如图 3-15-7 所示。

图 3-15-6　选择"FX"选项

图 3-15-7　设置压力数值

04 此时，动画中有一条粉红色的线，如图 3-15-8 所示。等待粉红色的线从第 1 帧跳到第 100 帧之后，就可以选择所对应的模型，该线被加载的过程就是立方体碰撞的过程。加载完成之后，找到第 1 帧的位置，按住鼠标左键并向右移动，即可看到模型被碰撞的结果，如图 3-15-9 所示。

图 3-15-8　粉色的线　　　　　　　　图 3-15-9　模型被碰撞后的效果

05 对模型的历史进行删除并冻结变换，然后按 Ctrl+D 组合键复制一个新模型，如图 3-15-10 所示。删除原来的模型，再复制一个新的模型，并调整新模型的位置，结果如图 3-15-11 所示。至此，枕头模型制作完成。

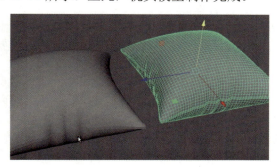

图 3-15-10　复制一个模型　　　　　　图 3-15-11　复制并调整模型

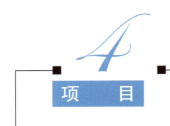

项目 4

材 质 贴 图

▊项目导读

在 3D 模型中，材质功能能够模拟真实世界中物体的质感。为了在 3D 模型上准确模拟这种质感，必须关注两个关键因素：首先是物体本身的外观质感，其次是周围环境及灯光对物体的影响。

在 Maya 中，使用不同类型的材质可以模拟不同物体的质感。要成功模拟物体质感，不仅需要了解真实世界中物体的物理属性，还要理解这些物体在环境中产生的物理变化。简而言之，材质代表物体的质地，是材料和质感的结合体。

材质属性涵盖物体表面的多个物理特征，如色彩、纹理、光滑度、透明度、反射率、折射率、发光度、凹凸和自发光等。因此，在创建材质后，为了获得理想的效果，需要对这些属性进行细致的调节。

Maya 中的材质类型通过连接纹理节点与工具节点来产生最终效果。其中，纹理节点包括 2D 纹理和 3D 纹理两种。2D 纹理主要用于模拟各种曲面材质上的 2D 图案，这些图案可以是图像文件或计算机图形程序生成的图案；而 3D 纹理则能显著提升 3D 图像的真实性，减少纹理衔接错误，实时生成剖析截面显示图，并产生更逼真的烟、火等动画效果，以及模拟移动光源产生的自然光影效果。

此外，纹理本身也具有控制属性。在 Maya 中，选择纹理后，可以通过双击或使用 Ctrl+A 组合键打开其控制属性进行调整。值得注意的是，Maya 中的所有物体都是由节点构成的，这些节点可以被视为具有特定功能的程序块，包含各种输入属性和输出属性。

本项目将主要对材质系统进行介绍。

▊学习目标

- 掌握 Hypershade（材质编辑器）的使用方法。
- 掌握节点的连接方法。
- 掌握材质的运用方法、节点的连接方法，以及调整参数来模拟各类材质效果的方法。
- 掌握 VRay 材质的使用方法。
- 通过荷花、玉石、陶瓷模型的制作，弘扬中华优秀传统文化，提升文化自信。
- 通过金属摆件、玻璃杯组模型的制作，体会艺术性和实用性的完美结合。
- 通过桌布模型的制作，弘扬中国优秀的民族历史文化和民俗文化，增强民族自信。

任务 *4.1* 制作X光射线透明效果——多彩荷花

微课：制作 X 光射线透明
效果——多彩荷花

☞ **任务目的**

　　利用图 4-1-1 所示的模型，制作如图 4-1-2 所示的多彩荷花效果。通过本任务的学习，掌握简单的"lambert"材质、"ramp"（渐变）节点、"samplerInfo"（采样器信息）节点的使用方法，并通过调整参数来模拟真实的 X 光射线透明效果。

图 4-1-1　多彩荷花模型

图 4-1-2　多彩荷花效果

 相关知识

　　"lambert"材质类型不包括任何镜面属性，如高光、反射、折射等。该材质的特点是不具有光滑的曲面效果，主要用于模拟粉笔、木头、岩石等粗糙的材质。

　　"ramp"节点使用渐变的色彩作为贴图的纹理。

　　"samplerInfo"节点可以提供关于曲面每个点的实际信息，再以所提供的信息采样或计算后进行渲染。此节点可以提供点在空间中的位置、方向、切线等相应的信息，还可以提供摄影机的位置信息。

 任务实施

　　技能点拨：①创建"lambert"材质、"ramp"节点、"samplerInfo"节点；②将"samplerInfo1"节点的"facingRatio"与"ramp1"节点的"uvCoord"下的"vCoord"进行连接；③将"ramp1"节点与材质的"透明度"属性连接，将"ramp2"节点与材质的"白炽度"属性连接，并修改各自的颜色属性；④将材质赋予模型，并进行渲染。

第 1 步　创建摄影机

01　打开 Maya 2023 中文版，执行"文件"→"打开场景"命令，打开本任务的场景文件。

02　执行"创建"→"摄影机"→"摄影机"命令，在场景中创建一架摄影机。

03　执行"视图"→"面板"→"沿选定对象观看"命令，在摄影机视图中观看场景，并将模型在摄影机视图中摆放到合适的位置。

第 2 步　制作材质

01　执行"窗口"→"渲染编辑器"→"Hypershade"命令，如图 4-1-3 所示，打开"Hypershade"窗口，创建一个"lambert"材质、一个"ramp"节点、一个"samplerInfo"节点，如图 4-1-4 所示。

图 4-1-3　执行"Hypershade"命令

图 4-1-4　创建材质与节点

02 使用鼠标中键拖动"samplerInfo1"节点到"ramp1"节点中的选定颜色上，如图 4-1-5 所示，打开"连接编辑器"窗口，将"samplerInfo1"节点的"facingRatio"与"ramp1"节点的"uvCoord"下的"vCoord"进行连接，如图 4-1-6 所示。

图 4-1-5　拖动节点

图 4-1-6　"连接编辑器"窗口

03 双击"lambert"材质，打开"属性编辑器"面板（图 4-1-7），将"ramp1"节点（使用鼠标中键拖动）连接到材质的"透明度"属性上，节点连接效果如图 4-1-8 所示。

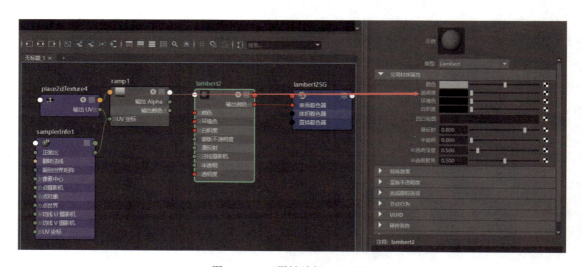

图 4-1-7　"属性编辑器"面板

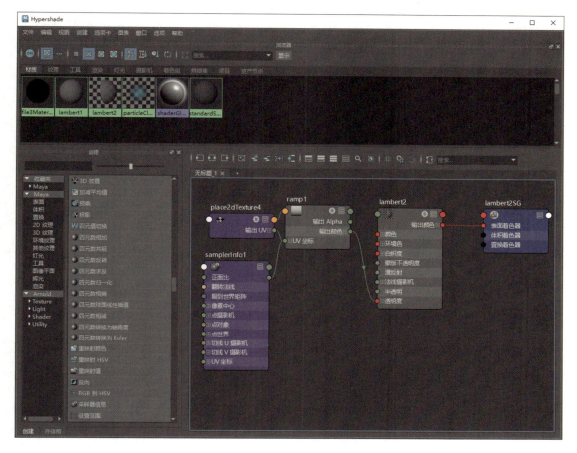

图 4-1-8　节点连接效果

04 双击"ramp1"节点，调整"选定颜色"对应的"选定位置"（前半部分为黑色，"选定位置"为 0.333；后半部分为灰色，"选定位置"为 0.666），如图 4-1-9 所示。

图 4-1-9　修改黑白渐变效果

05 选择"ramp1"节点，在"Hypershade"窗口中执行"编辑"→"复制"→"着色网络"命令，对"ramp1"节点进行复制操作，生成"ramp2"节点，如图 4-1-10 所示。

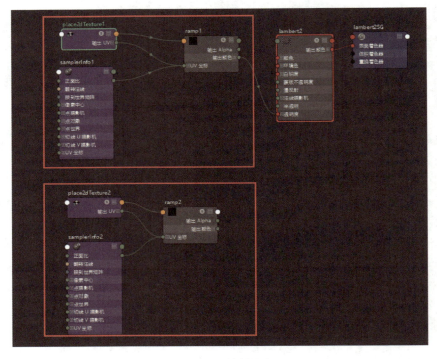

图 4-1-10　复制节点

06 双击"ramp1"节点，打开"属性编辑器"面板，将原来的由白色到黑色的渐变效果，调整为由橙色到黑色的渐变效果，如图 4-1-11 所示。

07 双击"lambert"材质，打开"属性编辑器"面板，将"ramp1"节点（利用鼠标中键拖动）连接到材质的"白炽度"属性上，如图 4-1-12 所示；将"ramp2"节点连接到材质的"透明度"属性上，如图 4-1-13 所示。

图 4-1-11　由橙色到黑色的渐变效果

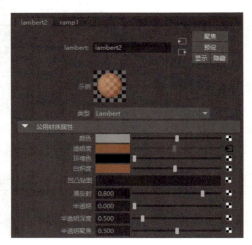

图 4-1-12　"白炽度"属性

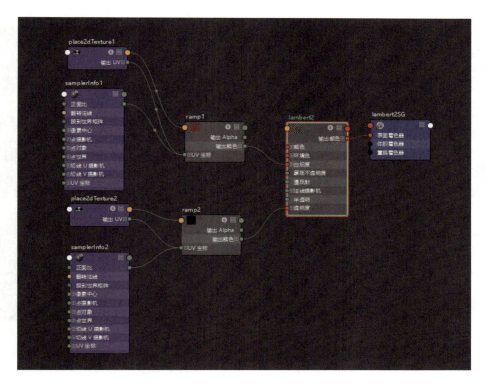

图 4-1-13   "ramp2"节点连接后的效果

08 调整材质的其他属性，如图 4-1-14 所示。

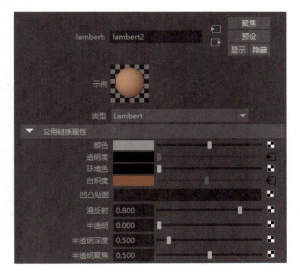

图 4-1-14   调整材质的其他属性

09 材质调整完成之后，选中模型"荷花"的花朵模型，回到材质编辑器，右击"Lambert2"材质球，在弹出的快捷菜单中选择"将材质指定给视口选择"选项，然后将材质赋予模型，效果如图 4-1-15 所示。

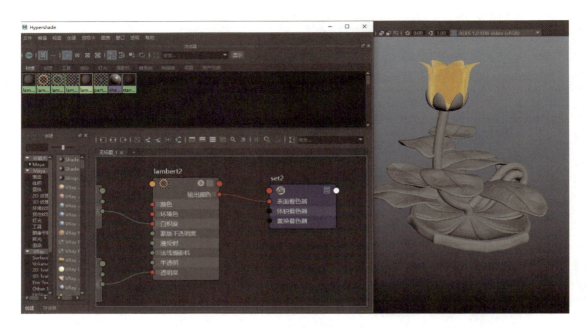

图 4-1-15　指定花朵材质

10 荷花的其他部分材质使用同样的方法依次将材质指定给模型，效果如图 4-1-16 所示。然后在状态行中单击"渲染当前帧"按钮 ⬛，渲染视图，最终效果如图 4-1-2 所示。

图 4-1-16　指定荷花的其他材质

多彩颜色的制作只需复制材质及其节点，并对其颜色进行修改即可。

任务 4.2 制作双面材质——校园卡

微课：制作双面材质——
校园卡

☞ **任务目的**

　　利用图 4-2-1 所示的模型，制作如图 4-2-2 所示的校园卡效果。通过本任务的学习，掌握"VRayMtl2Sided"（双面）材质的使用方法，并能通过"file"（文件）节点，制作逼真的校园卡双面效果。

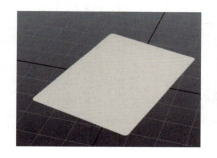

图 4-2-1　校园卡模型

图 4-2-2　校园卡最终效果

相关知识

　　在 Maya 中，如果一个模型上需要应用多种材质，则可以分别选择模型的各面，并赋予其相应的材质。在"Hypershade"窗口中，可以观察到同一个模型上存在多种材质，这种技术被称为多维子对象材质技术，每种材质通过独特的材质 ID 号进行区分。

　　其中，"VRayMtl2Sided"材质是一种非常实用的材质类型，特别适用于制作如扑克牌、花瓣、书本等需要正反面不同材质效果的物体。该材质具备正、反两个材质节点，可为物体的正面和反面分别指定不同的材质。

　　"file"节点的作用是导入计算机中的贴图文件，这些贴图可以用作模型的纹理。

任务实施

　　技能点拨：①创建"VRayMtl2Sided"材质、"VRayMtl"材质（2 个）、"file"节点（2 个）；②将"file1"节点与"VRayMtl1"材质的"漫反射"属性连接；③将"VRayMtl1"材质和"VRayMtl2"材质分别与"VRayMtl2Sided"材质的正面材质属性和背面材质属性连接；④将"VRayMtl2Sided"材质赋予模型，并进行渲染。

第 1 步　创建 UV 映射

01　选择 poker 模型，单击"UV"→"平面"命令后的按钮，如图 4-2-3 所示，打开"平面映射选项"窗口。设置"投影源"为"Y 轴"，如图 4-2-4 所示，然后单击"投影"按钮。

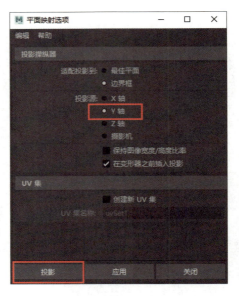

图 4-2-3　创建 UV 映射　　　　　　　　　图 4-2-4　"平面映射选项"窗口

02　执行"UV"→"UV 编辑器"命令，打开"UV 编辑器"窗口，可以看到模型已经映射成功了，如图 4-2-5 和图 4-2-6 所示。

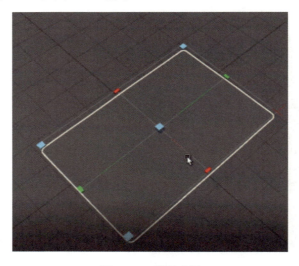

图 4-2-5　模型映射

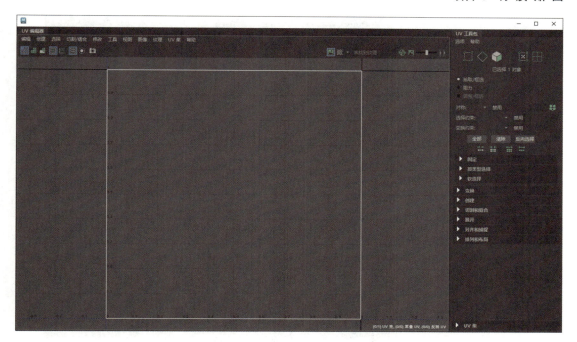

图 4-2-6 映射后"UV 编辑器"窗口的显示

03 UV 映射完成之后的操作如下：在"UV 编辑器"窗口中单击"快照"按钮，在打开的"UV 快照选项"窗口中设置 UV 的存储路径、图像格式、尺寸大小，如图 4-2-7 所示，然后单击"应用"按钮，即可导出 UV 映射。

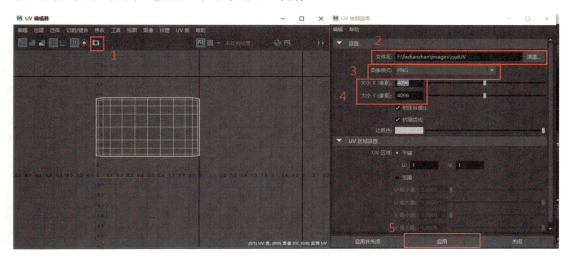

图 4-2-7 "UV 编辑器"窗口和"UV 快照选项"窗口

第 2 步 制作材质

01 执行"窗口"→"渲染编辑器"→"Hypershade"命令，打开"Hypershade"窗口，创建 1 个"VRayMtl2Sided"材质、2 个"VRayMtl"材质和 2 个"file"节点，如图 4-2-8 所示。

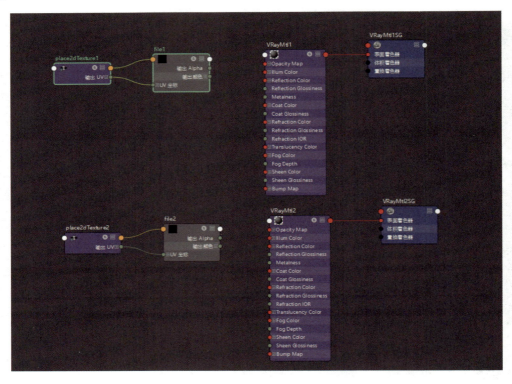

图 4-2-8　创建节点及材质

02 在"file1"节点的"属性编辑器"面板中单击"图像名称"参数后面的"文件夹"
按钮█，打开"打开"对话框，导入"校园卡.png"文件，如图 4-2-9 所示。

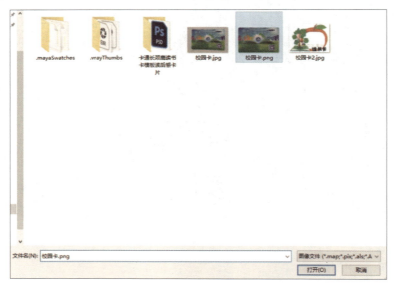

图 4-2-9　导入图片文件

03 在"file2"节点的"属性编辑器"面板中单击"图像名称"参数后面的"文件夹"
按钮，打开"打开"对话框，导入"校园卡 2.jpg"文件。

04 使用鼠标中键将"VRayMtl1"材质和"VRayMtl2"材质拖动到"VRayMtl2Sided"材质的正面材质属性和背面材质属性上，如图 4-2-10 所示。

图 4-2-10 将材质连接到对应的属性上

第 3 步 渲染场景

按住鼠标右键将"VRayMtl2Sided"材质应用到场景的模型中，再按 Ctrl+D 组合键对模型进行复制，将复制出来的模型的背面朝上，然后进行渲染，如图 4-2-11 所示。

图 4-2-11 复制并渲染模型

第 4 步 丰富场景

01 选择卡片模型，按 Ctrl+D 组合键将其复制一份，使用"移动工具"和"旋转工具"对复制出来的模型进行摆放，如图 4-2-12 所示。

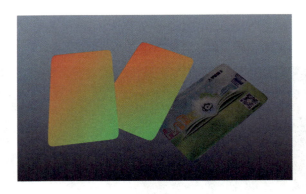

图 4-2-12　复制并摆放模型

02　调整好模型的角度，并对模型进行最终的渲染，最终效果如图 4-2-2 所示。

任务 4.3　制作金属材质——金属摆件

微课：制作金属
材质——金属摆件

☞ **任务目的**

　　利用图 4-3-1 所示的模型，制作如图 4-3-2 所示的金属摆件效果。通过本任务的学习，掌握金属材质的使用方法与技巧。

图 4-3-1　金属摆件模型

图 4-3-2　金属摆件效果

相关知识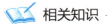

　　"phong" 材质借助高光反射来模拟金属表面所呈现的光斑锐利、环境反射显著的特性，并搭配 HDR 贴图以提升材质的真实感。该材质的关键属性说明如下。

　　1）Color（颜色）：设置为深灰色或黑色（由于金属的漫反射较弱）。

　　2）Cosine Power（余弦功率）：降低该参数值（10～20），以此扩大高光范围，增强金属的光泽效果。

3）Specular Color（高光颜色）：设置为浅灰色或白色，用于控制高光的亮度。

4）Reflectivity（反射率）：提高该参数值（0.5～1），从而增强镜面反射效果。

 任务实施

技能点拨：①打开场景文件并分析场景；②使用"phong"材质制作金属材质；③为场景增加环境球，模拟渲染环境；④创建灯光并设置灯光参数，设置渲染参数并进行最终的渲染。

第 1 步　打开场景文件

01 打开 Maya 2023 中文版，执行"文件"→"打开场景"命令，打开本任务的场景文件，如图 4-3-3 所示。

02 执行"窗口"→"大纲视图"命令，打开"大纲视图"面板，如图 4-3-4 所示，可以观察到场景中有两个模型。

图 4-3-3　打开场景文件

图 4-3-4　"大纲视图"面板

第 2 步　制作材质

01 执行"窗口"→"渲染编辑器"→"Hypershade"命令，打开"Hypershade"窗口，创建一个"phong"材质，如图 4-3-5 所示。

图 4-3-5　创建"phong"材质

02 在"phong"材质右侧的"属性编辑器"面板中，将名称修改为"metal"，并设置颜色为"H"40、"S"0.5、"V"0.1，如图 4-3-6 所示；然后设置材质的"环境色"为"H"2、"S"0.35、"V"0.03，如图 4-3-7 所示。

图 4-3-6　设置颜色参数 1

图 4-3-7　设置颜色参数 2

03 展开镜面反射着色（Specular Shading）选项组，设置余弦幂（Cosine Power）为 92.829，将镜面反射颜色（Specular Color）设置为白色，将反射率（Reflectivity）设置为 0.732，如图 4-3-8 所示。

图 4-3-8　设置镜面反射着色相关参数

04 将"metal"材质赋予场景中的模型，至此金属材质制作完成。

05 在"Hypershade"窗口中再次创建一个"VRayMtl"材质，单击"VRayMtl"材质"颜色"后的按钮，在打开的"创建渲染节点"窗口中选择"文件"节点，如图 4-3-9 所示。

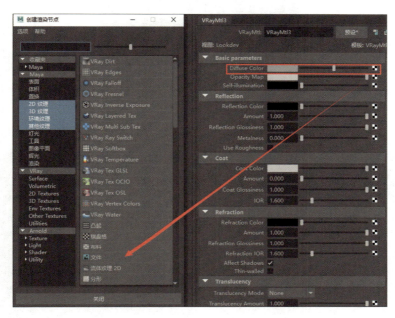

图 4-3-9　添加文件节点

06 在"文件"节点的"属性编辑器"面板中单击"图像名称"参数后的"文件夹"按钮，打开"打开"对话框，导入"41259394.png"文件，如图 4-3-10 所示。

图 4-3-10　导入文件

07 选择"VRayMtl"材质，在其"属性编辑器"面板中，设置反射颜色（Reflection Color）为白色，反射光泽（Reflection Glossiness）为 0.573，如图 4-3-11 所示。

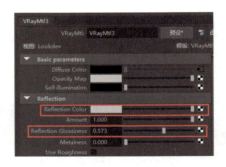

图 4-3-11　设置反射属性

08 将"VRayMtl"材质赋予对应的地面模型上，然后创建一个 VRay 穹顶光，并为穹顶光添加对应的 HDR 贴图，如图 4-3-12 所示。

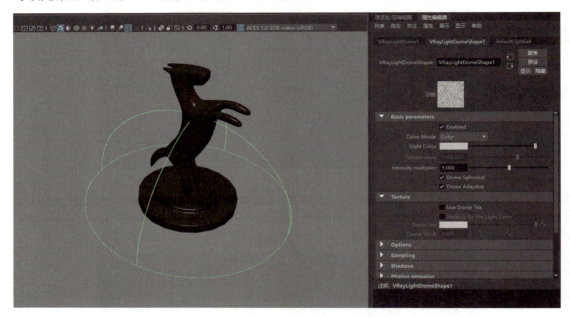

图 4-3-12　添加 HDR 贴图

09 对场景进行渲染，此时可以看到金属材质已经反射出地板的效果了，如图 4-3-13 所示。

图 4-3-13　渲染效果

10 调整渲染的效果图尺寸，然后进行最终的渲染。最终效果如图 4-3-2 所示。

> **小贴士**
>
> 金属材质是一种在制作过程中与周围环境紧密结合的物质，其反射特性和高光表现共同决定了它的属性特质。

任务 4.4 制作玻璃材质——玻璃杯组

微课：制作玻璃材质——
玻璃杯组

☞ **任务目的**

利用图 4-4-1 所示的模型，使用 "VRayMtl" 材质并通过环境的模拟制作如图 4-4-2 所示的玻璃材质效果。通过本任务的学习，熟悉并掌握玻璃材质的制作方法和材质参数的调整方法。

图 4-4-1 玻璃杯组模型效果

图 4-4-2 玻璃材质效果

📖 **相关知识**

玻璃物体所包含的属性主要包括高光、发射、反射、投影等效果，完全透明的物体不会有自身固有的色彩。从艺术效果表现的角度来说，玻璃可以分为无色透明玻璃、无色磨砂玻璃、彩色透明玻璃、彩色磨砂玻璃等。另外，还有一些特殊的玻璃，如教堂的彩色玻璃、高楼的幕墙等。在制作玻璃材质的过程中可以使用 "blendColors"（混合颜色）节点将两个输入的值进行混合，使用蒙版决定两种材质在物体上的放置位置。

任务实施

> **技能点拨：** ①打开文件并分析场景；②使用"VRayMtl"材质制作玻璃材质，并将其赋予场景中的模型；③创建一个 VRay 穹顶光，并为其赋予一张 HDR 贴图，渲染场景；④设置渲染参数并进行最终的渲染，完成模型的制作。

第 1 步　打开场景文件

`01` 打开 Maya 2023 中文版，执行"文件"→"打开场景"命令，打开本任务的场景文件。

`02` 执行"窗口"→"大纲视图"命令，在打开的"大纲视图"面板中可以观察到场景内有 8 个模型物体。

第 2 步　制作玻璃材质

`01` 执行"窗口"→"渲染编辑器"→"Hypershade"命令，打开"Hypershade"窗口，创建一个"VRayMtl"材质，如图 4-4-3 所示。

`02` 双击"VRayMtl"材质，打开"属性编辑器"面板，将材质的反射颜色调整为纯白色，如图 4-4-4 所示。

图 4-4-3　创建"VRayMtl"材质

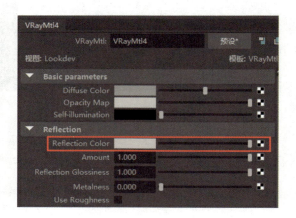

图 4-4-4　修改材质的参数 1

`03` 将折射颜色（Refraction Color）调整为纯白色，并修改 Refraction IOR 参数为 1.333，如图 4-4-5 所示。

`04` 选择场景中的杯组模型，将"VRayMtl"材质赋予模型，如图 4-4-6 所示。

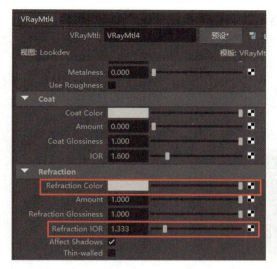

图 4-4-5　修改材质的参数 2　　　　　　　　　　图 4-4-6　选择杯组模型

05 同理，创建一个新的"VRayMtl"材质，设置漫反射颜色（Diffuse Color）为红褐色，反射颜色（Reflection Color）为白色，并将反射光泽度（Reflection Glossiness）设置为 0.2，如图 4-4-7 所示，然后将该材质赋予地板模型。

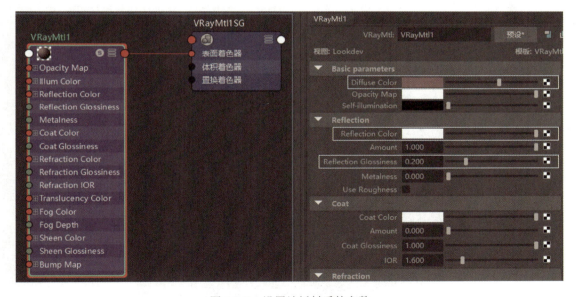

图 4-4-7　设置地板材质的参数

第 3 步　模拟渲染环境

01 执行"创建"→"灯光"→"VRay Light Dome Shape"命令，在场景中创建一个 VRay 球形光，如图 4-4-8 所示。

图 4-4-8　创建 VRay 球形光

02 调整 VRay 球形光的参数，选中"Invisible"复选框，并选中"Use Dome Tex"复选框，然后在"Dome Tex"选项后的棋盘格中添加素材库中对应的 HDR 贴图，如图 4-4-9 所示。

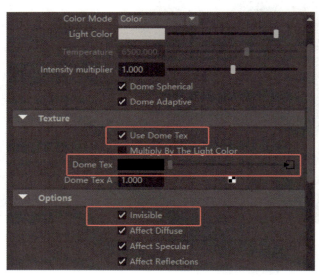

图 4-4-9　创建材质效果

03 打开"渲染设置"对话框，将渲染器修改为 V-Ray 渲染器，如图 4-4-10 所示。

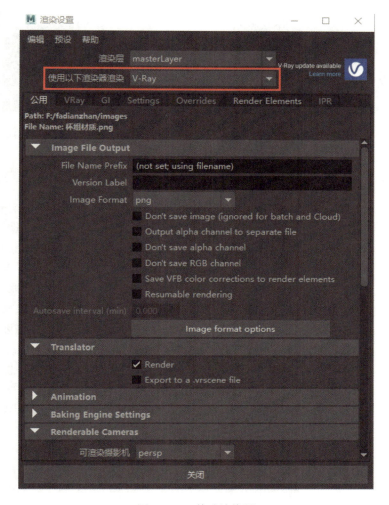

图 4-4-10　修改渲染器

04 对场景进行渲染，最终的效果如图 4-4-2 所示。

任务 4.5　制作迷彩材质——抱枕

微课：制作迷彩
材质——抱枕

☞ **任务目的**

　　利用图 4-5-1 所示的模型，制作如图 4-5-2 所示的抱枕渲染效果。通过本任务的学习，掌握较复杂材质的综合应用方法与技巧。

图 4-5-1　抱枕模型效果　　　　　　　　　图 4-5-2　抱枕渲染效果

 相关知识

　　在 Maya 中，迷彩布料材质包含多种重要属性。其中，光泽度属性影响着布料呈现出的类似真实布料的高光反射效果；自发光属性能够在特定情境下为布料营造独特的视觉氛围；透明度属性可用于模拟轻薄布料那种半透明的质感；投影效果则能让布料与场景中的光影更好地融合，显得更加自然。

　　从艺术表现的角度来看，迷彩布料可分为常规丛林迷彩布料、城市迷彩布料等不同类型。常规丛林迷彩布料通常呈现出绿色、褐色、黄色等色调组成的不规则斑块组合；城市迷彩布料则以灰色、黑色、白色等色调为主，模拟城市建筑环境。还有一些特殊的迷彩布料，如军事伪装迷彩布料，对色彩和图案的精准度要求极高。

　　在制作过程中，可以借助"blendColors"节点，将代表不同迷彩颜色的输入值进行混合。再通过精心制作的蒙版，依据布料的褶皱、拉伸等情况，精准地确定各颜色材质在布料模型上的分布位置，以此塑造出极为逼真的迷彩布料效果，使其完美适配各种场景需求。

 任务实施

　　技能点拨：①打开场景文件并创建摄影机；②创建节点；③修改节点属性，创建材质；④将制作完成的材质赋予场景中的模型。

　　第 1 步　创建摄影机

　　01 打开 Maya 2023 中文版，执行"文件"→"打开场景"命令，打开本任务的场景文件，如图 4-5-3 所示。

　　02 执行"创建"→"摄影机"→"摄影机"命令，在场景中创建一架摄影机。

　　03 在"视图"菜单中执行"面板"→"沿选定对象观看"命令，如图 4-5-4 所示。在摄影机视图中观看场景，并将抱枕模型摆放到合适的位置，如图 4-5-5 所示。

　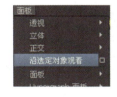　

图 4-5-3　抱枕模型　　　图 4-5-4　执行"沿选定对象观看"命令　　　图 4-5-5　调整抱枕模型的位置

第 2 步　制作迷彩材质

01 执行"窗口"→"渲染编辑器"→"Hypershade"命令，打开"Hypershade"窗口，选择左侧的"分形"选项，创建一个"fractal"（分形）节点，如图 4-5-6 所示。

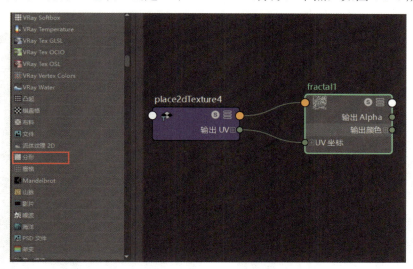

图 4-5-6　创建"fractal"节点

02 选择"fractal"节点，在右侧的"属性编辑器"面板中设置其参数。在"分形属性"选项组中，设置"比率"为 0.5，"频率比"为 20，"最高级别"为 15，"偏移"为 0.8，如图 4-5-7 所示；然后在"颜色平衡"选项组中设置"颜色偏移"为绿色（"H"120、"S"0.5、"V"0.7），如图 4-5-7 所示。

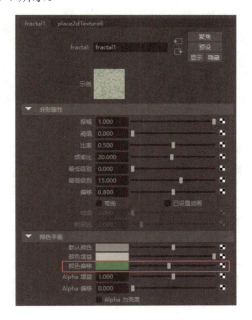

图 4-5-7　设置颜色参数

03 按 Ctrl+D 组合键复制"fractal"节点，产生新的"fractal"节点，如图 4-5-8 所示。打开新的节点对应的"属性编辑器"面板，在"分形属性"选项组中对参数进行修改，选中"已设置动画"复选框，设置"时间"为 15.4，如图 4-5-9 所示。然后在"颜色平衡"选项组中设置"颜色偏移"为"H"27、"S"1、"V"0.4，如图 4-5-10 所示。最终两个"fractal"节点的颜色显示如图 4-5-11 所示。

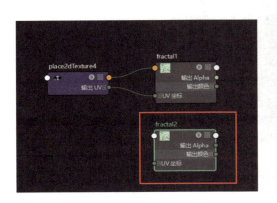

图 4-5-8　复制"fractal"节点

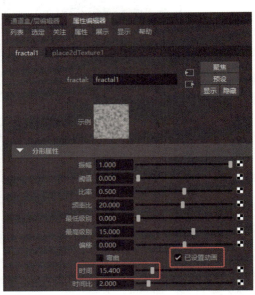

图 4-5-9　修改参数

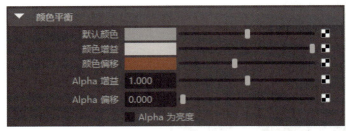

图 4-5-10　设置颜色偏移参数

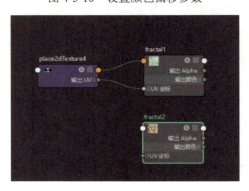

图 4-5-11　最终两个"fractal"节点的颜色显示

04 在"Hypershade"窗口中再创建一个"分层纹理"（layeredTexture）材质，如图 4-5-12 和图 4-5-13 所示。

图 4-5-12　创建"分层纹理"材质

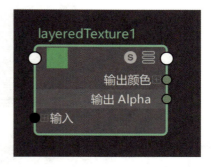

图 4-5-13　layeredTexture 材质的效果

layeredTexture 材质可以使不同的材质相互层叠在一起，其适合制作材质与材质之间叠加产生的特殊效果。

05 选择"layeredTexture"材质，打开其"特性编辑器"面板，使用鼠标中键将之前编辑的两个"fractal"节点拖动到"分层纹理属性"选项组中，并设置"融合模式"为"相乘"，如图 4-5-14 所示。

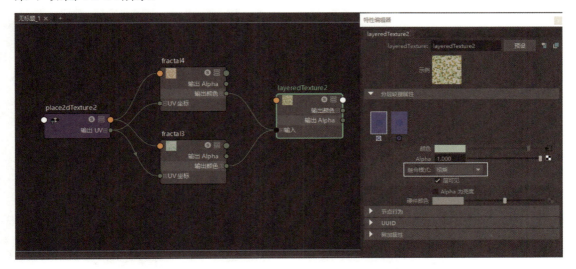

图 4-5-14　设置融合模式

06 在"Hypershade"窗口中再创建一个"lambert"材质，如图 4-5-15 所示，并将"layeredTexture"节点连接到"lambert"材质的"颜色"属性，如图 4-5-16 所示。

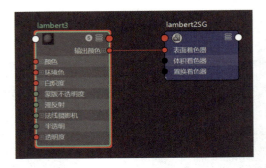

图 4-5-15　创建"lambert"材质

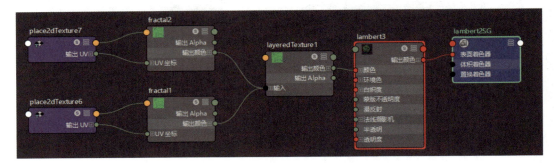

图 4-5-16　连接材质与节点

07 在"Hypershade"窗口中将制作的材质赋予场景中的模型，并进行渲染，最终效果如图 4-5-2 所示。

任务 4.6　制作格子布料——桌布

微课：制作格子
布料——桌布

👉 **任务目的**

利用图 4-6-1 所示的模型，制作如图 4-6-2 所示的桌布效果。通过本任务的学习，掌握"ramp"节点的使用方法，并学会通过节点的连接、参数的调整来模拟真实格子布料的效果。

图 4-6-1　桌布模型

图 4-6-2　桌布最终效果

相关知识

布料材质在室内表现、角色制作、场景制作等许多领域中经常使用。本任务将创建"ramp"节点，并使用渐变的色彩作为贴图的纹理。该纹理可创建分级的色带，默认渐变纹理颜色是蓝、绿、红。该纹理不仅可以创建不同的效果类型（如条纹、几何图样、斑驳的表面），还可以作为一个 2D 背景，或作为环境球纹理的源文件，用于模拟天空和地平线；或作为投射纹理的源文件，用于模拟木质、大理石或岩石。

任务实施

> **技能点拨**：①创建"lambert"材质、"ramp"节点；②将"ramp7"与"ramp8"节点连接；③将"ramp7"节点与材质连接，将"ramp8"节点与"ramp7"节点的绿色连接，并修改各自的颜色属性；④将材质赋予模型，并进行渲染。

第 1 步　创建摄影机

打开 Maya 2023 中文版，执行"文件"→"打开场景"命令，打开场景文件。在场景中创建一架摄影机，创建摄影机的步骤详见任务 4.5，这里不再赘述。

第 2 步　制作材质

01 执行"窗口"→"渲染编辑器"→"Hypershade"命令，打开"Hypershade"窗口，创建一个"ramp7"节点，如图 4-6-3 所示，并调整节点对应的颜色参数。

02 选择"ramp7"节点，打开其"属性编辑器"面板，将"类型"设置为长方体渐变，将"插值"设置为无，如图 4-6-4 所示。

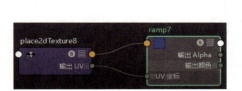

图 4-6-3　创建"ramp7"节点

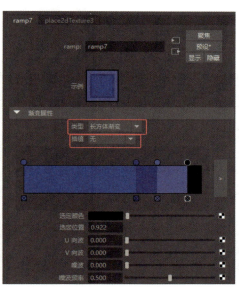

图 4-6-4　设置"ramp7"节点的属性 1

03 同理，再创建新的"ramp8"节点，并调整对应的颜色和参数类型，如图 4-6-5 和图 4-6-6 所示。

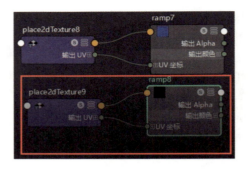

图 4-6-5　创建"ramp8"节点

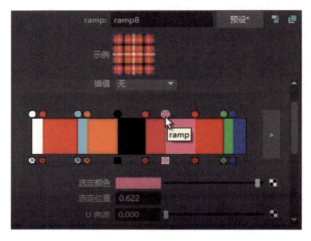

图 4-6-6　设置"ramp8"节点的属性

04 按住鼠标中键，将"ramp8"节点拖动到"ramp7"节点最左侧选定颜色的位置上，如图 4-6-7 所示。

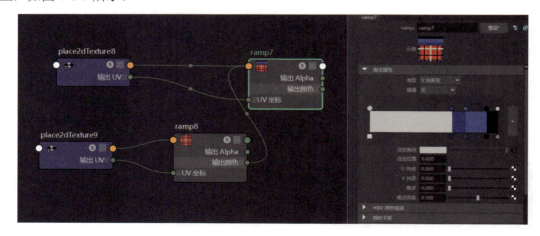

图 4-6-7　设置"ramp7"节点的属性 2

05 将"lambert"材质赋予模型，再设置"ramp8"节点的"place2dTexture"节点上的属性，如图 4-6-8 所示。

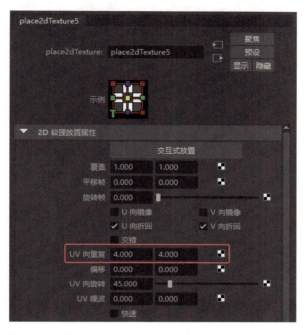

图 4-6-8 修改"ramp8"节点的"place2dTexture"属性

06 设置"ramp2"节点的属性，如图 4-6-9 所示，渲染效果如图 4-6-10 所示。

图 4-6-9 设置"ramp2"节点的属性

图 4-6-10　渲染效果

07 渲染模型，最终效果如图 4-6-2 所示。

小贴士

复杂的渐变纹理会使动画变得纷乱。若要避免这种情况，则应把渐变纹理转换为图形文件。

任务 4.7 制作玉石材质——玉石摆件

微课：制作玉石材质——
玉石摆件

☞ **任务目的**

利用图 4-7-1 所示的模型，制作如图 4-7-2 所示的玉石材质效果。通过本任务的学习，熟悉并掌握玉石材质的制作方法。

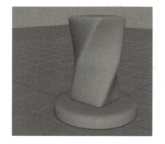

图 4-7-1　玉石模型

图 4-7-2　玉石材质效果

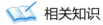 相关知识

玉石材质整体通透温润，在材质比较厚的地方，显示较深的绿色，显得比较深邃，而在模型边缘比较薄的地方，则显示散射效果及较浅的绿色。另外，经过打磨后，玉石表面会非常光滑，其上显示一种清晰的镜面反射高光。

大理石纹理可以模拟大理石效果，其中有填充颜色、脉络颜色、脉络宽度、扩散、对比度等属性。

 任务实施

技能点拨： ①打开场景文件；②使用"phong"材质及大理石纹理制作玉石材质。

第 1 步　打开场景文件

打开 Maya 2023 中文版，执行"文件"→"打开场景"命令，打开本任务的场景文件，如图 4-7-1 所示。

第 2 步　制作材质

01 执行"窗口"→"渲染编辑器"→"Hypershade"命令，打开"Hypershade"窗口，创建一个 VRay 穹顶光，如图 4-7-3 所示，再为 VRay 穹顶光添加一张 HDR 贴图。

02 在编辑器中创建一个默认的 VRay 材质球，将材质球应用到模型上，然后将漫反射颜色调整为墨绿色，将反射颜色调整为白色，将折射颜色 V 向的数值调整为 0.2，如图 4-7-4 和图 4-7-5 所示。

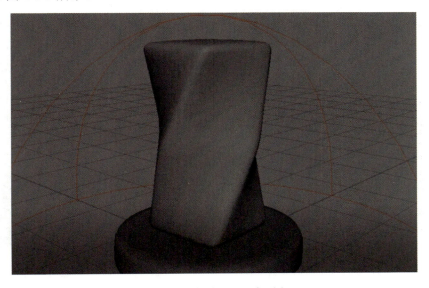

图 4-7-3　创建 VRay 穹顶光

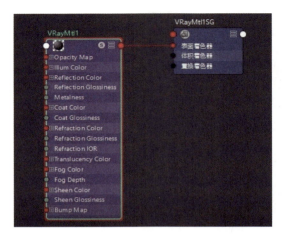

图 4-7-4　创建 VRay 材质球

图 4-7-5　附加效果

03　在渲染设置中将渲染器改为 V-Ray 渲染器，观察渲染效果，如图 4-7-6 所示。然后调整透明度选项组中的雾颜色，将雾颜色（Fog Color）调为绿色，如图 4-7-7 所示。

图 4-7-6　渲染效果

图 4-7-7　调整雾颜色

04　将颜色深度［Depth（cm）］调整为 3，再观察玉石效果，如图 4-7-8 所示。

05　再创建一个新的材质球，选择底座，将材质赋予模型。然后将材质球的反射颜色（Reflection Color）调整为白色，再将金属度（Metalness）调整为 1，将反射光泽度（Reflection Glossiness）调整为 0.8，如图 4-7-9 所示。

图 4-7-8　基本渲染效果

图 4-7-9　调整底座材质球的参数

06　再次对场景进行渲染，即可看到玉石材质展现了很好的效果，如图 4-7-2 所示。

任务 4.8 制作陶瓷材质——陶罐

微课：制作陶瓷
材质——陶罐

☞ **任务目的**

利用图 4-8-1 所示的模型，制作图 4-8-2 所示陶罐效果。通过本任务的学习，熟悉并掌握陶瓷材质的制作方法。

图 4-8-1 陶罐模型

图 4-8-2 陶罐效果

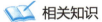 **相关知识**

陶瓷材质是反射性较强、折射率较高的材质。陶瓷表面上都带有一层光滑的胎釉，从而形成了较大面积的高光和反射。

 任务实施

> **技能点拨：** ①打开场景文件；②为"phong"材质添加陶瓷贴图，并调整参数制作陶瓷材质效果；③为场景增加环境球，模拟渲染环境。

第 1 步 打开场景文件

打开 Maya 2023 中文版，执行"文件"→"打开场景"命令，打开本任务的场景文件，如图 4-8-1 所示。

第 2 步 制作材质

01 执行"窗口"→"渲染编辑器"→"Hypershade"命令，打开"Hypershade"窗口，在场景中创建一个 VRay 穹顶光，设置穹顶光的参数，选中"Invisible"复选框，然后添加 HDR 贴图，如图 4-8-3 所示。

02 打开材质编辑器，在材质编辑器中创建一个默认的材质球，为材质球添加陶瓷的贴图。选择该材质球，将反射颜色由黑色改为白色，再将反射光泽度调整为 0.8，如图 4-8-4 所示。

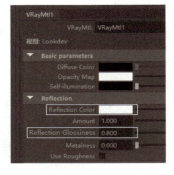

图 4-8-3　调整穹顶光的参数　　　　　　　图 4-8-4　添加陶瓷贴图

03 将材质球应用到陶罐对应的模型上，单击对应的 UV 节点，将陶瓷贴图的"UV 向重复"设置为 3，如图 4-8-5 所示。调整后的效果如图 4-8-6 所示。

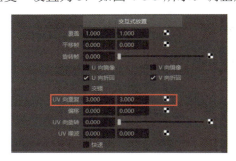

图 4-8-5　调整 UV 参数　　　　　　　　图 4-8-6　调整后的效果

04 创建新的材质球，将材质球的反射颜色调整为白色，反射光泽度调整为 0.8，漫反射颜色调整为灰白色，如图 4-8-7 所示，然后将材质球的材质应用到陶瓷瓶盖模型。

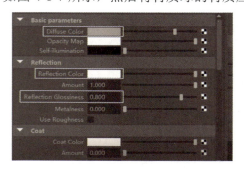

图 4-8-7　调整材质球的参数

05 打开渲染器，将渲染器调整为 V-Ray 渲染器，然后进行渲染。渲染后发现模型太亮了，需要对其进行调整。按 Esc 键退出渲染，选择穹顶光，将穹顶光的强度倍数（Intensity multiplier）调整为 0.5， 如图 4-8-8 所示。

图 4-8-8　调整穹顶光的参数

06 再次对模型进行渲染。最终的渲染效果如图 4-8-2 所示。

项目 5

基础动画制作

▌项目导读

本项目主要介绍 Maya 2023 中文版的动画功能，主要包括时间轴的使用、关键帧动画的设置、曲线图编辑器的使用、运动路径动画的设置和一些常用变形器的使用。Maya 动画的功能十分强大，本项目仅就其中重要的功能进行介绍。有兴趣的读者可查找相关资料，练习 Maya 2023 中文版动画功能的使用。

▌学习目标

- 掌握时间轴的使用方法。
- 掌握关键帧动画的设置方法。
- 掌握曲线图编辑器的使用方法。
- 掌握运动路径动画的设置方法。
- 掌握常用变形器的使用方法。
- 通过帆船平移、重影、小鱼游动等动画的制作，培养认真观察、细致入微的工作态度。
- 通过表情、腹部运动、跟随小球动画的制作，培养严谨的职业精神。
- 通过飞龙盘旋动画的制作，弘扬中国传统龙文化，提升文化自信。

任务 *5.1* 初识Maya软件的动画功能

☞ **任务目的**

通过欣赏利用 Maya 软件制作的优秀动画作品，对 Maya 软件动画功能有基本的认识。通过本任务的学习，熟悉 Maya 软件中的时间轴。

本任务不设计具体的实施任务，请读者自行练习。

📖 **相关知识**

1. Maya 动画概述

动画（animation），顾名思义就是让角色或物体动起来。动画与运动密不可分，运动是动画的本质。从概念上来说，动画就是将多张连续的单帧画面连在一起所呈现的内容，如图 5-1-1 所示。

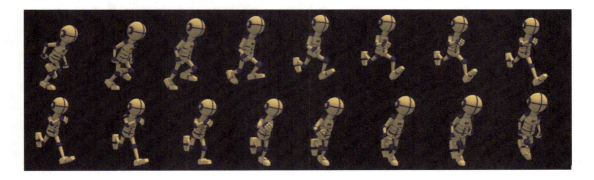

图 5-1-1　动画拆解图

Maya 软件作为世界上优秀的 3D 软件之一，为广大用户提供了一套非常强大的动画系统。Maya 软件在动画技术上给用户提供了很强大的工具，使用这些工具可以自由、灵活地调节对象的属性，为场景中的角色和对象赋予生动、鲜活的动作。如图 5-1-2 所示为利用 Maya 软件制作的动画作品。

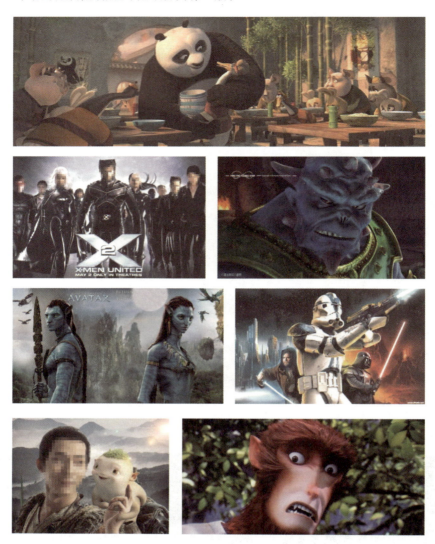

图 5-1-2　优秀动画作品截图

2. Maya 软件的时间轴

在制作动画时，无论是利用传统方式制作动画，还是利用 3D 软件制作动画，时间都是一个难以控制的部分。时间存在于动画的任何阶段，通过它可以描述角色的质量、体积和个性等，而且时间不仅包含于角色的运动中，同时还能表达出角色的感情。

Maya 软件的时间轴提供了快速访问时间和关键帧设置的工具，包括"时间"滑块、"范围"滑块和播放控制器等工具，如图 5-1-3 所示。

播放控制器

"时间"滑块　　　"范围"滑块

图 5-1-3　时间轴

（1）"时间"滑块

"时间"滑块可以控制动画的播放范围、关键帧和播放范围内的受控制帧，如图 5-1-4 所示。

图 5-1-4　"时间"滑块

在"时间"滑块上的任意位置单击，即可改变当前时间，使场景动画跳转到该时间处。

按住 K 键，在视图中按住鼠标左键并水平拖动，场景动画会随鼠标指针的移动而不断更新。

按住 Shift 键的同时在"时间"滑块上单击，并在水平位置拖动即可选择一个时间范围，选择的时间范围以红色显示，如图 5-1-5 所示。水平拖动选择区域中间的双箭头，可以移动选择的时间范围。

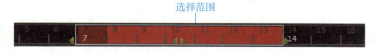

图 5-1-5　选择时间范围

（2）"范围"滑块

"范围"滑块用来控制动画的播放范围，如图 5-1-6 所示。

图 5-1-6　"范围"滑块

拖动"范围"滑块可以改变动画的播放范围。

拖动"范围"滑块两端的█按钮可以缩放播放范围。

双击"范围"滑块可以将播放范围设置为动画开始时间文本框和动画结束时间文本框范围内的数值；再次双击，可以返回之前的播放范围。

（3）播放控制器

播放控制器主要用于控制动画的播放状态，如图 5-1-7 所示。

图 5-1-7　播放控制器

（4）动画首选项

在时间轴右侧单击"动画首选项"按钮，或执行"窗口"→"设置/首选项"→"首选项"命令，打开"首选项"窗口。在该窗口中可以设置动画和"时间"滑块的首选项，如图 5-1-8 所示。

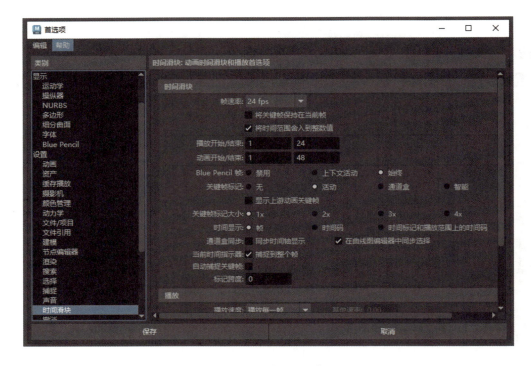

图 5-1-8　"首选项"窗口

（5）动画控制菜单

在"时间"滑块的任意位置右击，都会弹出一个动画控制菜单，如图 5-1-9 所示。该菜单中的命令主要用于操作当前选择对象的关键帧。

图 5-1-9　动画控制菜单

微课：关键帧的应用——
制作帆船平移动画

☞ **任务目的**

　　以图 5-2-1 所示的截图为参照，制作帆船平移关键帧动画效果。通过本任务的学习，掌握关键帧动画的设置方法与技巧。

图 5-2-1　帆船平移动画截图

📖 **相关知识**

　　在 Maya 动画系统中，使用最多的就是关键帧动画。关键帧动画就是在不同的时间（或帧）将能体现动画物体动作特征的一系列属性采用关键帧的方式记录下来，并根据不同关键帧之间的动作（属性值）差异自动进行中间帧的插入计算，最终生成一段完整的关键帧动画，如图 5-2-2 所示。

图 5-2-2　关键帧动画截图

1. 设置关键帧

　　切换到"动画"模块，执行"动画"→"设置关键帧"命令，可以完成一个关键帧的记录。使用该命令设置关键帧的步骤如下。

1）拖动"时间"滑块到确定要记录关键帧的位置。

2）选择要设置关键帧的物体，并修改相应的物体属性。

3）执行"动画"→"设置关键帧"命令或按 S 键，为当前属性记录一个关键帧。

通过这种方法设置的关键帧，在当前时间，所选物体的属性值将始终保持在一个固定不变的状态，直到再次修改该属性值并重新设置关键帧。如果要继续在不同的时间为物体属性设置关键帧，则可以重复执行上述操作。

2．设置变换关键帧

在"动画"→"设置变换关键帧"命令下有 3 个子命令，分别是"平移""旋转""缩放"。执行这些命令可以为选择对象的相关属性设置关键帧。

平移：只为"平移"属性设置关键帧，快捷方式是按 Shift+W 组合键。

旋转：只为"旋转"属性设置关键帧，快捷方式是按 Shift+E 组合键。

缩放：只为"缩放"属性设置关键帧，快捷方式是按 Shift+R 组合键。

3．设置自动关键帧

利用时间轴右侧的"自动关键帧切换"按钮 可以为物体属性自动记录关键帧。在自动设置关键帧功能之前，必须采用手动方式为制作动画的物体属性设置一个关键帧，之后自动设置关键帧功能才能起作用。

如果在设置完成一段自动关键帧动画后，想继续在不同的时间为物体属性设置关键帧，则可以使用如下方法。

1）拖动"时间"滑块，确定要记录关键帧的位置。

2）改变已经设置关键帧的物体的属性值，此时在当前时间位置会自动记录一个关键帧。

3）单击"自动关键帧切换"按钮，结束自动记录关键帧操作。

4．在"通道盒/层编辑器"中设置关键帧

在"通道盒/层编辑器"中设置关键帧是一种常用的方法，这种方法十分简便，控制起来也比较容易，其操作步骤如下。

1）拖动"时间"滑块，确定要记录关键帧的位置。

2）选择要设置关键帧的物体，修改相应的物体属性。

3）在"通道盒/层编辑器"中选择要设置关键帧的属性名称。

4）选中"平移 X""平移 Y"等移动属性名称，右击，在弹出的快捷菜单中选择"为选定项设置关键帧"选项。

💻 **任务实施**

技能点拨：①打开场景文件；②选择模型，设置初始关键帧；③设置结束关键帧；④播放动画，观察动画效果。

第 1 步　打开场景文件

打开 Maya 2023 中文版，打开源文件中的场景文件"5.2 关键帧动画——帆船平移（原始）.mb"，如图 5-2-3 所示。

图 5-2-3　打开场景文件

第 2 步　设置关键帧

01　选择帆船模型，保持"时间"滑块在第 1 帧。在"通道盒/层编辑器"中的"平移 X"属性上右击，在弹出的快捷菜单中选择"为选定项设置关键帧"选项，如图 5-2-4 所示，即可在当前时间记录"平移 X"属性的关键帧。

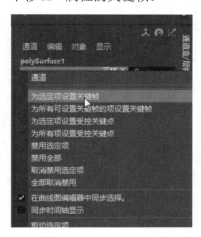

图 5-2-4　在第 1 帧处设置关键帧

02　将"时间"滑块拖动到第 24 帧，在"通道盒/层编辑器"中设置"平移 X"的属性值为 40，并在该属性上右击，在弹出的快捷菜单中选择"为选定项设置关键帧"选项，记录当前时间"平移 X"属性的关键帧，效果如图 5-2-5 所示。

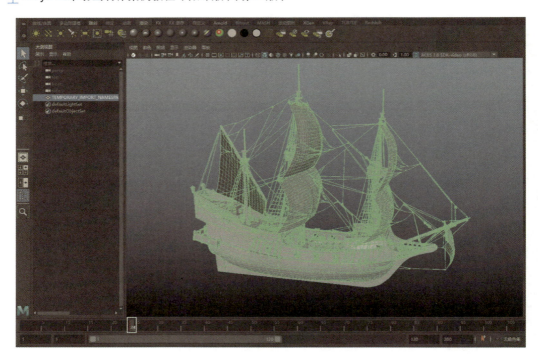

图 5-2-5　在第 24 帧处设置关键帧

第 3 步　播放动画

单击"播放"按钮，播放动画，并观察动画效果，如图 5-2-6 所示。

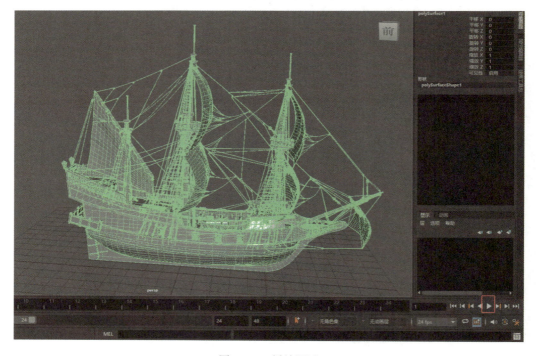

图 5-2-6　播放测试

小贴士

如果要删除已经设置好的关键帧，则可以先选择对象，然后执行"编辑"→"按类型删除"→"通道"命令，或在时间轴上选择要删除的关键帧右击，在弹出的快捷菜单中选择"删除"选项。

任务 *5.3*　曲线图编辑器的应用——制作重影动画

微课：曲线图编辑器的
应用——制作重影动画

☞ **任务目的**

　　以图 5-3-1 所示的截图为参照，制作人的运动重影动画效果。通过本任务的学习，掌握运动曲线的调整方法与技巧。

图 5-3-1　跑步重影动画截图

📖 **相关知识**

　　曲线图编辑器是一个功能强大的关键帧动画编辑窗口。在 Maya 动画系统中，与编辑关键帧和动画相关的工作都可以利用曲线图编辑器来完成。

　　曲线图编辑器能让用户以曲线图表的方式形象化地观察和操纵动画曲线。利用曲线图编辑器提供的各种工具和命令，用户可以对场景中动画物体上现有的动画曲线进行精确的编辑和调整，以实现更加细致的动画效果。

　　执行"窗口"→"动画编辑器"→"曲线图编辑器"命令，打开"曲线图编辑器"窗口，如图 5-3-2 所示。"曲线图编辑器"窗口由菜单栏、工具栏、大纲列表和曲线图表视图 4 部分构成。

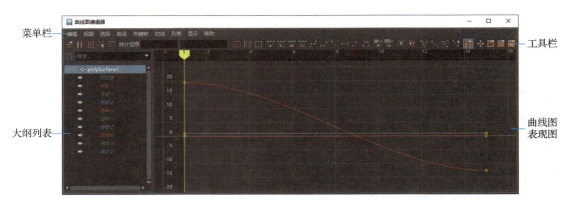

图 5-3-2 "曲线图编辑器"窗口

1. 工具栏

为了节省操作时间、提高工作效率，Maya 在"曲线图编辑器"窗口中增设了工具栏（图 5-3-3）。工具栏中的多数工具按钮也可以在菜单栏的各个菜单中被找到。因为在编辑动画曲线时这些按钮的使用频率很高，所以软件开发者将它们制作成工具按钮放在工具栏中，以便用户使用。

图 5-3-3 工具栏

2. 大纲列表

"曲线图编辑器"窗口中的大纲列表与执行主菜单栏中的"窗口"→"大纲视图"命令打开的"大纲视图"面板有很多共同点。大纲列表显示动画物体的相关节点，如果在大纲列表中选择一个动画节点，那么该节点的所有动画曲线将会显示在曲线图表视图中。大纲列表如图 5-3-4 所示。

3. 曲线图表视图

在"曲线图编辑器"窗口的曲线图表视图中，可以显示和编辑动画曲线段、关键帧和关键帧切线。如果在曲线图表视图中的任意位置右击，还会弹出一个快捷菜单，如图 5-3-5 所示。

图 5-3-4 大纲列表

图 5-3-5 快捷菜单

一些操作 3D 场景视图的快捷键在"曲线图编辑器"窗口的世线图表视图中仍然适用，具体如下。

1）平移视图：按住 Alt 键的同时在曲线图表视图中按住鼠标中键，并沿任意方向拖动鼠标。

2）推拉视图：按住 Alt 键的同时在曲线图表视图中按住鼠标右键，并拖动鼠标；或同时按住鼠标的左键和中键，并拖动鼠标。

3）单方向上平移视图：按住 Shift+Alt 组合键的同时在曲线图表视图中按住鼠标中键，并沿水平或垂直方向拖动鼠标。

4）缩放视图：按住 Shift+Alt 组合键的同时在曲线图表视图中按住鼠标右键，并沿水平或垂直方向拖动鼠标；或同时按下鼠标的左键和中键，并拖动鼠标。

 任务实施

> **技能点拨**：①打开软件，导入动画效果；②设置"动画快照选项"窗口中的参数；③编辑曲线图编辑器；④播放动画，并观察动画效果。

第 1 步　导入动画效果

01 打开 Maya 2023 中文版，切换到"动画"模块，如图 5-3-6 所示；执行"窗口"→"动画编辑器"→"Trax 编辑器"命令，如图 5-3-7 所示。

图 5-3-6　切换到"动画"模块　　　　　图 5-3-7　执行"Trax 编辑器"命令

02 在打开的"Trax 编辑器"窗口中，选择"文件"→"Visor"选项，如图 5-3-8 所示，打开"Visor"窗口，如图 5-3-9 所示。然后选择"项目"选项卡，在要选择的项目动画效果素材上右击，在弹出的快捷菜单中选择相应的导入选项。

导入的动画效果如图 5-3-10 所示。

图 5-3-8　选择"Visor"选项

图 5-3-9　导入动画素材

图 5-3-10　动画效果

导入的动画效果可能偏离世界中心，此时需要对视图进行缩放。

第 2 步　创建动画快照

01 打开"大纲视图"面板，选择"pao:run1_skin"选项，然后单击"可视化"→"创建动画快照"命令后的按钮，如图 5-3-11 所示。

图 5-3-11 "创建动画快照"命令

02 在打开的"动画快照选项"窗口中设置"结束时间"为 70,"增量"为 7,如图 5-3-12 所示;然后单击"快照"按钮,创建动画快照,如图 5-3-13 所示。

图 5-3-12 "动画快照选项"窗口

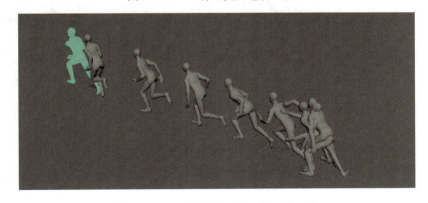

图 5-3-13 设置动画快照选项后的效果

第 3 步　编辑曲线图编辑器

01　在"大纲视图"面板中选择"run1-skin"选项，选择"root 骨架"，打开"曲线图编辑器"窗口，曲线图表视图中将会显示动画的运动曲线，如图 5-3-14 所示。单击"框选全部"按钮，可以让整个动画的运动曲线轨迹全部显示出来，如图 5-3-15 所示。

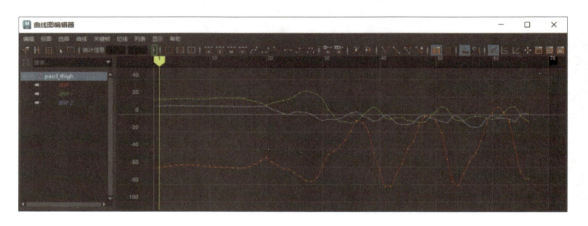

图 5-3-14　"曲线图编辑器"窗口

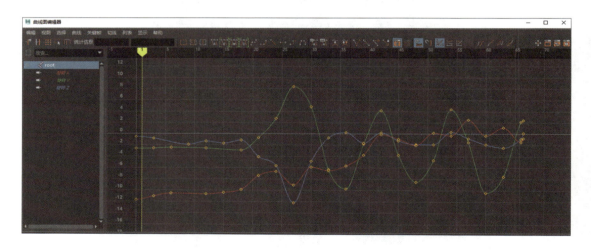

图 5-3-15　全部曲线效果

02　在"曲线图编辑器"窗口中执行"曲线"→"简化曲线"命令，可以很方便地通过调整曲线来改变人体的运动状态。单击工具栏中的"平坦曲线"按钮，使关键帧曲线变为平直的切线，如图 5-3-16 所示。

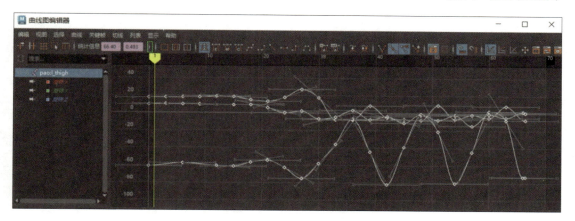

图 5-3-16　调整曲线后的效果

第 4 步　播放动画

完成动画快照动画的制作后，播放并测试场景动画。

如果人的运动效果是沿着曲线路径完成的，则在弯曲处人的身体将不会跟随曲线的变化而转身。这种情况下需要在"大纲视图"中的"动画快照关键帧"位置选择"root 骨架"，沿 Y 轴对其进行旋转操作，此时可观察到动画快照的选择方向发生了变化。

任务 5.4　形变编辑器的应用——制作表情动画

微课：形变编辑器的
应用——制作表情动画

☞ **任务目的**

以图 5-4-1 所示的截图为参照，制作表情动画效果。通过本任务的学习，掌握形变编辑器的使用方法。

图 5-4-1　表情动画效果截图

📖 **相关知识** ━━━━━━━━━━━━━━━━━━━━━━━━━━━━━ ■

在 Maya 动画系统中，使用系统提供的变形功能可以改变可变形物体的几何形状，在可变形物体上产生各种变形效果。可变形物体是由控制顶点构建的物体。这里所说的控制顶点，可以是 NURBS 曲面的控制点、多边形曲面的顶点、细分曲线的顶点和晶格物体的晶格点。

为了满足制作变形动画的需要，Maya 提供了各种功能齐全的变形器，用于创建和编辑这些变形器的工具和命令在"创建变形器"菜单中。

1. 形变编辑器

形变编辑器可以使一个基础物体与多个目标物体进行混合，能将物体的一个形状以平滑过渡的方式改变为物体的另一个形状，如图 5-4-2 所示。

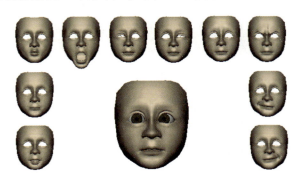

图 5-4-2　形变编辑器的使用

形变编辑器是一个很重要的变形工具，经常用于制作角色表情动画。不同于其他变形器的是，形变编辑器提供了一个"形变编辑器"窗口，利用此窗口可以控制场景中所有的形变编辑器，如调节各形变编辑器受目标物体的影响程度，添加或删除形变编辑器、设置关键帧等。

2. 晶格变形器

晶格变形器可以利用构成晶格物体的晶格点来改变可变物体的形状，在物体上创造变形效果。用户可以直接移动、旋转或缩放整个晶格物体来整体影响可变形物体，也可以调整每个晶格点，在可变形物体的局部创造变形效果，如图 5-4-3 所示。

3. 簇变形器

利用簇变形器可以同时控制一组可变形物体上的点，这些点可以是 NURBS 曲线或曲面的控制点、多边形曲面的顶点、细分曲面的顶点和晶格物体的晶格点。用户可以根据需要为组中的每一个点分配不同的变形权重，当对簇变形器手柄进行变换（移动、旋转和缩放）操作时，组中的点将根据设置的不同权重产生不同程度的变换效果，如图 5-4-4所示。

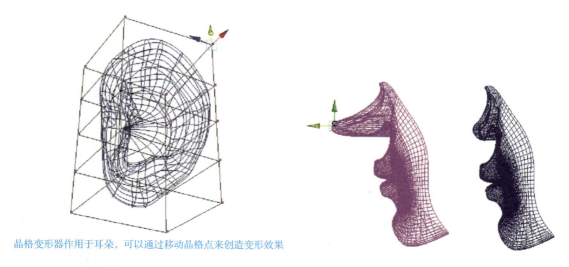

晶格变形器作用于耳朵，可以通过移动晶格点来创造变形效果

图 5-4-3　晶格变形器的使用　　　　　　　　图 5-4-4　簇变形器的使用

4. 包裹变形器

包裹变形器可以使用 NURBS 曲线、NURBS 曲面或多边形表面网格作为影响物体来改变可变形物体的形状。在制作动画时，经常会采用使低精度的模型通过包裹变形的方法来影响高精度模型的形状，这样可以使高精度模型的控制更加容易，如图 5-4-5 所示。

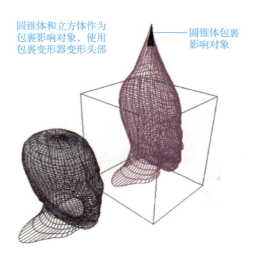

圆锥体和立方体作为
包裹影响对象，使用
包裹变形器变形头部

圆锥体包裹
影响对象

图 5-4-5　包裹变形器的使用

5. 抖动变形器

抖动变形器的相关知识将在任务 5.5 中进行介绍，这里不再赘述。

💻 **任务实施**

技能点拨：①打开场景文件；②执行"形变编辑器"命令；③分析表情动画制作的步骤；④选择要设置动画的帧，在"形变编辑器"窗口中设置关键帧，并调节相应的权重参数；⑤为基础模型设置眨眼和微笑动画；⑥播放动画，并观察动画效果。

第 1 步　执行"形变编辑器"命令

01　打开 Maya 2023 中文版，打开源文件中的场景文件"5.4 形变编辑器——制作表情动画（原始）.mb"，如图 5-4-6 所示。

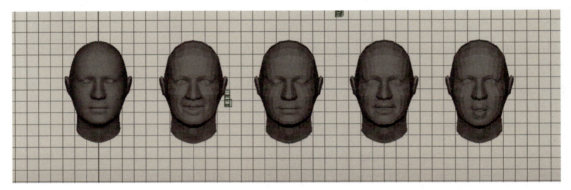

图 5-4-6　打开场景文件

02　选择 4 个目标物体，然后按 Shift 键加选基础物体，如图 5-4-7 所示。执行"创建变形器"→"形变编辑器"命令。

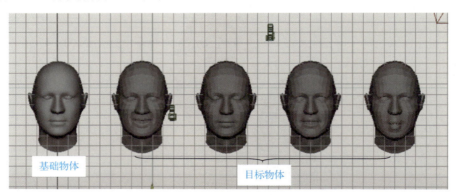

图 5-4-7　加选基础物体

03　选择基础物体，执行"窗口"→"动画编辑器"→"形变编辑器"命令，系统会自动打开"形变编辑器"窗口，如图 5-4-8 所示。单击"创建融合变形"按钮，该窗口中出现 4 个"权重"滑块，而且这 4 个滑块的名称都是以目标物体命名的。当调整滑块的位置时，基础物体就会按照目标物体逐渐进行变形，如图 5-4-9 所示。

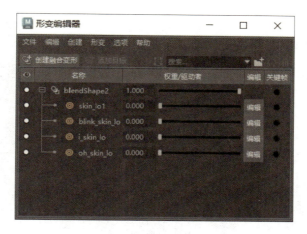

图 5-4-8　"形变编辑器"窗口

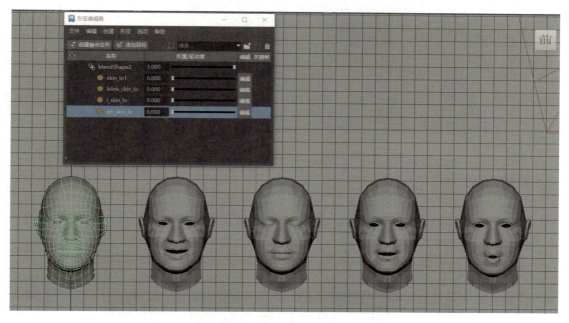

图 5-4-9　移动滑块影响基础物体变形

第 2 步　制作动画

下面要完成一个打招呼的表情动画，其发音为"Hello"。观察场景中的表情模型可知，模型从左到右依次是正常、微笑、闭眼、ə 音和 əʊ 音。

小贴士

要制作发音为"Hello"的表情动画，首先要了解 Hello 的发音为[həˈləʊ]，其中有两个元音音标，分别是 ə 和 əʊ，因此在制作"Hello"的表情动画时，只需制作角色发出 ə 和 əʊ 的发音口形就可以了。

01 确定当前时间为第 1 帧，在"形变编辑器"窗口中单击"为所有项设置关键帧"按钮，如图 5-4-10 所示。

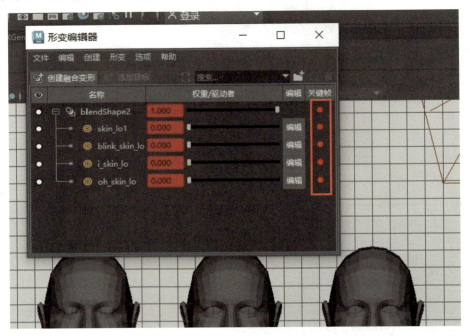

图 5-4-10 单击"为所有项设置关键帧"按钮

02 确定当前时间为第 8 帧，单击第 3 个"权重"滑块下面的"关键帧"按钮，为第 8 帧设置关键帧。在第 15 帧的位置设置第 3 个"权重"滑块的数值为 0.8，单击"关键帧"按钮，如图 5-4-11 所示。此时，拖动"时间"滑块发现基础物体按照第 3 个目标物体的口形在发音，如图 5-4-12 所示。

图 5-4-11 在第 3 个滑块下设置关键帧数值

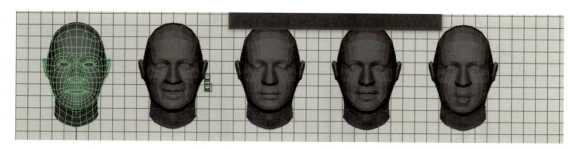

图 5-4-12 目标物体受第 3 个滑块的影响

03 在第 18 帧的位置设置第 3 个"权重"滑块的数值为 0,单击"关键帧"按钮。在第 16 帧的位置设置第 4 个"权重"滑块的数值为 0,单击"关键帧"按钮。

04 在第 19 帧的位置设置第 4 个"权重"滑块的数值为 0.8,单击"关键帧"按钮。在第 23 帧的位置设置第 4 个"权重"滑块的数值为 0,单击"关键帧"按钮。

此时,通过播放动画,可以观察到人物的基础模型已具备发音口形动画的功能。

第 3 步 设置眨眼和微笑动画

01 为基础模型添加一个眨眼动画。在第 14 帧、第 18 帧和第 21 帧的位置分别设置第 2 个"权重"滑块的数值为 0、1 和 0,并分别单击"关键帧"按钮。

02 为基础模型添加一个微笑动画。在第 10 帧的位置设置第 1 个"权重"滑块的数值为 0.4,单击"关键帧"按钮。

此时,通过播放动画即可见证人物基础模型中的发音、眨眼和微笑动画均已制作完成。

任务 5.5 抖动变形器的应用——制作腹部运动效果

微课:抖动变形器的
应用——制作腹部
运动效果

☞ **任务目的**

以图 5-5-1 所示的截图为参照,制作人腹部运动的动画效果。通过本任务的学习,掌握抖动变形器的使用方法与技巧。

图 5-5-1　腹部运动的动画截图

 相关知识

　　在可变形物体上创建抖动变形器后，当物体移动、加速或减速、振动时，会在可变形物体表面产生抖动效果。利用抖动变形器可以创建多种效果，如摔跤选手的腹部抖动、头发抖动、一只昆虫的触须振动等。以下是"抖动变形器选项"窗口（图 5-5-2）中的参数介绍。

　　1）刚度：设置抖动变形的刚度。数值越大，抖动动作越僵硬。

　　2）阻尼：设置抖动变形的阻尼值。可以控制抖动变形的程度。数值越大，抖动程度越小。

　　3）权重：设置抖动变形的权重。数值越大，抖动程度越大。

　　4）仅在对象停止时抖动：只是在物体停止运动时才开始抖动变形。

　　5）忽略变换：在抖动变形时，忽略物体的位置变换。

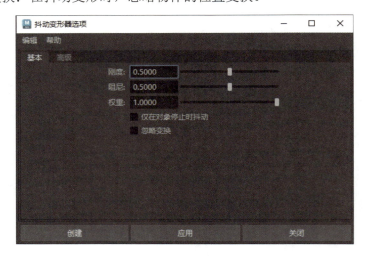

图 5-5-2　"抖动变形器选项"窗口

　　利用抖动变形器可以将抖动应用到整个可变形物体或物体局部的一些点上。

任务实施

技能点拨：①打开场景文件；②利用"绘制选择工具"选择需要变形的点；③利用"抖动变形器"命令设置抖动"阻尼"和"抖动权重"参数；④测试模型的抖动变形效果。

第 1 步　打开场景文件，添加"抖动变形器"

01 打开 Maya 2023 中文版，打开源文件中的场景文件"5.5 抖动变形器——控制腹部运动（原始）.mb"，如图 5-5-3 所示。

图 5-5-3　打开场景文件

02 选择模型，单击界面最左侧工具箱中的"绘制选择工具"按钮，激活"绘制选择工具"，在模型腹部选取如图 5-5-4 所示的点。

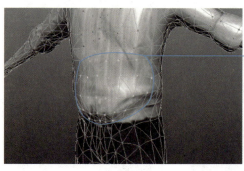

选取此区域中的点

图 5-5-4　选取模型腹部的点

小贴士

使用"绘制选择工具"时，按住 B 键并左右拖动鼠标，即可调整画笔半径的大小；按 M 键可调整画笔的影响深度；按 U 键后单击，可以在不同的画笔模式之间进行选择。

03 单击"变形"→"抖动"→"抖动变形器"命令后的按钮，或按 Ctrl+A 组合键，打开"属性编辑器"面板，如图 5-5-5 所示。

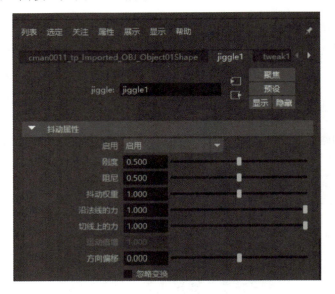

图 5-5-5 "属性编辑器"面板

04 在"抖动属性"选项组中设置"阻尼"为 0.931，"抖动权重"为 1.988，如图 5-5-6 所示。

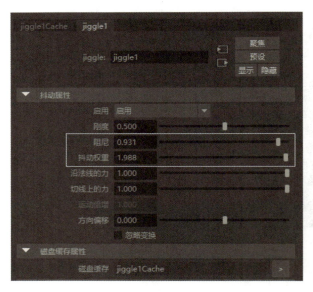

图 5-5-6 设置"阻尼"和"抖动权重"数值

第 2 步 设置位移动画

01 选择模型，将"时间"滑块移动到第 1 帧，按 S 键设置一个关键帧，如图 5-5-7 所示。

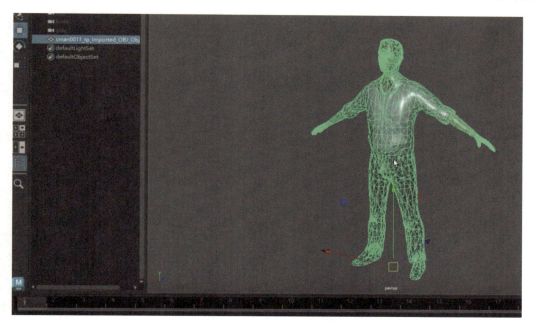

图 5-5-7　设置第 1 帧为关键帧

02 将"时间"滑块移动到第 24 帧，按 S 键设置结束位移的关键帧，如图 5-5-8 所示。

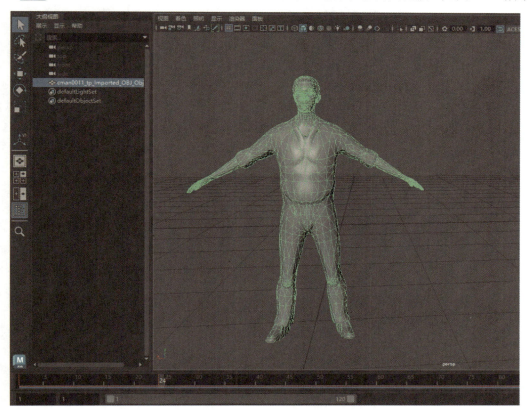

图 5-5-8　设置结束位移的关键帧

03 单击"播放"按钮预览动画，可以观察到腹部产生了抖动变形。如图 5-5-9 所示为第 21 帧处的腹部抖动效果。

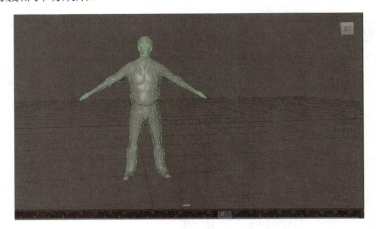

图 5-5-9　第 21 帧处的腹部抖动效果

任务 5.6　摄影机的应用——制作跟随小球动画

微课：摄影机的应用——
制作跟随小球动画

☞ **任务目的**

以图 5-6-1 所示的截图为参照，制作跟随小球动画。通过本任务的学习，掌握摄影机动画的相关设置方法与技巧。

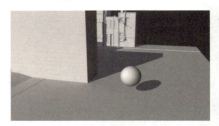

图 5-6-1　跟随小球动画系列截图

相关知识

在 Maya 软件中，摄影机堪称构建动画视觉叙事的核心"利器"。我们可以创建自由摄影机、目标摄影机等不同类型，借此灵活设定观察视角。运用关键帧技术，对摄影机的位置、旋转及镜头参数（如焦距、光圈）等属性进行动画设置，可实现推、拉、摇、移、跟等丰富多样的运镜效果，如同电影镜头一般，精准引导观众的视线。此外，借助路径动画功能，让摄影机沿着预设的曲线移动，再配合父子关系与约束功能，使其与场景中的物体产生互动，模拟出真实的拍摄情境。如此一来，能为动画注入动态活力与沉浸体验，全方位提升动画的表现力和感染力。

任务实施

> **技能点拨**：①打开场景文件；②创建一架摄影机；③调整摄影机的视角，确保在第 1 帧时小球出现在画面的正中心，设置初始关键帧；④分别在第 20 帧、第 30 帧和第 40 帧设置关键帧；⑤播放动画，并测试结果。

第 1 步　打开场景文件，调节摄影机

01　打开 Maya 2023 中文版，打开源文件中的场景文件"5.6 摄影机动画——跟随小球（原始）.mb"，如图 5-6-2 所示。

02　在菜单栏中单击"创建"→"摄影机"→"创建摄影机"按钮，在场景中创建一架摄影机，在"通道盒/层编辑器"中将出现摄影机对象的属性，如图 5-6-3 所示。

图 5-6-2　打开场景文件　　　　　　图 5-6-3　摄影机对象的属性

03　在视图窗口的菜单栏中，执行"面板"→"透视"→"camera1"命令，将透视图切换成摄影机视图。此时，摄影机的视角不是我们所需要的，如图 5-6-4 所示。因此，需要对摄影机的视角进行调节。

图 5-6-4　将透视图切换成摄影机视图

04 利用 Alt+鼠标左键、Alt+鼠标中键、Alt+鼠标右键 3 个组合键调节摄影机的初始视角，调节效果如图 5-6-5 所示。

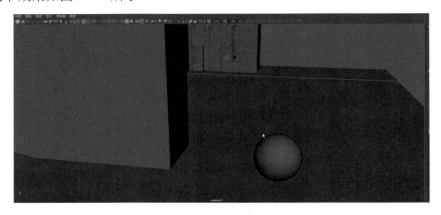

图 5-6-5　调节摄影机的初始视角

第 2 步　设置跟随动画

01 将"时间"滑块放置在第 1 帧，按 S 键设置一个初始关键帧，如图 5-6-6 所示。

图 5-6-6　设置初始关键帧

02 将"时间"滑块拖动至第 20 帧，发现小球即将在建筑物后消失，如图 5-6-7 所示。

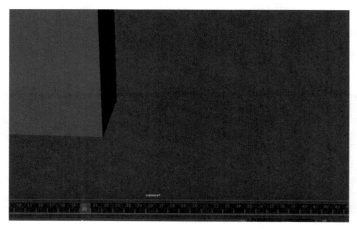

图 5-6-7　第 20 帧的效果

此时需要对摄影机的视角进行调整，以确保小球处于人们的视线范围之内。

03 利用 Alt+鼠标左键、Alt+鼠标中键、Alt+鼠标右键 3 个组合键调整第 20 帧处的摄影机视角，按 S 键记录关键帧，如图 5-6-8 所示。

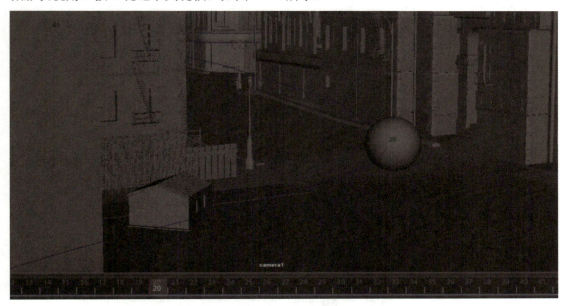

图 5-6-8　调节第 20 帧处的摄影机视角

04 按照步骤 3 的操作分别调整第 30 帧和第 40 帧的摄影机视角，如图 5-6-9 所示。

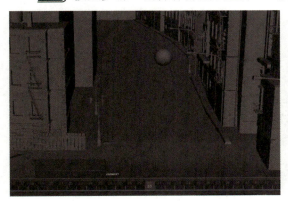 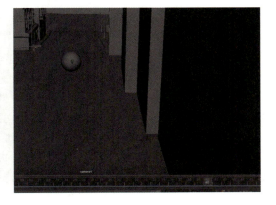

图 5-6-9　分别调节第 30 帧和第 40 帧的摄影机视角

05 单击"向前播放"按钮▶预览动画。

任务 *5.7* 运动路径的应用——制作小鱼游动动画

微课：运动路径的应用——
制作小鱼游动动画

☞ **任务目的**

以图 5-7-1 所示的截图为参照，制作小鱼游动动画效果。通过本任务的学习，掌握设置运动路径关键帧的方法与技巧。

图 5-7-1　小鱼游动动画截图

 **相关知识**

1. 路径运动动画的应用领域

路径运动动画是 Maya 软件提供的一种制作动画的技术手段，运动路径动画可以沿着指定形状的路径曲线平滑地使物体产生运动效果。运动路径动画适合表现汽车在公路上行驶、飞行器在天空中飞行和鱼儿在水中游动等动画效果。

运动路径动画可以利用一条 NURBS 曲线作为运动路径来控制物体的位置和旋转角度。运动路径动画技术不仅适用于几何体，而且可以用来控制摄影机、灯光、粒子发射器等。

2. "设置运动路径关键帧"命令的使用

"运动路径"菜单中包含"连接到运动路径""流动路径对象""设置运动路径关键帧"3 个子命令，如图 5-7-2 所示。

图 5-7-2　"运动路径"菜单

使用"设置运动路径关键帧"命令可以采用制作关键帧动画的工作流程创建一个运动路径动画。使用这种方法，在创建运动路径动画之前不需要创建作为运动路径的曲线，路径曲线会在设置运动路径关键帧的过程中自动创建。

 任务实施

技能点拨：①打开场景文件；②选择模型，执行"设置运动路径关键帧"命令，在第 1 帧设置一个运动路径关键帧；③分别设置第 48 帧和第 60 帧的关键帧；④调节曲线，调整模型方向；⑤播放动画，并观察动画效果。

第 1 步　设置运动路径关键帧

01 打开 Maya 2023 中文版，打开源文件中的场景文件"5.7 运动路径动画——小鱼游动（原始）.mb"，如图 5-7-3 所示。

图 5-7-3　打开场景文件

02 选择模型，执行"约束"→"运动路径"→"设置运动路径关键帧"命令，如图 5-7-4 所示，在第 1 帧设置一个运动路径关键帧。

图 5-7-4　在第 1 帧设置运动路径关键帧

03 将"时间"滑块拖动到第 48 帧处，再次执行"约束"→"运动路径"→"设置运动路径关键帧"命令。此时，第 1 帧和第 48 帧中间自动生成一条运动路径，如图 5-7-5 所示。

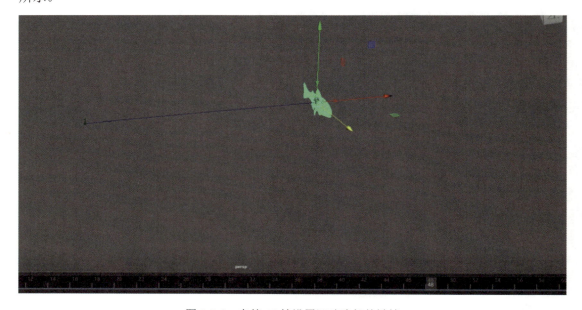

图 5-7-5　在第 48 帧设置运动路径关键帧

04 使用同样的方法在第 60 帧设置一个运动路径关键帧，如图 5-7-6 所示。

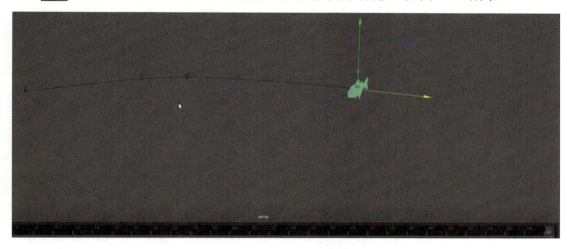

图 5-7-6　在第 60 帧设置运动路径关键帧

第 2 步　设置位移动画

01 激活曲线路径，按住鼠标右键，画面中会出现路径控制点界面，选择"控制顶点"选项，如图 5-7-7 所示。此时，即可通过调节曲线点形状来改变小鱼的运动路径。

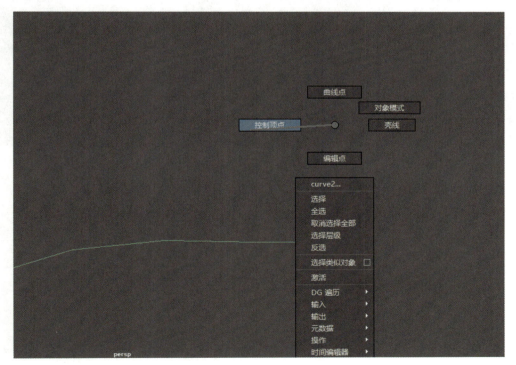

图 5-7-7　选择"控制顶点"选项

小贴士

激活路径后，按住鼠标右键才会出现路径控制点界面，此时按住鼠标右键的同时将鼠标指针移动至相应的选项，然后释放鼠标右键即可选择相应的选项。

02 选中鱼模型，按 E 键调出"旋转工具"。

03 使用"旋转工具"将小鱼模型的方向旋转至与曲线方向一致，如图 5-7-8 所示。播放测试动画，可以观察鱼头沿曲线的方向运动。

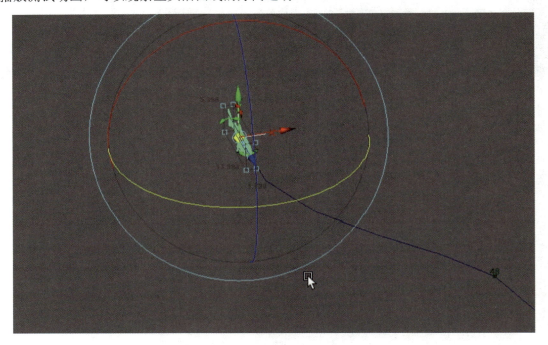

图 5-7-8　调节小鱼的运动方向

任务 5.8　流动路径的应用——制作字幕穿越动画

微课：流动路径的应用——
制作字幕穿越动画

☞ **任务目的**

以图 5-8-1 所示的截图为参照，制作字幕穿越动画效果。通过本任务的学习，掌握"流动路径对象"命令的使用方法与技巧。

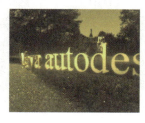

图 5-8-1　字幕穿越动画截图

 相关知识

在 Maya 动画系统中，使用"流动路径对象"命令可以沿着当前运动路径或围绕当前物体创建晶格变形器，使物体沿曲线运动的同时跟随路径曲线曲率的变化改变自身形状，创建一种流畅的运动路径动画效果。"流动路径对象选项"窗口如图 5-8-2 所示。

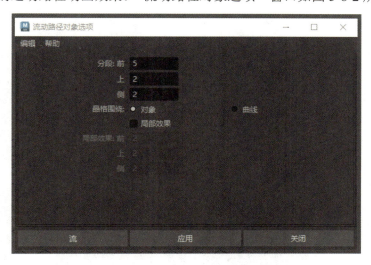

图 5-8-2　"流动路径对象选项"窗口 1

"流动路径对象选项"窗口中的参数介绍如下。

1）分段：代表创建的晶格数。"前"、"上"和"侧"与创建路径动画时指定的轴相对应。

2）晶格围绕：指定创建晶格物体的位置，提供了两个单选按钮。

① 对象：当选中该单选按钮时，将围绕物体创建晶格，是默认选项。

② 曲线：当选中该单选按钮时，将围绕路径曲线创建晶格。

3）局部效果：当创建围绕曲线的晶格时，会用到此选项。图 5-8-3 所示为"局部效果"对比图。在图 5-8-3（a）中，"局部效果"处于启用状态；在图 5-8-3（b）中，"局部效果"处于禁用状态。

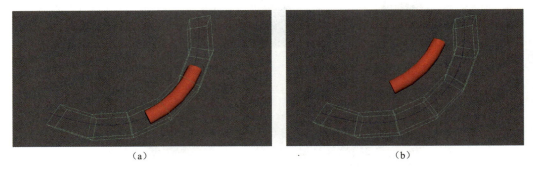

（a）   （b）

图 5-8-3   "局部效果"对比图

小贴士

如果使用的是"对象"单选按钮，并将"分段"设置为较大的数字，以更精确地控制对象的变形，则最好选中"局部效果"复选框，设置"局部效果"选项组中的分段，以覆盖对象较小的部分。

任务实施

技能点拨：①打开场景文件；②选择字幕模型，打开"连接到运动路径选项"窗口，设置相应的参数；③设置"流动路径对象选项"窗口中的参数；④切换到摄影机视图，播放并预览动画。

第 1 步   打开场景文件

打开 Maya 2023 中文版，打开源文件中提供的场景文件"5.8 流动路径动画——字幕穿越（原始）.mb"，如图 5-8-4 所示。

图 5-8-4   打开场景文件

第 2 步　设置路径

01 选择字幕模型，按住 Shift 键选择曲线。单击"约束"→"运动路径"→"连接到运动路径"命令后的按钮，如图 5-8-5 所示，打开"连接到运动路径选项"窗口，在该窗口中设置相应的参数。

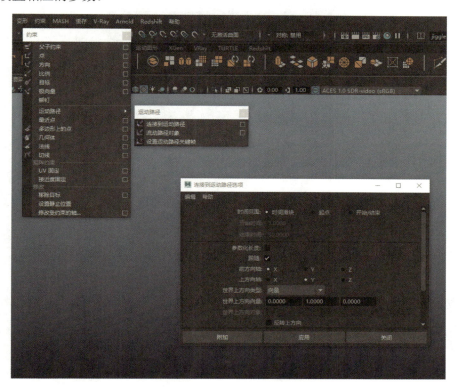

图 5-8-5　"连接到运动路径选项"窗口

02 选择字幕模型，单击"约束"→"运动路径"→"流动路径对象"命令后的按钮，打开"流动路径对象选项"窗口。在该窗口中设置"分段"选项组中的"前"为 15，如图 5-8-6 所示。

图 5-8-6　"流动路径对象选项"窗口 2

第 3 步 播放动画

切换到摄影机视图，播放动画。此时，可以观察到字幕沿着运动路径曲线慢慢穿过摄影机视图，如图 5-8-7 所示。

图 5-8-7 播放并预览动画

任务 5.9 目标约束的应用——制作眼睛转动动画

微课：目标约束的应用——
制作眼睛转动动画

☞ **任务目的**

以图 5-9-1 所示的截图为参照，制作眼睛转动的动画效果。通过本任务的学习，掌握目标约束的使用方法与技巧。

图 5-9-1 眼睛转动动画截图

📖 **相关知识**

在 Maya 动画系统中，使用目标约束可以约束一个物体的方向，使被约束的物体始终瞄准目标物体。

目标约束的典型应用包括使灯光或摄影机对准某个对象或一组对象。在角色设置中，目标约束的典型应用是设置用于控制眼球转动的定位器，如图 5-9-2 所示。

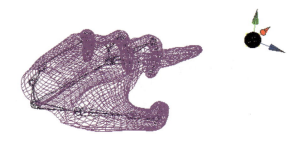

图 5-9-2　目标约束

"目标约束选项"窗口（图 5-9-3）中的参数介绍如下。

1）保持偏移：当选中该复选框时，创建目标约束后，目标物体和被约束物体的相对位移和旋转将保持在创建约束之前的状态，即可以保持约束物体之间的空间关系和旋转角度不变。如果取消选中该复选框，则其下的"偏移"文本框中输入的数值将用来确定被约束物体的偏移方向。

2）偏移：通过输入弧度值（X、Y、Z 坐标轴），来确定被约束物体的偏移方向。

3）目标向量：指定目标向量相对于被约束物体局部空间的方向，目标向量将指向目标点，从而迫使被约束物体确定自身的方向。

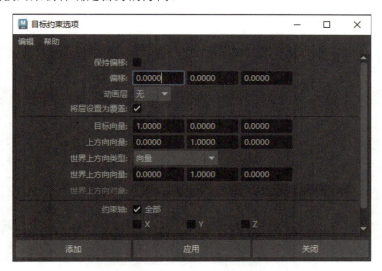

图 5-9-3　"目标约束选项"窗口

目标向量约束使受约束对象始终指向目标点。受约束对象的方向由 3 个向量控制，即目标向量、上方向向量和世界上方向向量。这些向量不会显示在工作区中，但可以推断它们对受约束对象的方向产生的效果。

任务实施

技能点拨：①打开场景文件；②在场景中创建一个定位器；③选择左眼，通过执行"约束"→"点"命令使定位器与左眼中心重合；④为右眼添加一个定位器；⑤设置约束，播放动画，并观察动画效果。

第 1 步　创建定位器

01 打开 Maya 2023 中文版，打开源文件中提供的场景文件"5.9 目标约束动画——眼睛转动（原始).mb"，如图 5-9-4 所示。

图 5-9-4　打开场景文件

02 执行"创建"→"定位器"命令，在场景中创建一个定位器用来控制左眼，并将其命名为 zuoyan_kongzhiqi，如图 5-9-5 所示。

图 5-9-5　为左眼创建定位器

03 在"大纲视图"面板中选择"Eye-L"节点，如图 5-9-6 所示。按住 Ctrl 键选择"zuoyan_kongzhiqi"节点，执行"约束"→"点"命令，此时定位器的中心将与左眼的中心重合。

本任务要用目标约束控制眼睛的转动，所以并不需要点约束。因此可以在"大纲视图"面板中按 Delete 键将左眼的节点删除，如图 5-9-7 所示。

图 5-9-6　设置定位器与左眼中心重合　　　　　　图 5-9-7　删除无用节点

04 使用同样的方法为右眼创建一个定位器"youyan_kongzhiqi"。选择两个定位器，按 Ctrl+G 组合键为其创建一个组，并命名为"kongzhiqi"，如图 5-9-8 所示。将定位器拖动至远离眼睛的地方，如图 5-9-9 所示。

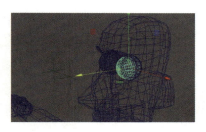

图 5-9-8　为定位器创建分组　　　　　　　　图 5-9-9　调节定位器的位置

第 2 步　设置约束

01 选择"zuoyan_kongzhiqi"节点，按住 Ctrl 键加选"左眼"节点，打开"目标约束选项"窗口，选中"保持偏移"复选框，如图 5-9-10 所示。

图 5-9-10　设置目标约束选项

<u>02</u> 使用"移动工具"移动"zuoyan_kongzhiqi"节点，此时，可以观察到左眼模型跟随"zuoyan_kongzhiqi"节点一起运动，如图 5-9-11 所示。

图 5-9-11　测试左眼转动的效果

<u>03</u> 使用同样的方法为右眼模型和"youyan_kongzhiqi"节点设置目标约束。播放动画，并观察动画效果。

任务 *5.10* 项目实训——制作飞龙盘旋动画

微课：项目实训——
制作飞龙盘旋动画

☞ **任务目的**

　　以图 5-10-1 所示的截图为参照，制作飞龙盘旋动画效果。通过本任务的学习，学会"连接到运动路径"和"流动路径对象"等命令的使用方法。

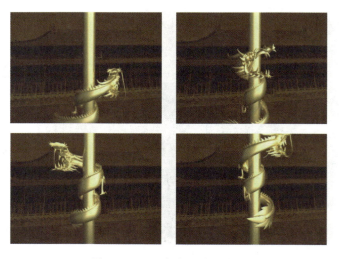

图 5-10-1　飞龙盘旋动画截图

相关知识

利用"连接到运动路径"命令可以将选择的对象放置和连接到当前曲线，当前曲线将成为运动路径。"连接到运动路径选项"窗口如图 5-10-2 所示。

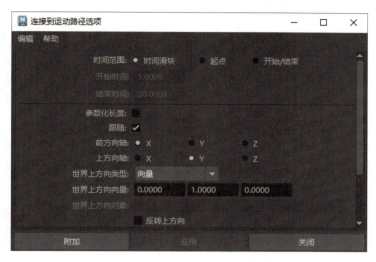

图 5-10-2　"连接到运动路径选项"窗口

"连接到运动路径选项"窗口中参数的介绍如下。

1）开始时间：指定运动路径动画的开始时间。仅当启用了"时间范围"选项组中的"起点"或"开始/结束"时可用。

2）结束时间：指定运动路径动画的结束时间。仅当启用了"时间范围"选项组中的"开始/结束"时可用。

3）参数化长度：指定 Maya 用于定位沿曲线移动的对象的方法。这里有两种方法，分别为参数化空间方法和参数化长度方法。

4）跟随：如果启用该选项，则 Maya 会在对象沿曲线移动时计算它的方向。默认情况下启用该选项。如果将指向曲线的摄影机附加为运动路径，则应禁用该选项。

5）前方向轴：指定对象的哪个局部轴（X、Y 或 Z 轴）将与前方向向量对齐，使轴对象在沿曲线移动时指定它的前方向。

① X：对齐局部 X 轴与前方向向量，指定 X 轴为对象的前方向轴。

② Y：对齐局部 Y 轴与前方向向量，指定 Y 轴为对象的前方向轴。

③ Z：对齐局部 Z 轴与前方向向量，指定 Z 轴为对象的前方向轴。

6）上方向轴：指定对象的哪个局部轴（X、Y 或 Z 轴）将与上方向向量对齐，使轴对象在沿曲线移动时指定它的上方向。上方向向量与"世界上方向类型"指定的世界上方向向量对齐。

① X：对齐局部 X 轴与上方向向量，指定 X 轴为对象的上方向轴。

② Y：对齐局部 Y 轴与上方向向量，指定 Y 轴为对象的上方向轴。

③ Z：对齐局部 Z 轴与上方向向量，指定 Z 轴为对象的上方向轴。

7）世界上方向类型：用于确定物体向上轴向的对齐方式，包括"场景上方向"、"对象上方向"、"对象旋转上方向"、"向量"和"法线"这 5 种模式。

① 场景上方向：指定上方向向量尝试对准场景的上方向轴，而不是与世界上方向向量对齐，世界上方向向量将被忽略。用户可以在"首选项"窗口指定场景的上方向轴，默认的场景上方向轴是世界空间的正 Y 轴。

② 对象上方向：指定上方向向量尝试对准指定对象的原点，而不是与世界上方向向量对齐，世界上方向向量将被忽略。上方向向量尝试对准原点的对象被称为世界上方向对象。用户可以使用"世界上方向对象"选项指定世界上方向对象。如果未指定世界上方向对象，则上方向向量会尝试指向场景世界空间的原点。

③ 对象旋转上方向：指定上方向方量相对于某个对象的局部空间定义，而不是根据场景的世界空间来定义世界空间向量。在相对于场景的世界空间变换之后，上方向向量尝试与世界上方向向量对齐。上方向向量尝试对准原点的对象被称为世界上方向对象，可以使用"世界上方向对象"选项指定世界上方向对象。

④ 向量：指定上方向向量尝试尽可能紧密地与世界上方向向量对齐。世界上方向向量是相对于场景世界空间来定义的（这是默认设置）。使用"世界上方向向量"可以指定世界上方向向量相对于场景世界空间的位置。

⑤ 法线：法线是指垂直于模型表面或物体面的理论虚线，正确的法线设置可以确保灯光和阴影正确反射，从而制作更真实的效果。法线在 Maya 中有两种主要类型，即面法线和顶点法线。

如果路径曲线法线是世界空间中的一条曲线，那么曲线法线是曲线上任何一点指向曲线曲率中心的方向。路径曲线如图 5-10-3 所示。

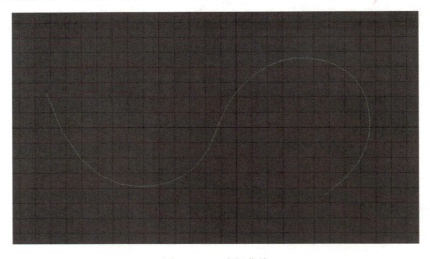

图 5-10-3　路径曲线

如果路径曲线法线是世界空间中的一个曲面，那么曲线法线是曲面上任何一点指向曲线曲率中心的方向。路径曲面如图 5-10-4 所示。

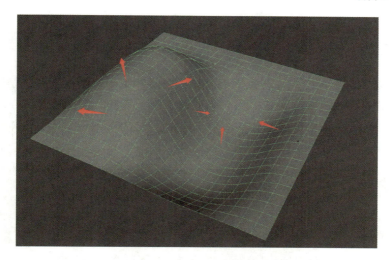

图 5-10-4　路径曲面

8）世界上方向向量：用于明确世界上方向向量在场景世界空间中的具体方向。由于默认情况下 Maya 的世界空间是以 Y 轴为向上的，所以默认的世界上方向向量指向世界空间正 Y 轴方向，其坐标为(0.0000,1.0000,0.0000)。

9）世界上方向对象：在将"世界上方向类型"设置为"对象上方向"或"对象旋转上方向"的情况下，指定世界上方向向量尝试对齐的对象。例如，用户可以将世界上方向对象指定为一个可以根据需要进行旋转的定位器，以防在对象沿曲线移动时出现任何突然翻转的问题。

① 反转上方向：如果启用该选项，则"上方向轴"会尝试使其与上方向向量的逆方向对齐。

② 反转前方向：反转对象沿曲线指向的前方向。当尝试定向摄影机，以便它沿曲线指向前方向时，此选项尤为有用。例如，用户已经使摄影机沿曲线指向后方向，这时使摄影机指向前方向非常困难，此时选中"反转前方向"复选框，可以根据需要使摄影机沿曲线指向前方向。

③ 倾斜：意味着对象将朝曲线曲率的中心倾斜，该曲线是对象移动所沿的曲线（类似于摩托车转弯）。仅当启用了"跟随"选项时，"倾斜"选项才可用，因为倾斜也会影响对象的旋转。

路径动画会自动计算要发生的倾斜量，这取决于路径曲线的弯曲程度。用户可以使用"倾斜比例"和"倾斜限制"选项来调整倾斜量。

10）倾斜比例：如果增加倾斜比例，那么倾斜效果会更加明显。例如，如果将"倾斜比例"设置为 2，则该对象将比计算的默认倾斜大 2 倍。可以将"倾斜比例"设置为负值，此时对象向外倾斜，远离曲线曲率中心。例如，用户可以在从一侧抛到另一侧的过山车动画角色中使用负值。

11）倾斜限制：允许用户限制倾斜量。该选项会按给定量限制倾斜。在曲线为直线时不会出现倾斜。

任务实施 ───────────────────────────────────

技能点拨：①打开场景文件；②创建一个螺旋体，在"通道盒/层编辑器"中设置参数；③将螺旋线转化为曲线；④切换到"动画"模块，将龙模型执行"连接到运动路径"命令，并设置流动路径对象选项；⑤选择柱子模型，在"通道盒/层编辑器"中设置缩放数值；⑥播放动画，并观察动画效果。

第 1 步 创建螺旋线

01 打开 Maya 2023 中文版，打开源文件中的场景文件"5.10 综合案例——飞龙盘旋动画（原始).mb"，如图 5-10-5 所示。

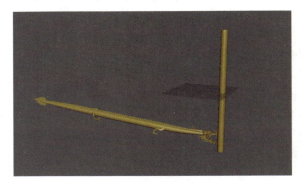

图 5-10-5 打开场景文件

02 单击"创建"→"多边形基本体"→"螺旋体"命令后的按钮，打开"多边形螺旋线选项"窗口，如图 5-10-6 所示，在场景中创建一个螺旋体。

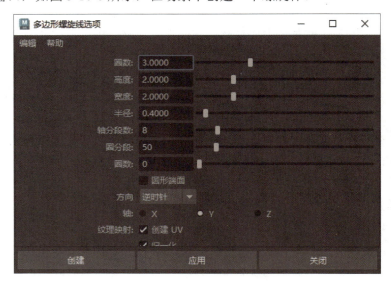

图 5-10-6 "多边形螺旋线选项"窗口

03 使用"移动工具"将螺旋体拖动到柱子模型上，如图 5-10-7 所示。

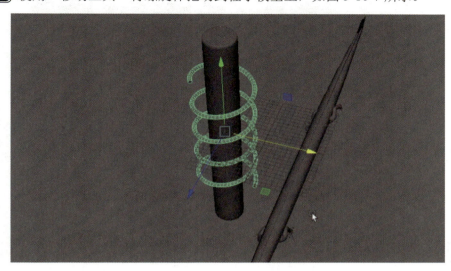

图 5-10-7　移动螺旋体

04 进入螺旋体模型的"边"层级，如图 5-10-8 所示。在一条横向的边上双击，即可选择一整条线，如图 5-10-9 所示。

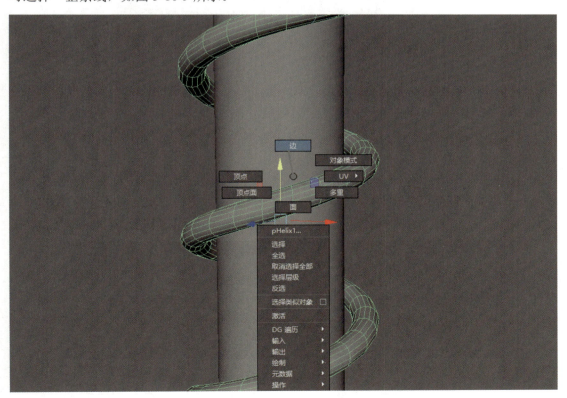

图 5-10-8　进入"边"层级

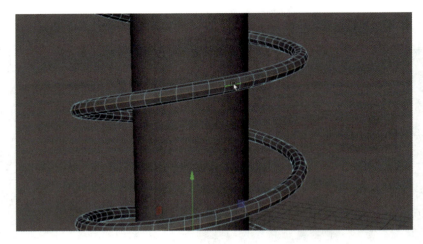

图 5-10-9　选择一整条线

05 执行"修改"→"转化"→"多边形边到曲线"命令，将选择的边转化为曲线。

06 选择螺旋体模型，按 Delete 键将其删除，只保留转化出来的螺旋线，效果如图 5-10-10 所示。

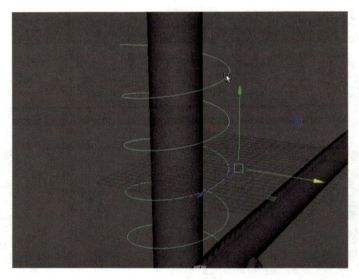

图 5-10-10　删除螺旋体

小贴士

因为转化出来的曲线段数量非常大，所以需要重建曲线。

07 切换到"曲面"模块，单击"编辑曲线"→"重建"命令后的按钮，打开"重建曲线选项"窗口。在打开的窗口中设置"参数范围"为"0 到跨度数"，并设置"保持"为"切线"，设置"跨度数"为 24，如图 5-10-11 所示。

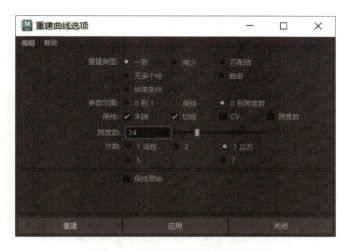

图 5-10-11　设置重建曲线的参数

08 选择曲线，执行"编辑曲线"→"反转方向"命令，如图 5-10-12 所示，反转曲线的方向。

图 5-10-12　执行"反转方向"命令

小贴士

反转曲线方向后，曲线的开始端位于 Y 轴的负方向上，这样龙在运动中就会自下而上地绕着柱子盘旋上升。

第 2 步　创建运动路径动画

01 切换到"动画"模块，选择龙模型，按住 Shift 键加选曲线，单击"动画"→"运动路径"→"连接到运动路径"命令后的按钮，打开"连接到运动路径选项"窗口，设置

"前方向轴"为 Z 轴，如图 5-10-13 所示。

图 5-10-13　"连接到运动路径选项"窗口

02 选择龙模型，单击"动画"→"运动路径"→"流动路径对象"命令后的按钮，打开"流动路径对象选项"窗口，设置"分段"选项组中的"前"参数为 24，然后单击"应用"按钮，效果如图 5-10-14 所示。

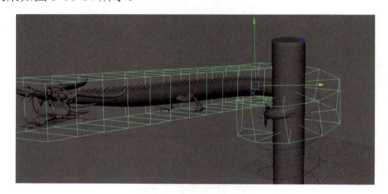

图 5-10-14　设置"前"参数后的效果

03 选择柱子模型，在"通道盒/层编辑器"中设置"缩放 X"和"缩放 Z"均为 0.4，如图 5-10-15 所示。

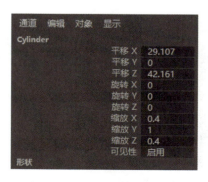

图 5-10-15　设置缩放参数

04 播放并测试动画，可以观察到龙模型沿着运动路径曲线围绕柱子盘旋上升，如图 5-10-16 所示。

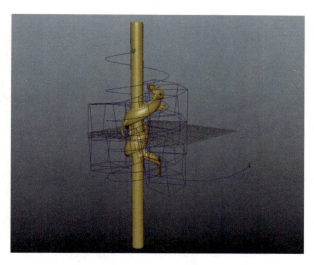

图 5-10-16　测试龙盘旋上升的效果

项 目 **6**

骨骼绑定及动画制作

▌项目导读

在 3D 软件中，角色的骨架系统对动画效果起着举足轻重的作用，可以说角色骨架系统的创建是角色动画的基础。本项目将利用 Maya 的骨架系统功能为一个卡通角色模型创建骨架系统，如图 6-0-1 所示。

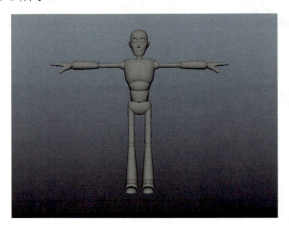

图 6-0-1　骨骼绑定参考

▌学习目标

- 掌握骨架系统的创建方法。
- 掌握约束的使用方法，以及骨骼装配的思路和方法。
- 掌握为角色进行蒙皮的必要技巧。
- 熟悉制作骨骼动画的原理和流程。
- 通过创建角色骨架系统，感受中国传统木偶动画的艺术魅力，激发民族自豪感。
- 通过设置蒙皮与权重，传承耐心细致、兢兢业业的工匠精神。

任务 *6.1* 创建角色的骨架系统

微课：创建角色的
骨架系统

☞ **任务目的**

　　制作如图 6-1-1 所示的骨架系统。通过本任务的学习，掌握骨架系统的创建方法和骨骼的装配思路。

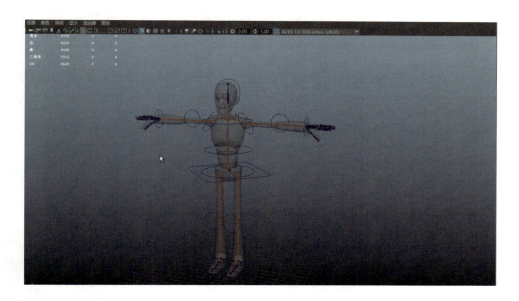

图 6-1-1　骨架系统

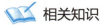 **相关知识**

1. 关节的概念

关节是骨骼中骨头之间的连接点，关节的转动可以带动骨头的方位发生改变。

2. 物体约束的方法

1）点约束：能够使一个物体的运动带动另一个物体的运动，即将一个物体的运动匹配到另一个物体上。

2）目标约束：使用目标物体控制被约束物体的方向，使被约束物体的一个轴向总是瞄准目标物体。

3）方向约束：将旋转约束匹配一个或多个物体的方向，此约束主要用于同时控制多个物体的方向。

4）缩放约束：可以使物体跟随一个或多个物体缩放。

5）父对象约束：可以使约束对象像目标体的子物体一样跟随目标体运动，它们会保持当前的相对空间方位，包括位置和方向。

6）极向量约束：使极向量重点跟随目标体移动，在角色设置中，胳膊关节链的 IK 控制柄的极向量经常限制在角色后面的定位器上。

在本任务中，将具体使用相关的约束方法，并设置受驱动关键帧，通过受驱动关键帧将一个对象的一个或多个属性连接到另一个对象的相应属性，完成最终的骨架系统制作。

任务实施

技能点拨：①打开场景文件，根据角色形态创建骨架；②创建骨架控制器；③根据骨架的运动特点为骨架创建 IK 控制柄及约束；④将骨架、IK 控制柄和控制器分别进行编组，以方便场景的管理和动画的设置；⑤为控制器添加需要的属性，从而驱动骨架运动。

第 1 步　打开场景文件

打开 Maya 2023 中文版，执行"文件"→"打开场景"命令，打开本任务的场景文件，如图 6-1-2 所示。

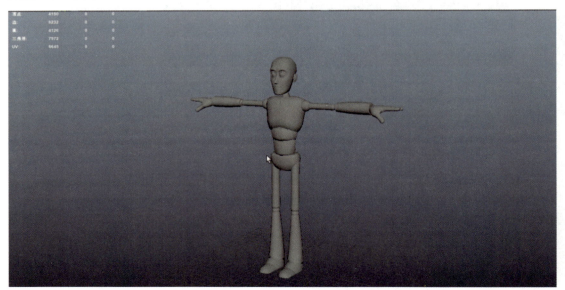

图 6-1-2　场景文件

第 2 步　创建腿部骨架

01　单击"骨架"→"创建关节"命令后的按钮，打开"工具设置"窗口，在"方向设置"选项组中设置"次轴"为无，如图 6-1-3 所示。

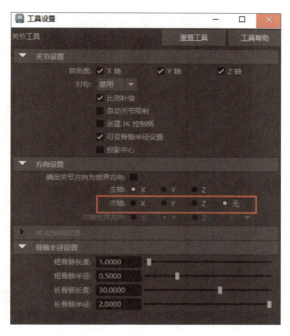

图 6-1-3　"工具设置"窗口

02　在右视图中，利用鼠标在关节处依次创建腿部、膝盖、脚踝、脚掌和脚尖关节，创建完成后按 Enter 键确认。创建的腿部关节如图 6-1-4 所示。

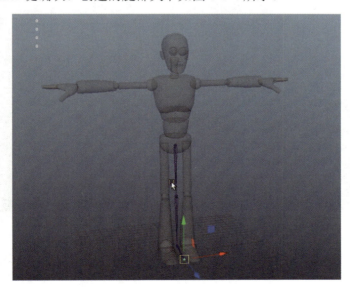

图 6-1-4　创建的腿部关节

03 执行"窗口"→"大纲视图"命令，在打开的"大纲视图"面板中以"L_"为前缀分别对骨架进行命名，如图 6-1-5 所示。

图 6-1-5　对骨架进行命名

04 在前视图中使用"移动工具"将骨架拖动到模型的左腿位置，如图 6-1-6 所示。

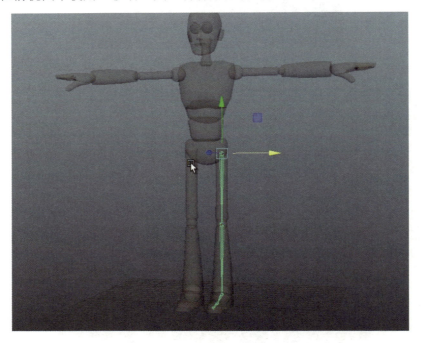

图 6-1-6　修改骨架的位置

05 在前视图中依次选择左腿、左脚骨架，单击"骨架"→"镜像关节"命令后的按钮，打开"镜像关节选项"窗口，具体参数设置如图 6-1-7 所示，镜像出右腿、右脚骨架，并修改骨架的名称，如图 6-1-8 所示。

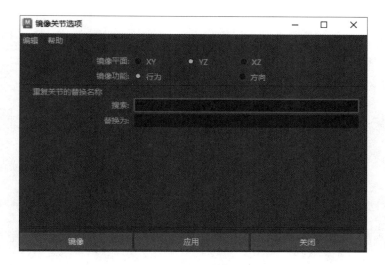

图 6-1-7　设置镜像参数

图 6-1-8　修改骨架的名称

第 3 步　创建手臂和手部骨架

01 单击"骨架"→"创建关节"命令后的按钮，打开"工具设置"窗口，在"方向设置"选项组中设置"次轴"为 Y 轴，如图 6-1-9 所示。

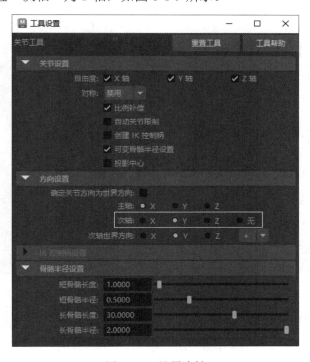

图 6-1-9　设置次轴

02 在顶视图中依次创建手臂关节和手掌骨架关节，如图 6-1-10 所示。在透视图中使用"移动工具"将骨架拖动到对应模型的左臂位置，如图 6-1-11 所示。

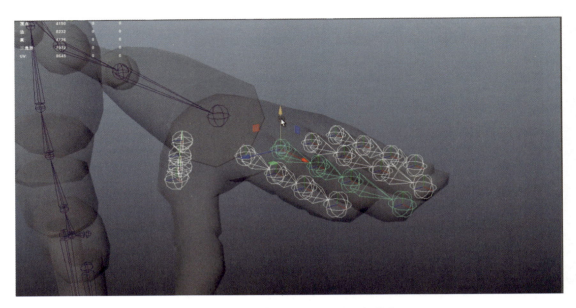

图 6-1-10　创建手臂关节和手掌骨架关节

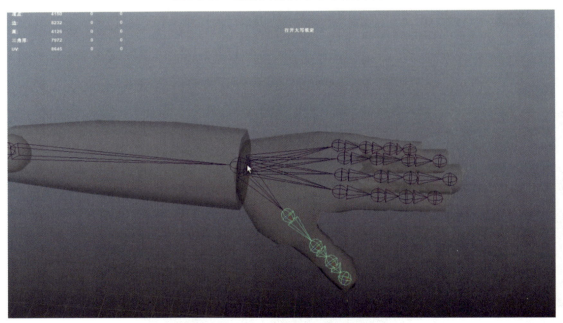

图 6-1-11　调整骨架的位置

03　在透视图中选择左手手臂骨架，执行"修改"→"添加层次名称前缀"命令，修改骨架的前缀为"L_"，如图 6-1-12 所示。

04　在透视图中选择左手手臂骨架，单击"骨架"→"镜像关节"命令后的按钮，打开"镜像关节选项"窗口，具体参数设置如图 6-1-7 所示，镜像后为右手手臂骨架命名，如图 6-1-13 所示。

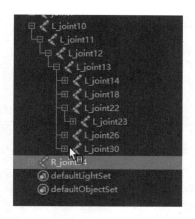

图 6-1-12　修改左手手臂骨架的名称

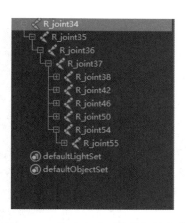

图 6-1-13　修改右手手臂骨架的名称

第 4 步　创建其他骨架

01 在侧视图中按照关节的位置从下向上依次创建脊椎骨架和头部骨架，创建完成后按 Enter 键确认，如图 6-1-14 所示。

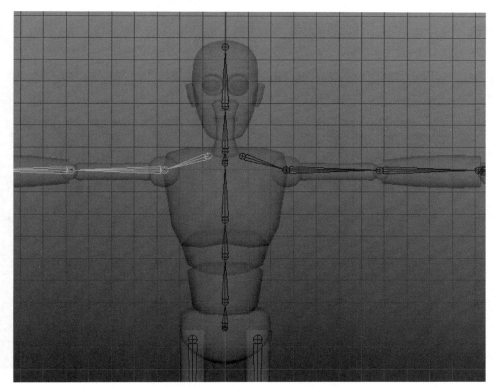

图 6-1-14　创建脊椎骨架和头部骨架

02 选择"L_joint1"（左腿根部）关节，并加选"joint2"（脊椎 2）关节，按 P 键将它们设置为父子关系，如图 6-1-15 所示。

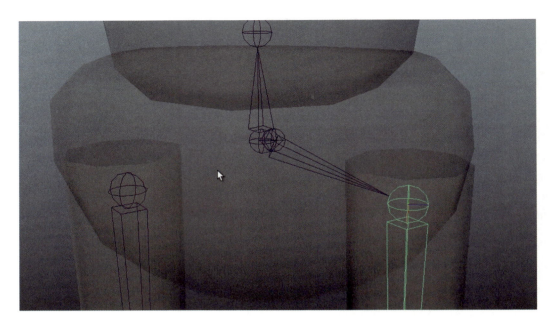

图 6-1-15　连接左腿根部与脊椎骨骼

03 选择"L_joint10"（左手臂）关节，并加选"joint6"（脊椎 6）关节，按 P 键将它们设置为父子关系，如图 6-1-16 所示。

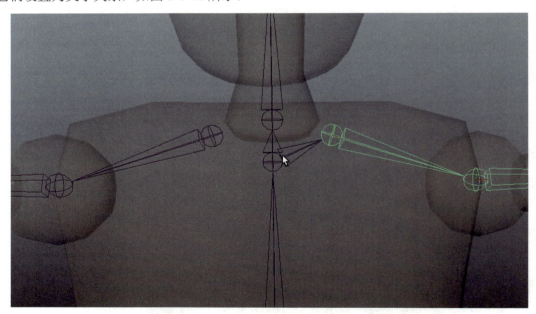

图 6-1-16　连接左手臂与脊椎骨骼

04 使用同样的方法设置"R_joint1"（右腿）关节和"joint2"（脊椎 2）关节、"R_joint34"（右手臂）关节和"joint6"（脊椎 6）关节的父子关系。右手臂与脊椎骨骼的连接如图 6-1-17 所示。

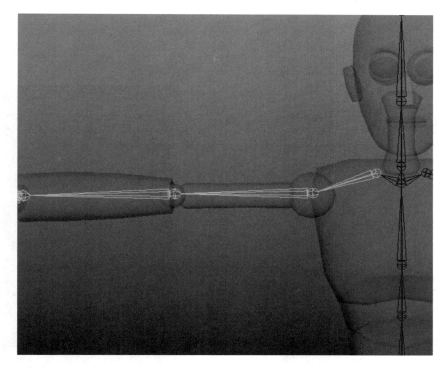

图 6-1-17　连接右手臂与脊椎骨骼

第 5 步　创建控制器

01 执行"曲线"→"NURBS 圆形"命令，将圆形曲线依次放在脚、脚踝、膝盖、胯部、腰部、腹部、肩膀、肘部、手腕、头部等位置，为后续创建控制器使用，效果如图 6-1-18 所示。

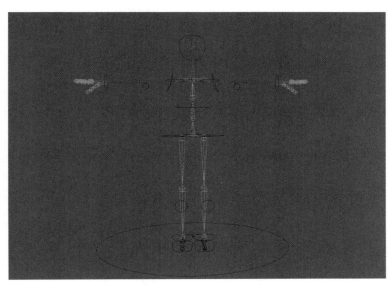

图 6-1-18　创建圆形控制器

02 选择所有的圆形控制器，执行"修改"→"冻结变换"命令，如图 6-1-19 所示。

03 打开"大纲视图"面板，选择所有的骨架，将其合并为一组，并命名为 guge；再选择所有的圆形控制器，将其合并为一组，并命名为 cur，如图 6-1-20 所示。

图 6-1-19　执行"冻结变换"命令

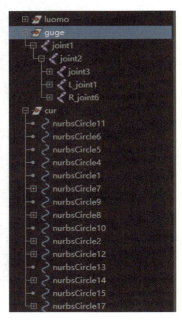

图 6-1-20　创建两个组

第 6 步　创建腿部 IK 控制柄及约束

01 单击"骨架"→"创建 IK 控制柄"命令后的按钮，打开"工具设置"窗口，设置"当前解算器"为"旋转平面解算器"，如图 6-1-21 所示。

图 6-1-21　设置当前解算器

02 使用 IK 控制柄工具以"L_joint1"（左腿根部）为起始关节，以"L_joint5"（脚尖）为结束关节，创建 IK 控制柄，如图 6-1-22 所示。

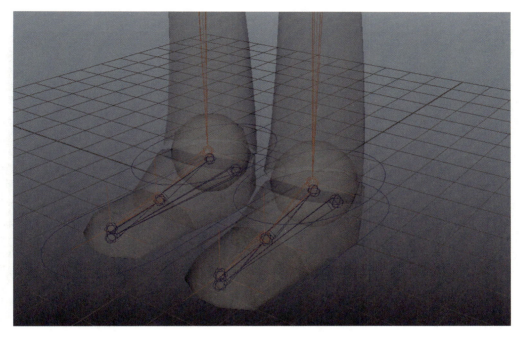

图 6-1-22　创建 IK 控制柄

03 在"大纲视图"面板中选择"ikHandle1",并加选骨架"L_joint13",按 P 键将它们设置为父子关系。使用同样的方法依次为"ikHandle2"与"L_joint13"、"ikHandle3"与"L_joint11"设置父子关系,如图 6-1-23 所示。

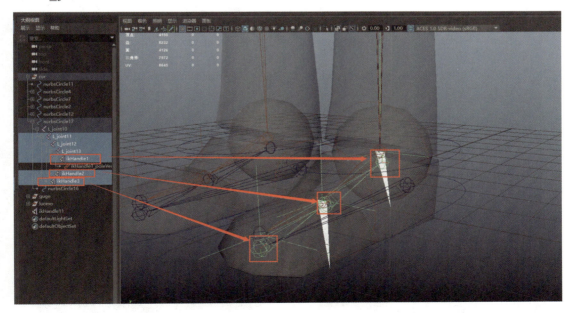

图 6-1-23　设置脚步约束

04 执行"关键帧"→"设定受驱动关键帧"→"设置"命令,打开"设置受驱动关键帧"窗口,如图 6-1-24 所示。

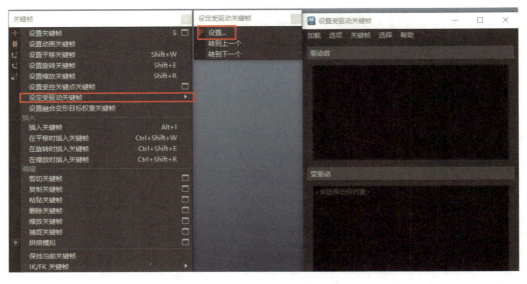

图 6-1-24　打开"设置受驱动关键帧"窗口

05　选择左脚踝控制器"nurbsCircle16"，单击"加载驱动者"按钮将其加载到"驱动者"列表框中，依次选择骨架"L_joint13"、"L_joint11"和"L_joint10"，然后单击"加载受驱动项"按钮将其加载到"受驱动"列表框中，如图 6-1-25 所示。

06　选择左脚踝控制器"nurbsCircle16"的"旋转 X"参数，并加选骨架"L_joint13"、"L_joint11"和"L_joint10"的"旋转 Z"参数，单击"关键帧"按钮，设置关键帧，如图 6-1-26 所示。

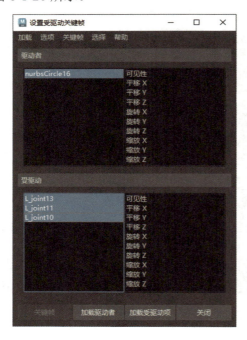

图 6-1-25　加载驱动与被驱动物体

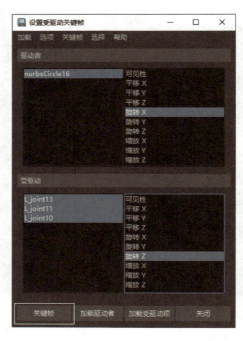

图 6-1-26　设置关键帧

07 选择左脚踝控制器"nurbsCircle16"，按 E 键进行旋转，设置"旋转 X"参数为 30；再选择骨架"L_joint13"，设置"旋转 Z"参数为 30（图 6-1-27）；选择驱动者的"旋转 X"参数，并加选所有受驱动者的"旋转 Z"参数，单击"关键帧"按钮，设置关键帧。

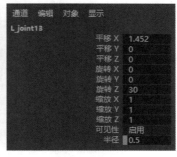

图 6-1-27　修改"旋转 X"和"旋转 Z"参数 1

08 选择左脚踝控制器"nurbsCircle16"，设置"旋转 X"参数为 60；再选择骨架"L_joint11"（脚尖），设置"旋转 Z"参数为-30，选择骨架"L_joint13"，设置"旋转 Z"参数为 0（图 6-1-28）；选择驱动者"旋转 X"参数，并加选所有受驱动者的"旋转 Z"参数，单击"关键帧"按钮，设置关键帧。

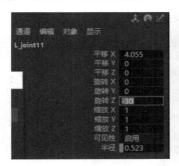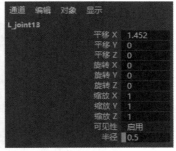

图 6-1-28　修改"旋转 Z"参数

09 选择左脚踝控制器"nurbsCircle16"，设置"旋转 X"参数为-30；再选择骨架"L_joint10"（脚后跟），设置"旋转 Z"参数为-30（图 6-1-29）；选择驱动者"旋转 X"参数，并加选所有受驱动者的"旋转 Z"参数，单击"关键帧"按钮，设置关键帧。

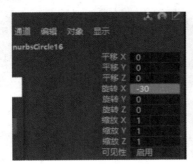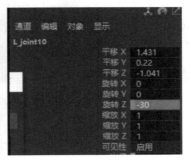

图 6-1-29　修改"旋转 X"和"旋转 Z"参数 2

10 选择左脚踝控制器"nurbsCircle16"、骨架"L_joint10"（脚后跟），并加选"nurbsCircle1"，按 P 键将其设置为父子关系，效果如图 6-1-30 所示。

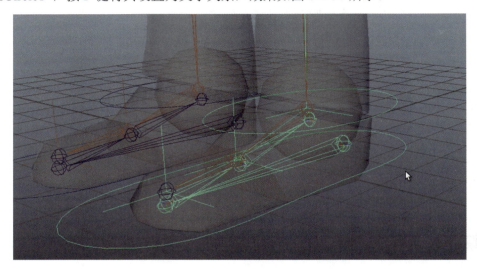

图 6-1-30　设置左脚踝控制器的父子关系

11 选择左膝盖控制器"nurbsCircle15"，并加选"ikHandle1"，执行"约束"→"极向量"命令，如图 6-1-31 所示。

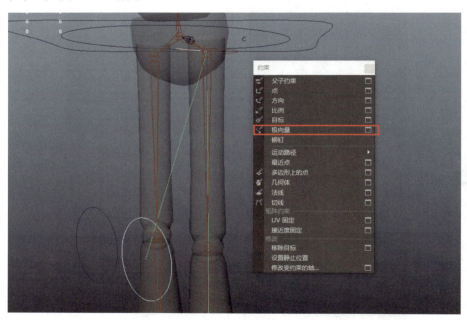

图 6-1-31　执行"极向量"命令

12 选择左脚踝控制器"nurbsCircle16"，单击"显示/隐藏属性编辑器"按钮，打开"属性编辑器"面板，设置其"平移""旋转""缩放"属性，如图 6-1-32 所示。至此，左腿的 IK 控制柄及约束全部制作完成。

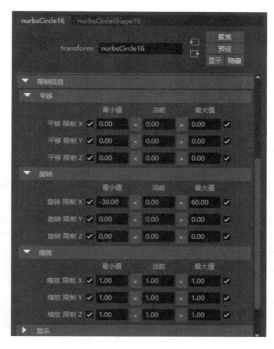

图 6-1-32　设置左脚踝控制器的属性

13 使用上述制作左腿 IK 控制柄及约束的方法制作右腿的 IK 控制柄及约束，如图 6-1-33 所示。

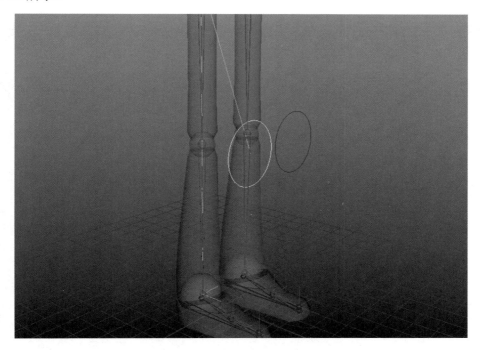

图 6-1-33　制作右腿的 IK 控制柄及约束

第 7 步　创建双臂 IK 控制柄及约束

01 单击"骨架"→"创建 IK 控制柄"命令后的按钮，打开"工具设置"对话框，设置"当前解算器"为旋转平面解算器。

02 使用 IK 控制柄工具以骨架"L_joint10"（左肩膀）为起始关节，以骨架"L_joint13"（手腕）为结束关节，创建 IK 控制柄，如图 6-1-34 所示。

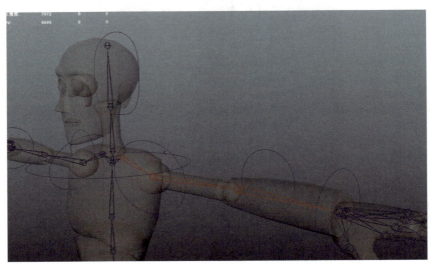

图 6-1-34　设置左臂的 IK 控制柄

03 选择左肩控制器"nurbsCircle12"，并加选"ikHandle7"，按 P 键将其设置为父子关系，如图 6-1-35 所示。

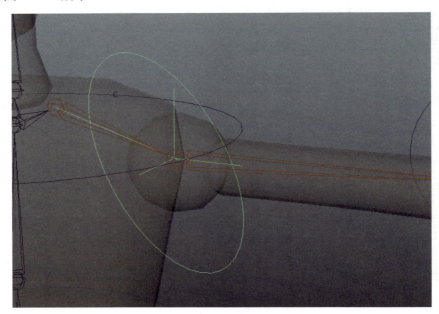

图 6-1-35　添加肩膀控制器

04　选择左手控制器"nurbsCircle14"，并加选"ikHandle8"，按 P 键将它们设置为父子关系，效果如图 6-1-36 所示。

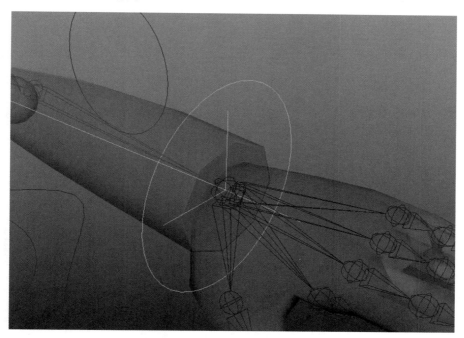

图 6-1-36　设置约束效果

05　选择左手肘部控制器"nurbsCircle13"，并加选"ikHandle8"，执行"约束"→"极向量"命令，效果如图 6-1-37 所示。

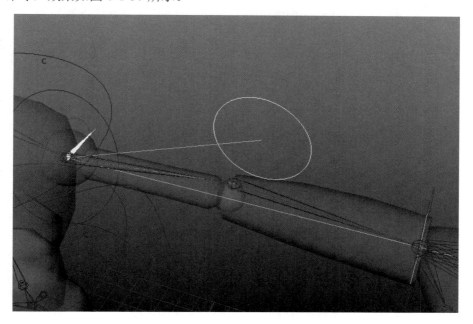

图 6-1-37　设置左臂极向量后的效果

06 使用上述制作左臂 IK 控制柄及约束的方法制作右臂的 IK 控制柄及约束，效果如图 6-1-38 所示。

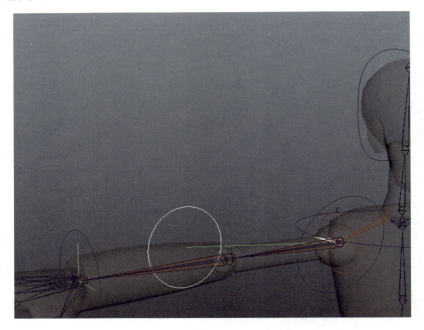

图 6-1-38   设置右臂的 IK 控制柄及约束

07 选择左、右两肩的控制器"nurbsCircle12"和"nurbsCircle7"，并加选肩部控制器"nurbsCircle6"，按 P 键将它们设置为父子关系，效果如图 6-1-39 所示。

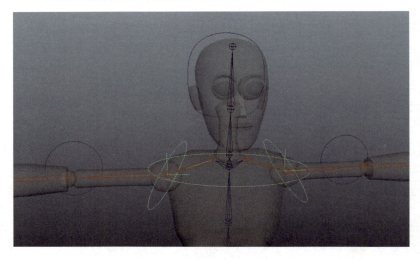

图 6-1-39   设置肩部控制器的父子关系

第 8 步   创建脊椎 IK 样条线控制柄及约束

01 执行"骨架"→"创建 IK 样条线控制柄"命令，以骨架"joint6"为起始关节，以骨架"joint2"为结束关节，创建 IK 样条线控制柄，如图 6-1-40 所示。

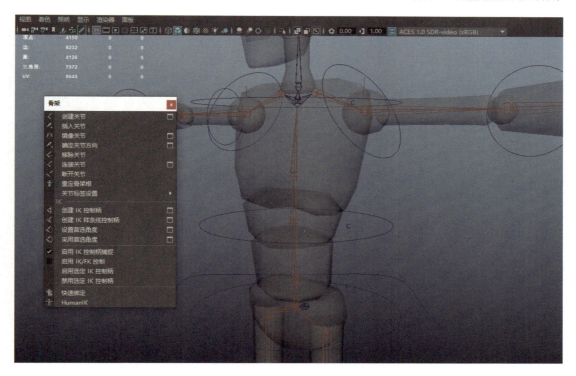

图 6-1-40 创建 IK 样条线控制柄

02 在"大纲视图"面板中找到 IK 样条线 curve1，单击"隔离选择"按钮 ，选择 IK 样条线 curve1 并右击，在弹出的快捷菜单中选择"控制顶点"选项。

03 选择 IK 样条线 curve1 中间的两个点，单击"变形"→"簇"命令后的按钮，打开"簇选项"窗口，选中"相对模式"复选框，如图 6-1-41 所示，然后单击"应用"按钮。

图 6-1-41 "簇选项"窗口

04 使用同样的方法为 IK 样条线 curve1 的上、下两个端点创建簇，如图 6-1-42 所示，再次单击"隔离选择"按钮，取消隔离选择。

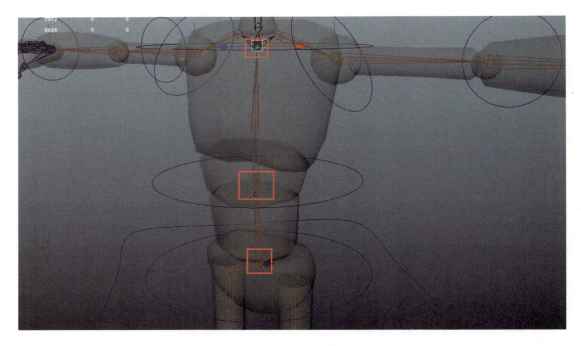

图 6-1-42　创建簇

05 为了方便选择簇，在"大纲视图"面板中选择"cluster1Handle"，然后单击"显示/隐藏属性编辑器"按钮，打开"属性编辑器"面板。选择"cluster1HandleShape"选项卡，将原点的 Z 轴数值设置为-3，如图 6-1-43 所示。使用同样的方法修改"cluster2Handle"和"cluster3Handle"的 Z 轴数值。

图 6-1-43　修改簇点的位置

06 依次选择簇"cluster1Handle""cluster2Handle""cluster3Handle"，并加选骨架"joint1"（尾巴骨），按 P 键将它们设置为父子关系，如图 6-1-44 所示。

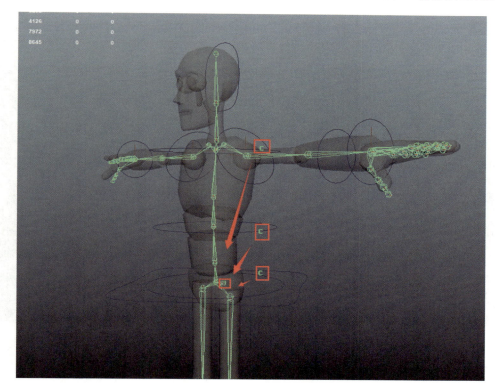

图 6-1-44　将簇点与骨架进行约束

07 选择肩部控制器"nurbsCircle6"（肩膀大圈），并加选"cluster2Handle"（第一点），单击"约束"→"点"命令后的按钮，打开"点约束选项"窗口，选中"保持偏移"复选框，然后单击"应用"按钮，设置点约束，如图 6-1-45 所示。

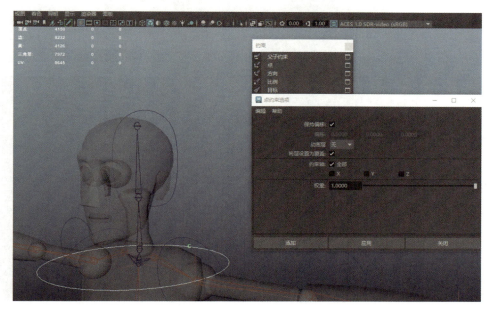

图 6-1-45　将肩部进行点约束

08 使用同样的方法为腹部控制器"nurbsCircle5"与"cluster2Handle"、胯部控制器"nurbsCircle4"与"cluster3Handle"设置点约束，效果如图 6-1-46 所示。

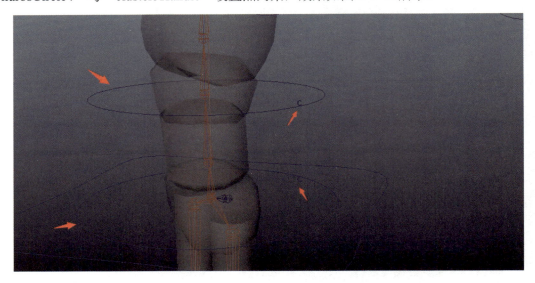

图 6-1-46　将控制器与簇点进行约束

09 自上而下依次选择控制器"nurbsCircle6""nurbsCircle5""nurbsCircle1"，并加选胯部控制器"nurbsCircle4"，按 P 键将它们设置为父子关系。选择胯部控制器"nurbsCircle4"，再加选骨架"joint1"，单击"约束"→"父对象"命令后的按钮，打开"父约束选项"窗口，选中"保持偏移"复选框，单击"应用"按钮，设置父约束，如图 6-1-47 所示。

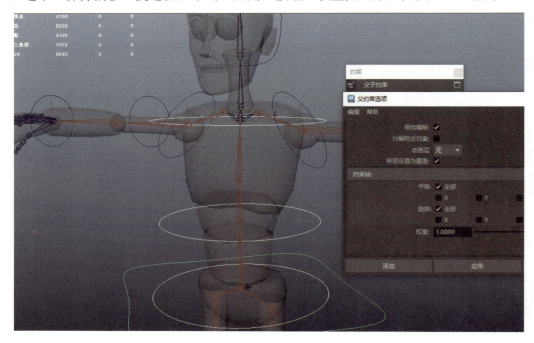

图 6-1-47　设置父约束

10 执行"窗口"→"常规编辑器"→"连接编辑器"命令，打开"连接编辑器"窗口，选择肩部控制器"nurbsCircle6"，单击"重新加载左侧"按钮，再选择"rotate"→"rotate Y"选项；选择 IK 样条线控制柄"ikHandle11"，单击"重新加载右侧"按钮，再选择"twist"选项，最后单击"关闭"按钮，如图 6-1-48 所示。

图 6-1-48　连接设置

11 选择肩部控制器"nurbsCircle6"，并加选腹部控制器"nurbsCircle5"，按 P 键将它们设置为父子关系。

12 依次选择控制器"nurbsCircle8""nurbsCircle9""nurbsCircle11""nurbsCircle12""nurbsCircle13""nurbsCircle14""nurbsCircle15"，并加选胯部控制器"nurbsCircle4"，按 P 键将它们设置为父子关系。

第 9 步　创建头部 IK 控制柄及约束

01 为骨架"joint6"创建 IK 控制柄，如图 6-1-49 所示。

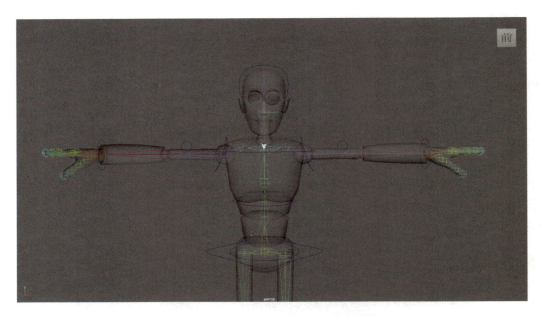

图 6-1-49　创建 "joint6" 的 IK 控制柄

02 选择头部控制器 "nurbsCircle11"，并加选骨架 "joint8"，单击 "约束" → "方向"命令后的按钮，打开 "方向约束选项" 窗口，选中 "保持偏移" 复选框，如图 6-1-50 所示，然后单击 "应用" 按钮。

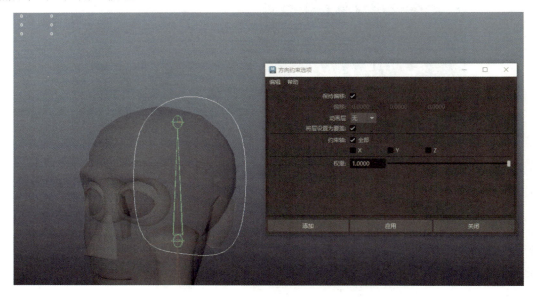

图 6-1-50　为头部骨骼创建约束 1

03 选择头部控制器 "nurbsCircle11"，并加选 IK 控制柄 "ikHandle13"，单击 "约束" → "点" 命令后的按钮，打开 "点约束选项" 窗口，选中 "保持偏移" 复选框，如图 6-1-51 所示，然后单击 "应用" 按钮。

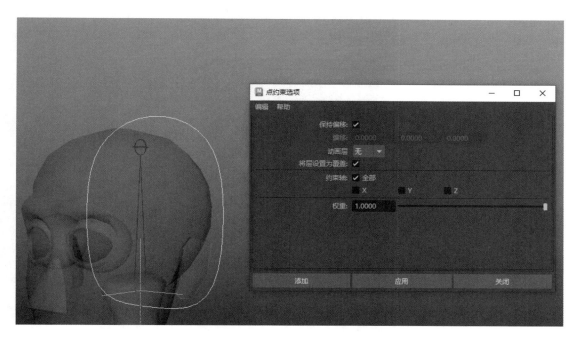

图 6-1-51　为头部骨骼创建约束 2

04 选择头部控制器"nurbsCircle11"，并加选胯部控制器"nurbsCircle4"，按 P 键将它们设置为父子关系，如图 6-1-52 所示。

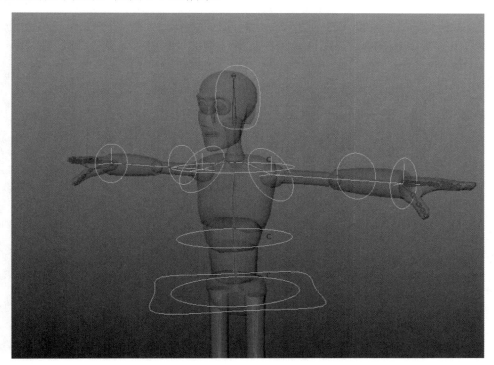

图 6-1-52　为头部控制器创建父子关系

05 在"大纲视图"面板中选择 IK 控制柄，按 Ctrl+G 组合键将控制器放在同一组中，并修改名称为 IK，如图 6-1-53 所示。

图 6-1-53　创建组 IK

第 10 步　创建全身控制器及约束

01 在透视图中创建一个较大的圆形并放在最底部，然后执行"修改"→"冻结变换"命令，效果如图 6-1-54 所示。

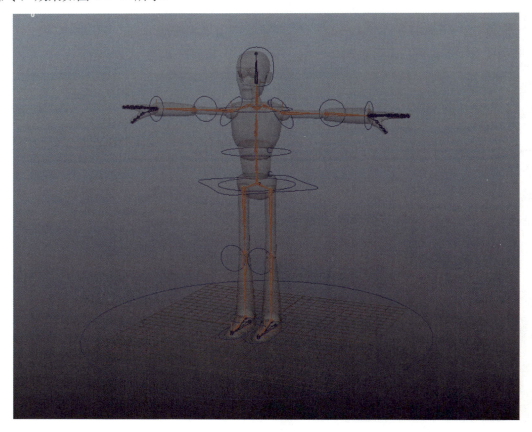

图 6-1-54　创建整体控制器

02 选择控制器"nurbsCircle18"，并加选骨架组"guge"，单击"约束"→"父约束"命令后的按钮，打开"父约束选项"窗口，选中"保持偏移"复选框，如图6-1-55所示，然后单击"应用"按钮。单击"约束"→"比例"命令后的按钮，打开"缩放约束选项"窗口，选中"保持偏移"复选框，然后单击"应用"按钮。

图 6-1-55 对整体控制器进行约束

03 使用同样的方法，依次为控制器"nurbsCircle18"与控制器组 cur、控制器"nurbsCircle18"与 IK 控制柄组 IK 设置父子约束和缩放约束。

至此，骨架系统创建完成。

任务 6.2 制作蒙皮与绘制权重

微课：制作蒙皮与绘制
权重

☞ **任务目的**

本任务的主要内容是建立角色模型与骨架的绑定关系，使角色模型能够跟随骨架运动产生类似皮肤的变形效果。通过本任务的学习，掌握蒙皮与权重的设置方法与技巧。

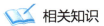

相关知识 ──────────────────────────────────

　　骨架与模型是相互独立的，为了让骨架驱动模型产生合理的运动，就要把模型绑定到骨架上，即蒙皮。权重绘制即修改当前平滑蒙皮上权重值的强度。

任务实施 ──────────────────────────────────

　　技能点拨：①打开已经做好骨架系统的场景文件；②使用"绑定蒙皮"命令对角色进行蒙皮；③使用"绘制蒙皮权重"命令对蒙皮权重进行绘制。

　　第 1 步　打开场景文件

　　打开 Maya 2023 中文版，执行"文件"→"打开场景"命令，打开本任务的场景文件，如图 6-2-1 所示。

图 6-2-1　打开场景文件

　　第 2 步　制作蒙皮

　　01 在"大纲视图"面板中，选择模型，并加选骨架组，执行"蒙皮"→"绑定蒙皮"命令，将模型与骨架进行蒙皮操作，如图 6-2-2 所示。蒙皮后的骨架将以彩色进行显示。

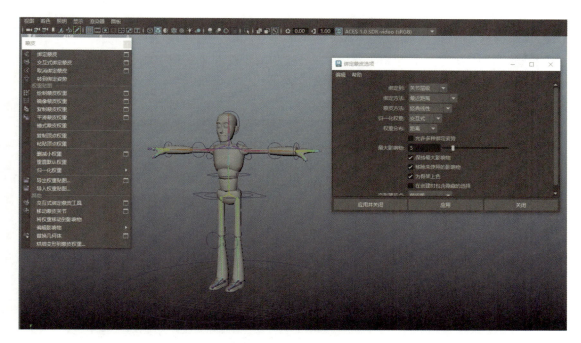

图 6-2-2　执行"绑定蒙皮"命令

02 此时，旋转头部的控制器，发现头部不能被完全控制，出现变形，如图 6-2-3 所示。

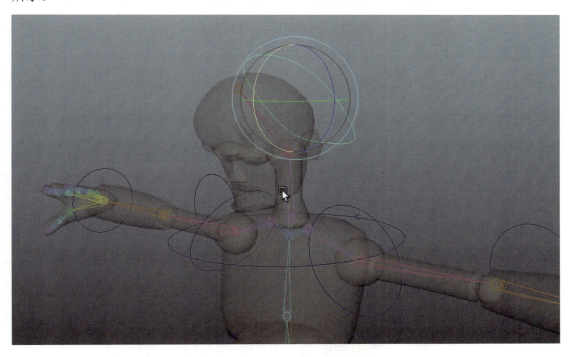

图 6-2-3　查看头部旋转的效果

第 3 步　绘制权重

01　选择头部模型，单击"蒙皮"→"绘制蒙皮权重"命令后的按钮，打开"工具设置"窗口。选择骨架"joint8"，并将权重的"不透明度"调整为 1，将头部的模型绘制为白色，效果如图 6-2-4 所示。

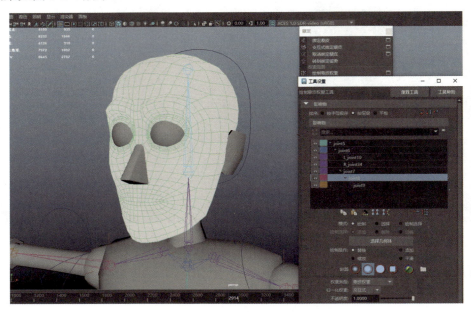

图 6-2-4　调整头部的蒙皮权重值

02　选择左手模型，单击"蒙皮"→"编辑平滑蒙皮"→"绘制蒙皮权重工具"命令后的按钮，打开"工具设置"窗口。选择骨架"L_joint13"，并将权重的"值"调整为 1，将左手的模型绘制为白色，效果如图 6-2-5 所示。

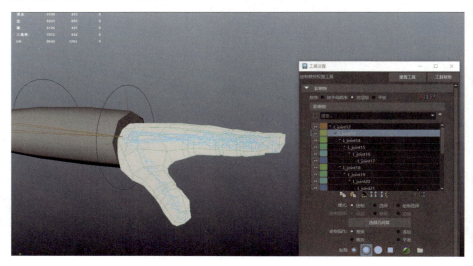

图 6-2-5　调整左手的权重值

03 设置左手下臂骨架模型的权重，如图 6-2-6 所示。

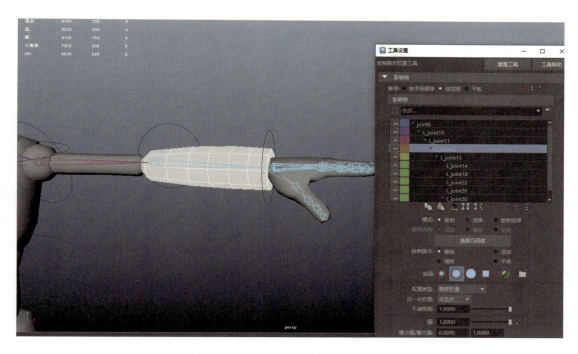

图 6-2-6　设置左手下臂骨架的权重

04 设置左手上臂及左肩骨架模型的权重，如图 6-2-7 所示。

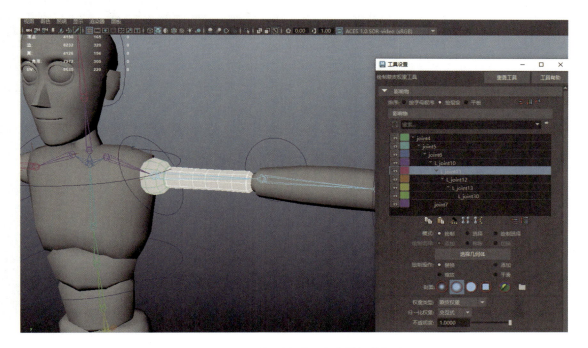

图 6-2-7　设置左手上臂及左肩骨架的权重

05 设置角色模型其他骨架的权重，如图 6-2-8 和图 6-2-9 所示。

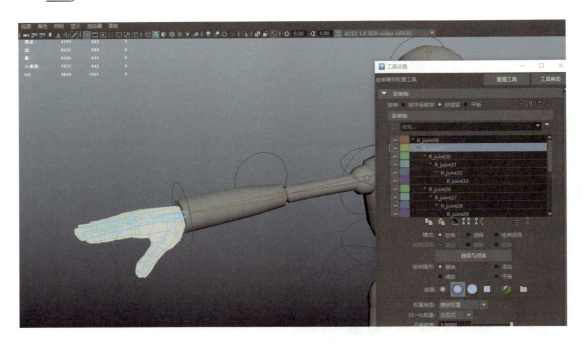

图 6-2-8　设置右手的权重

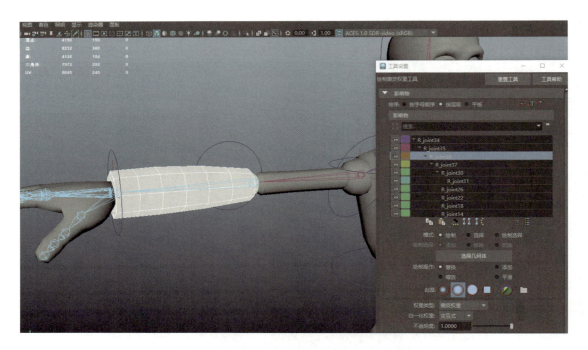

图 6-2-9　设置右手下臂骨架的权重

任务 *6.3* 骨骼动画的应用——制作行走的小人

微课：骨骼动画的
应用——制作行走的
小人

☞ **任务目的**

　　本任务旨在学习骨骼动画的相关知识，深入掌握骨骼动画的核心原理及应用方法，理解骨骼系统由层级关节结构组成。通过蒙皮（网格）权重绑定，达成对角色形变的精准控制，借助相关案例，能够高效模拟生物运动（如人物、动物的动作），进而实现骨骼动画在三维动画制作、游戏角色控制、虚拟仿真等领域的实践应用。

📖 相关知识

　　骨骼动画是一种通过模拟骨骼和关节的运动来创建角色动画的技术。在骨骼动画中，角色的身体被分解为一系列相互连接的骨骼，这些骨骼通过关节连接在一起。动画师可以通过控制骨骼的旋转和移动来创建角色的各种动作。

💻 任务实施

　　技能点拨： ①打开已经做好骨架系统的场景文件；②使用"绑定蒙皮"控制器对角色动作进行调整；③掌握运动的规律。

第 1 步　打开场景文件

　　01 打开 Maya 2023 中文版，执行"文件"→"打开场景"命令，打开本任务的场景文件，如图 6-3-1 所示。

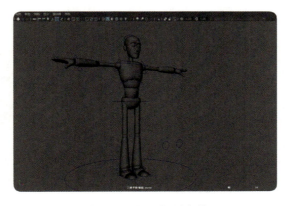

图 6-3-1　打开场景文件

02 打开角色绑定文件之后，选择"移动工具"，选中角色"骨骼"控制器，并随机移动，如图 6-3-2 所示。操作的目的是测试打开的绑定文件没有问题。

图 6-3-2　调整控制器

第 2 步　制作动画

01 在开始制作动画之前，需要掌握角色走路的运动规律，一个完整循环的走路步骤，需要保证第一帧和最后一帧保持一致，中间再添加关键帧，才能制作出完整流畅的动作，如图 6-3-3 所示。

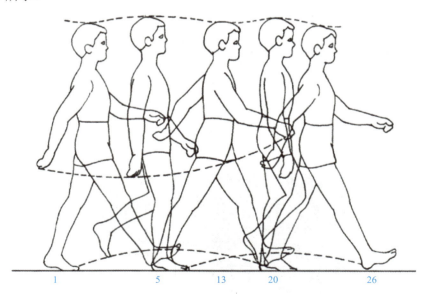

中速走路；1～26为左右脚交替一个完步（拍一格）。

图 6-3-3　运动规律

02 选择全部的控制器，在底部的时间轴上检查是否存在帧数，时间轴上没有出现红色的线就代表没有帧数，如图 6-3-4 所示。

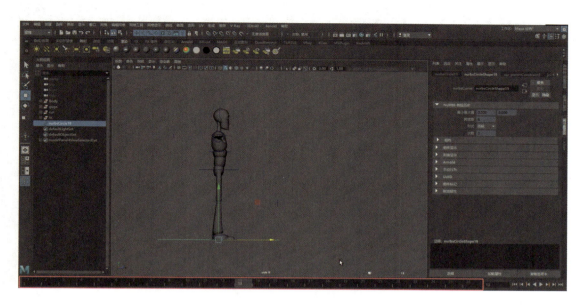

图 6-3-4　检查是否存在帧数

03　选择脚部控制器，调整脚的基础位置，为后续调整基础"pose"做准备，如图 6-3-5 所示。

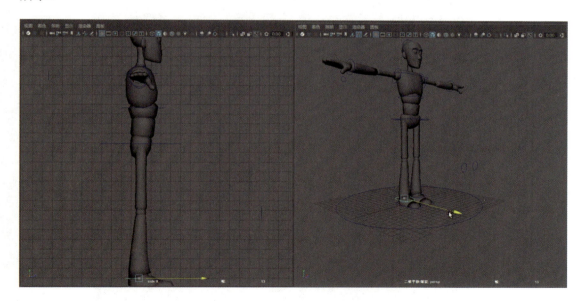

图 6-3-5　调整脚步控制器

04　调整好起始基础动作之后，选择底部的时间轴，选择所有的控制器，将帧数调整到第一帧，按 S 键，为所有的控制器添加关键帧，如图 6-3-6 所示。

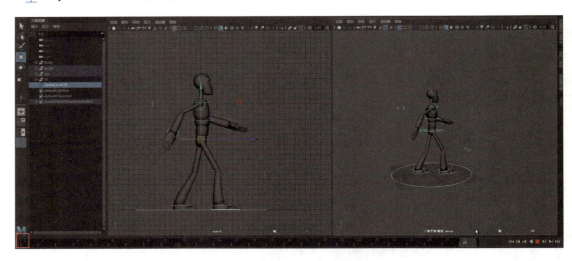

图 6-3-6　添加关键帧

05 将帧数调整到第 26 帧。同样选择全部的控制器，按 S 键为所有的控制器添加关键帧，如图 6-3-7 所示。

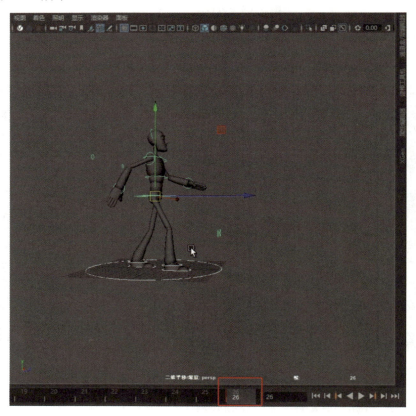

图 6-3-7　添加最后关键帧

06 制作中间过渡帧，将帧数调整到第 5 帧，并添加关键帧，即右脚往回收，身体微微向上直立，手臂往回收，如图 6-3-8 所示。

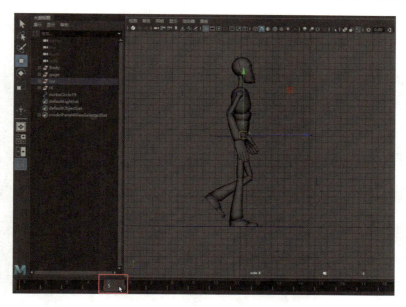

图 6-3-8　添加第 5 帧的关键帧

07 添加第 13 帧的关键帧，这里的动作是角色走路的中间关键帧，也是左、右两个动作交替的中间位置，角色的动作会在这一帧进行交换，如图 6-3-9 所示。

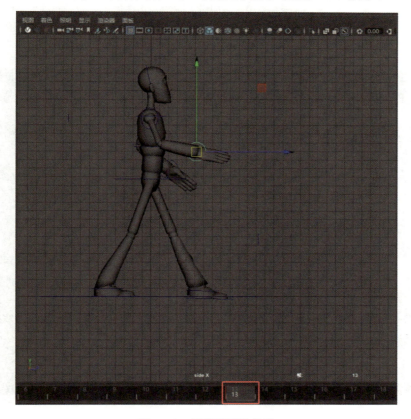

图 6-3-9　调整手臂的位置

08 添加第 19 帧的关键帧，这里的动作与第 3 帧的动作是相反的，即完成后半部分走路的交替，效果如图 6-3-10 所示。

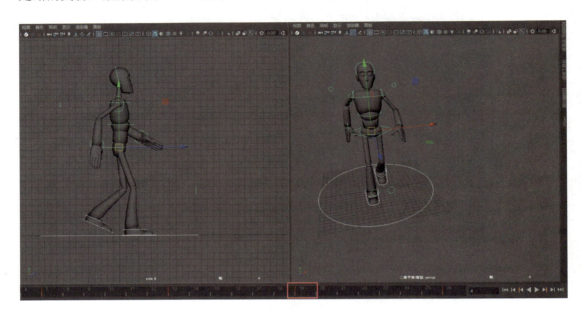

图 6-3-10 添加第 19 帧的关键帧

09 单击"播放"按钮，查看完整的动画，效果如图 6-3-11 所示。

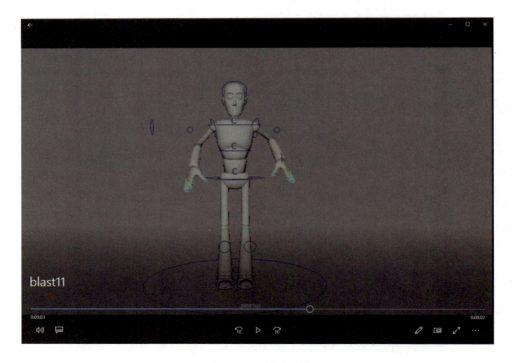

图 6-3-11 播放预览

10　右击底部的时间轴，在弹出的快捷菜单中选择"播放预览"选项，在打开的"播放预览选项"窗口中修改"影片文件"文本框中的路径，并选中"保存到文件"复选框，如图 6-3-12 所示，然后单击"播放预览"按钮观察动画效果。

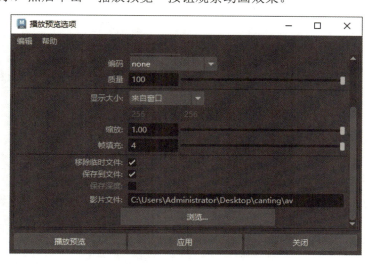

图 6-3-12　"播放预览选项"窗口

灯 光 渲 染

项目

▌项目导读

Maya 2023 中文版中主要包括 6 种不同的灯光类型，即环境光、平行光、泛光灯（又称点光源）、聚光灯、面光灯和体积光。为了实现所需的效果，用户通常需要将这几种不同的灯光组合使用，所有的灯光都遵循 RGB 加法照明定律，并且可以使用色调、饱和度、明亮度和 Alpha 值进行混合调整。创建灯光的方法有以下两种。

1）在 Rendering 模式下通过"灯光"菜单创建各类灯光。

2）在 Hypershade 模式下利用"Visor"窗口创建各类灯光。

本项目主要对灯光渲染进行介绍。

▌学习目标

- 掌握灯光的创建和使用方法。
- 掌握灯光的渲染和使用技巧。
- 通过灯光雾、岩壁之光、小花瓶的制作，了解我国电影的发展史，感受壁画、瓷器的历史文化。
- 通过辉光、跑车的制作，了解我国电影工业与汽车工业的发展，树立工业自信。
- 通过室内灯效、室外灯效等的制作，培养勇于探索的创新精神。

任务 7.1　点光源的应用——制作辉光效果

微课：点光源的应用——
制作辉光效果

☞ **任务目的**

　　本任务是制作如图 7-1-1 所示的辉光效果。通过本任务的学习，掌握使用点光源制作辉光效果的方法与技巧。

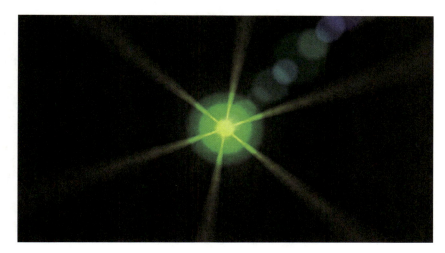

图 7-1-1　辉光效果

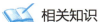 **相关知识**

　　点光源类似灯泡发出的光，向各个方向均匀照射。点光源可以调节灯光的衰减率，如可以使用点光源模仿灯泡发出的光线。

 任务实施

　　技能点拨：①创建点光源；②通过设置点光源参数和渲染器来制作辉光效果。

　　第 1 步　创建点光源

　　打开 Maya 2023 中文版，执行"创建"→"灯光"→"点光源"命令，在场景中创建一个点光源，如图 7-1-2 所示。

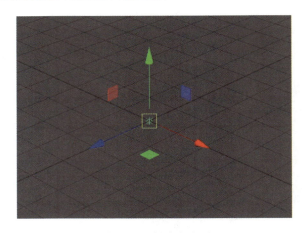

图 7-1-2　创建点光源

第 2 步　设置点光源的参数

01 选择点光源，按 Ctrl+A 组合键打开点光源的"属性编辑器"面板，单击"灯光效果"选项组（图 7-1-3）"灯光辉光"文本框后的按钮。

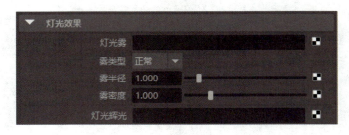

图 7-1-3　"灯光效果"选项组

02 打开灯光辉光的"属性编辑器"面板。在"光学效果属性"选项组中，设置"辉光类型"为指数，"光晕类型"为"镜头光斑"，"星形点"为 6，"旋转"为 50，如图 7-1-4 所示。

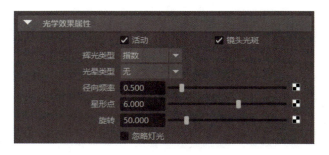

图 7-1-4　设置光学效果属性

03 在"辉光属性"选项组中，设置"辉光颜色"为黄色，"辉光强度"为 1.5，"辉光扩散"为 1.5，"辉光噪波"为 0.3，"辉光径向噪波"为 0.2，"辉光星形级别"为 3.5，"辉光不透明度"为 0.2，如图 7-1-5 所示。

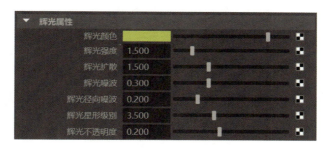

图 7-1-5　设置辉光属性

04 在"光晕属性"选项组中,设置"光晕颜色"为绿色,"光晕强度"为 0.25,"光晕扩散"为 0.6,如图 7-1-6 所示。

图 7-1-6　设置光晕属性

05 在"镜头光斑"选项组中,设置光斑的圈数为 23;在"噪波"选项组中,设置"噪波 U 向比例"为 5,"噪波 V 向比例"为 4,"噪波 U 向偏移"为 1.3,"噪波 V 向偏移"为 4,"噪波阈值"为 0.7,如图 7-1-7 所示。

图 7-1-7　设置噪波属性

06 参数调整完成之后,将渲染模式设置为 Maya 软件渲染,然后单击"渲染"按钮,完成最终效果图的制作。最终效果如图 7-1-1 所示。

任务 7.2　聚光灯的应用——制作灯光雾效果

微课:聚光灯的应用——
制作灯光雾效果

☞ **任务目的**

本任务是制作如图 7-2-1 所示的灯光雾效果。通过本任务的学习,掌握使用聚光灯制作灯光雾效果的方法与技巧。

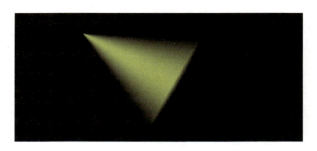

图 7-2-1　灯光雾效果

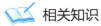 **相关知识**

　　Maya 中的聚光灯在一个圆锥形区域均匀地发射光线，可以很好地模拟手电筒和汽车前灯发出的灯光。聚光灯是属性最多的一种灯光，也是最常用的一种灯光。

　　灯光雾即在灯光的照明范围内添加一种云雾效果。灯光雾只能应用于点光源、聚光灯。

 任务实施

　　技能点拨： ①创建聚光灯；②通过设置聚光灯的参数来制作灯光雾效果。

　　第 1 步　创建聚光灯

　　打开 Maya 2023 中文版，执行"创建"→"灯光"→"聚光灯"命令，在场景中创建一个聚光灯，如图 7-2-2 所示。

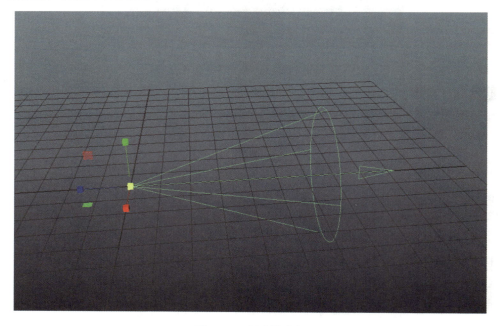

图 7-2-2　创建聚光灯

第 2 步 设置聚光灯的参数

01 按 T 键打开聚光灯的坐标轴，然后选择聚光灯左侧的坐标轴，移动坐标轴控制聚光灯的位置。选择聚光灯，按 Ctrl+A 组合键打开聚光灯的"属性编辑器"面板，如图 7-2-3 所示。展开"灯光效果"选项组，设置"雾扩散"为 2.814，"雾密度"为 1，如图 7-2-4 所示。

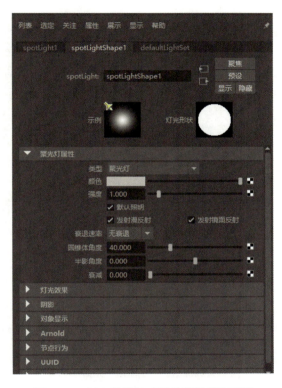

图 7-2-3 灯光效果的"属性编辑器"面板

图 7-2-4 设置灯光效果

02 单击"灯光雾"文本框后的按钮，打开灯光雾的"属性编辑器"面板。在"灯光雾属性"选项组中设置"颜色"为黄色，"密度"为 0.88，并选中"基于颜色的透明度"复选框，如图 7-2-5 所示。最终效果如图 7-2-1 所示。

图 7-2-5 设置灯光雾属性

任务 7.3 光照渲染的设计——制作岩壁之光效果

微课：光照渲染的
设计——制作岩壁
之光效果

☞ **任务目的**

本任务是制作如图 7-3-1 所示的岩壁之光效果。通过本任务的学习，掌握利用平行光与外部贴图制作岩壁之光效果的方法与技巧。

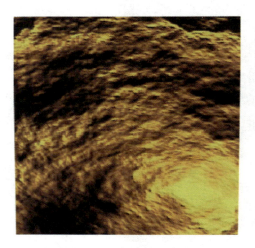

图 7-3-1　岩壁之光效果

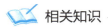 **相关知识**

平行光主要用于模拟远距离的点光源。太阳相当于一个点光源，但因为距离原因，太阳光照射到地球时呈现平行光的状态，所以平行光常用来模拟太阳光效果。

 任务实施

技能点拨：①创建多边形平面；②通过修改材质编辑器的属性、材质的属性、渲染器的属性，来制作岩壁之光效果。

第 1 步　创建平面

打开 Maya 2023 中文版，执行"创建"→"多边形基本体"→"平面"命令，创建一个平面，如图 7-3-2 所示；然后将平面放大并旋转 90°，效果如图 7-3-3 所示。

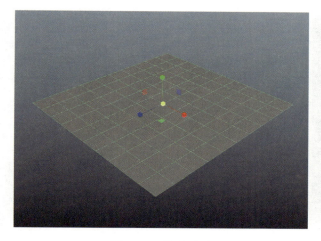

图 7-3-2　创建平面

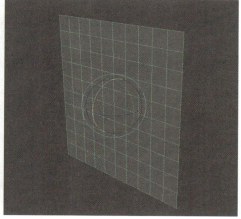

图 7-3-3　将平面旋转 90°

第 2 步　设置光线效果

01 打开材质编辑器，创建一个 VRay 材质球，如图 7-3-4 所示。

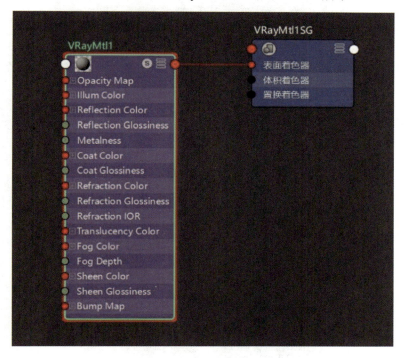

图 7-3-4　创建材质球

02 将材质库中的岩壁贴图使用拖动的方式导入材质编辑器中，连接到 VRay 材质球的颜色属性，再将材质球应用到模型上以便后续调整，效果如图 7-3-5 所示。

03 执行"创建"→"灯光"→"平行光"命令，创建一个平行光，调整平行光灯光的角度，通过平行光来模拟岩壁之光效果，如图 7-3-6 所示。

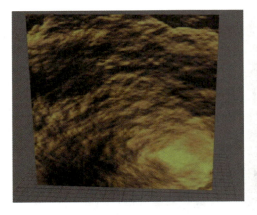

图 7-3-5　将材质球应用到模型上

图 7-3-6　创建灯光

04　调整平行光的角度和位置。打开"属性编辑器"面板，平行光有两个参数：一个是颜色，一个是强度，强度用来控制光照强弱程度。本例设置"颜色"为黄色，"强度"为1.25，如图 7-3-7 所示。

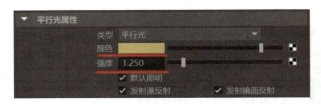

图 7-3-7　调整平行光的属性

05　打开"渲染设置"窗口，将渲染器调整为 V-Ray 渲染器并进行渲染，渲染效果如图 7-3-8 所示。

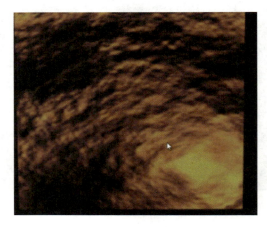

图 7-3-8　渲染效果

06　选择一个材质球，为材质球添加一个岩壁的凹凸贴图，并将 Bump Mult 设置为0.2，然后将平行光的"强度"设置为1.5，如图 7-3-9 所示。

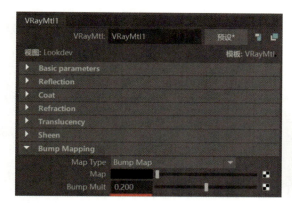

图 7-3-9　修改凹凸数值和灯光的强度

07 参数调整完成之后，打开"渲染设置"窗口，将渲染器修改为 V-Ray 渲染器，如图 7-3-10 所示，然后进行渲染。最终效果如图 7-3-1 所示。

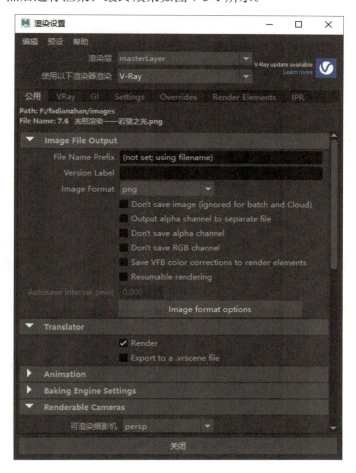

图 7-3-10　渲染设置

任务 7.4 聚散效果的设计——制作精致的小花瓶

微课：聚散效果的
设计——制作精致的
小花瓶

☞ **任务目的**

本任务是制作如图 7-4-1 所示的小花瓶聚散效果。通过本任务的学习，掌握使用聚光灯制作聚散效果的方法与技巧。

图 7-4-1 小花瓶聚散效果

📖 **相关知识**

VRay 聚光灯是三维软件中用于模拟定向锥形光源的插件工具。该聚光灯主要用于实现定向锥形照明效果，特别适用于局部打光场景，如产品特写等。其关键参数说明如下。

1）Intensity（强度）：用于控制光源的亮度。

2）Cone Angle（锥角）：用于调整光束的宽度。

3）Penumbra Angle（半影角）：用户柔化边缘，该参数值越大，光束边缘的过渡效果越自然。

4）Shadows（阴影）：启用该功能后，通过细化"Softness"（柔化度）参数可调节阴影的虚实程度。

5）Color（颜色）：用于定义光源的颜色。

 任务实施

> **技能点拨：** ①打开场景文件；②创建聚光灯，通过修改聚光灯的参数、渲染器的参数，来制作聚散效果。

第 1 步　打开场景文件

打开 Maya 2023 中文版，执行"文件"→"打开场景"命令，打开本任务的场景文件，如图 7-4-2 所示。

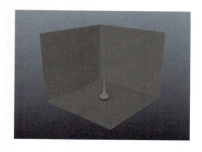

图 7-4-2　场景文件

第 2 步　创建聚散效果

01 打开材质编辑器，创建一个默认的 VRay 材质，将漫反射的颜色设置为绿色，将反射颜色设置为白色，将折射颜色设置为白色，并将 Refraction IOR 数值设置为 1.33；取消选中"阴影"复选框，将雾颜色设置为绿色，再将深度数值调整为 10，如图 7-4-3 所示，最后将该材质赋予花瓶。

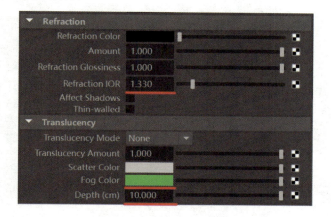

图 7-4-3　设置花瓶材质的参数

02 创建一个新的材质球，将漫反射颜色设置为灰色，将反射颜色设置为白色，将光泽度设置为 0.2，如图 7-4-4 所示，并将该材质赋予场景的墙面。

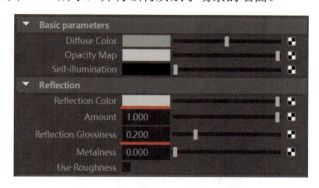

图 7-4-4　设置墙壁材质的参数

03 创建一个 VRay 的区域光，调整其位置和大小，将区域光强度倍数（Intensity multiplier）设置为 10，选中"Invisible"复选框，然后打开光子散色的参数面板，将焦散细分曲面（Caustics subdivs）设置为 8000，将焦散倍数（Caustics multiplier）设置为 2，如图 7-4-5 所示。

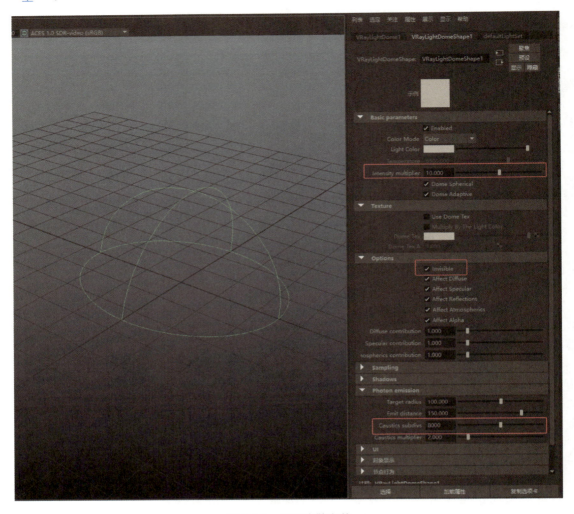

图 7-4-5　设置焦散参数

04 打开"渲染设置"窗口，将渲染器修改为 V-Ray 渲染器，在"GI"选项卡中选中"On"复选框，在焦散面板中选中"On"复选框。在"VRay"选项卡中将采样器修改为渲染块采样器，测试渲染效果，发现灯光太暗，但是焦散效果已体现出来。将灯光的焦散倍数设置为 30，再次观察渲染效果，如图 7-4-6 所示。最终的渲染效果如图 7-4-1 所示。

图 7-4-6　小花瓶的渲染效果

任务 7.5　车漆材质及分层渲染的应用——制作跑车

微课：车漆材质及分层渲染
的应用——制作跑车

☞ **任务目的**

　　本任务是制作如图 7-5-1 所示的跑车分层渲染效果。通过本任务的学习，掌握分层渲染的使用方法，并学会制作车漆材质效果。

图 7-5-1　跑车分层渲染效果

📖 **相关知识**

　　分层渲染是一种技术，它根据物体的光学属性进行分类，并通过渲染过程生成场景画面中的多张属性贴图。这种分层方式使用户在后期合成中更容易控制画面的最终效果。对于某些大场景，用户还能利用分层渲染加速动画的生成过程。例如，那些不受近景光线影响的远景部分，可以作为独立的渲染层，先以静帧的形式渲染为背景；而近景部分则进行动画渲染，以减少软件对整个场景进行渲染所需的时间。

 任务实施

　　技能点拨：①打开场景文件；②创建材质球，通过修改材质球的参数、渲染器的设置，来制作车漆材质与分层渲染效果。

　　第 1 步　打开场景文件

　　打开 Maya 2023 中文版，执行"文件"→"打开场景"命令，打开本任务的场景文件，如图 7-5-2 所示。执行"窗口"→"渲染编辑器"→"Hypershade"命令，打开"Hypershade"窗口。

图 7-5-2　场景文件

第 2 步　制作跑车效果

01 创建一个 VRayCarPaintMtl 材质，如图 7-5-3 所示。打开 VRayCarPaintMt 材质的"属性编辑器"面板，设置基础颜色参数。设置基础颜色（Base Color）为橙色，然后将基础颜色的反射（Base Reflection）数值设置为 0.8，如图 7-5-4 所示。

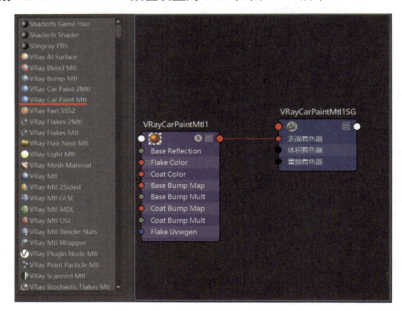

图 7-5-3　创建 VRayCarPaintMtl 材质

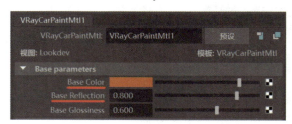

图 7-5-4　设置材质的属性

02 修改金属鳞片的材质效果，将金属鳞片的颜色（Flake Color）设置为黄色，将密度（Flake Density）设置为 20，将鳞片的尺寸（Flake Size）设置为 0.001，如图 7-5-5 所示。

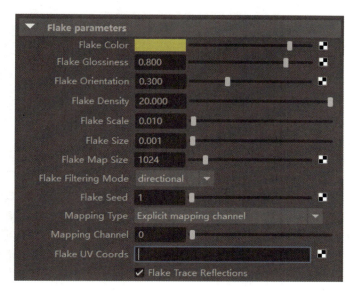

图 7-5-5　设置金属鳞片的参数

03 设置清漆的材质效果，将清漆的颜色（Coat Color）设置为橙黄色，如图 7-5-6 所示。

图 7-5-6　设置清漆材质的参数

04 对跑车模型进行渲染，最终效果如图 7-5-1 所示。

任务 *7.6* 三点光照效果的应用——制作室内灯效

微课：三点光照
效果的应用——制作
室内灯效

👉 **任务目的**

　　本任务是制作如图 7-6-1 所示的室内灯效。通过本任务的学习，掌握平行光、点光源灯光的综合应用方法与技巧。

图 7-6-1　室内灯效

 相关知识

　　泛光灯可以放置在场景中的任何地方，如泛光灯可以放置在摄影机范围以外或物体的内部。在场景中，远距离使用许多不同颜色的泛光灯是很普遍的。这些泛光灯可以投射阴影，并将其与模型的表面完美贴合。由于泛光灯的照射范围比较大，所以泛光灯的照射效果非常容易预测，并且这种灯光还有许多辅助用途。例如，将泛光灯放置在靠近物体表面的位置，会在物体表面产生亮光。

 任务实施

　　技能点拨：①创建平行光；②通过修改平行光的参数、渲染器的设置，来制作三点光照的室内光照效果。

　　第 1 步　创建平行光

　　打开 Maya 2023 中文版，执行"文件"→"打开场景"命令，打开本任务的场景文件。执行"创建"→"灯光"→"平行光"命令，在场景中创建一个平行光，并移动至如图 7-6-2所示的位置。

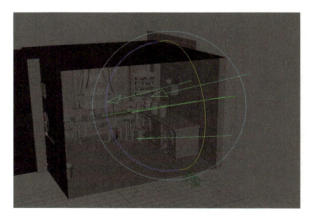

图 7-6-2　创建并移动平行光

第 2 步　设置平行光的参数

01 选择平行光，按 Ctrl+A 组合键打开平行光的"属性编辑器"面板。设置"强度"为 1.5，并选中"使用深度贴图阴影"复选框，如图 7-6-3 所示。

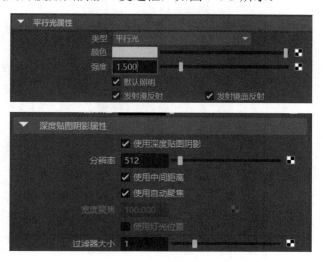

图 7-6-3　设置平行光的属性

02 执行"创建"→"灯光"→"平行光"命令，创建平行光，使用 R 键放大区域光，并将其移动至如图 7-6-4 所示的位置。

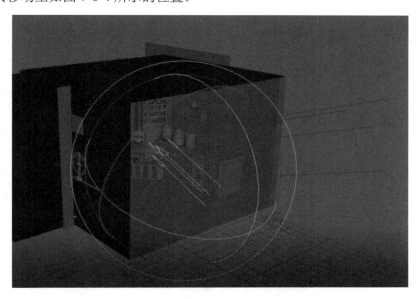

图 7-6-4　创建并移动平行光

03 按 Ctrl+A 组合键，打开平行光的"属性编辑器"面板。设置"强度"为 0.1，并选中"使用光线跟踪阴影"复选框，如图 7-6-5 所示。

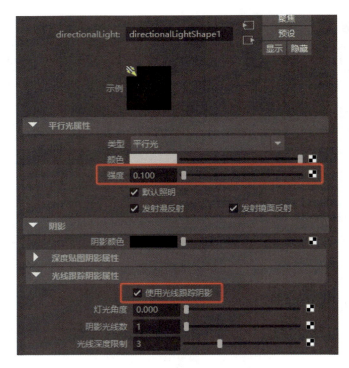

图 7-6-5　选中"使用光线跟踪阴影"复选框

04 执行"创建"→"灯光"→"点光源"命令，并将其移动至如图 7-6-6 所示的位置。

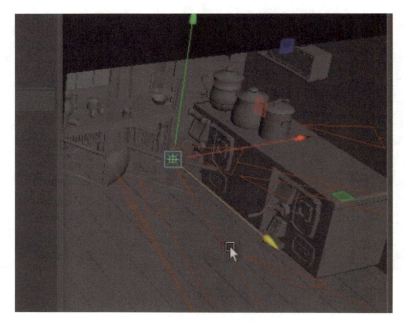

图 7-6-6　创建并移动点光源

05 按 Ctrl+A 组合键打开点光源的"属性编辑器"面板，设置其属性，如图 7-6-7 所示。

图 7-6-7　设置点光源的属性

06 打开"渲染设置"窗口，选择 V-Ray 渲染器，并将渲染尺寸设置为 HD 1080，如图 7-6-8 所示。

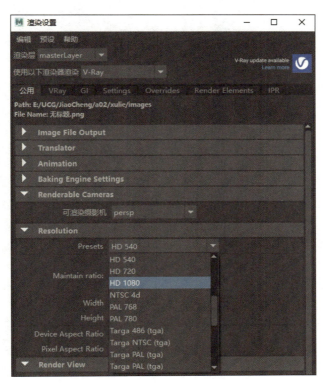

图 7-6-8　设置渲染器

07 选择合适的角度进行渲染，最终效果如图 7-6-1 所示。

任务 7.7 三点光照效果的应用——制作室外灯效

微课：三点光照效果的
应用——制作
室外灯效

☞ **任务目的**

本任务是制作如图 7-7-1 所示的室外灯效。通过本任务的学习，掌握三点光照的综合应用方法与技巧。

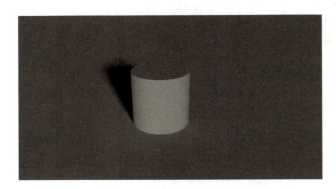

图 7-7-1　室外灯效

相关知识

三点光源包括一个主光源、一个辅光源和一个背光源。其中，辅光源位于模型的正侧面，可以让模型的侧面呈现出一种暗部的视觉效果，一般将其"强度"设置为 0.5 左右。背光源是为了将模型与背景拉开而布设的一个光源。背光源一般位于模型背后或与主光源相对，为了明显地拉开模型与背景的关系，体现模型的立体感和空间感，一般将背光源的"强度"设置为 0.03 左右。

 任务实施

> **技能点拨**：①创建平行光；②通过修改平行光的参数、渲染器的设置，来制作三点光照的室外渲染效果。

第 1 步　创建平行光

打开 Maya 2023 中文版，在场景中新建平面模型，在平面上新建圆柱体模型。然后执行"创建"→"灯光"→"平行光"命令，在场景中创建一束平行光，如图 7-7-2 所示。

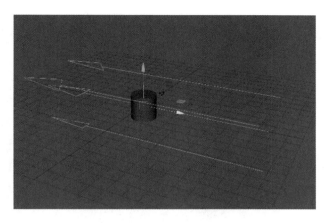

图 7-7-2　创建平行光

第 2 步　设置平行光的参数

01　选择平行光，调整其角度，如图 7-7-3 所示。然后进行渲染，渲染效果如图 7-7-4
所示。

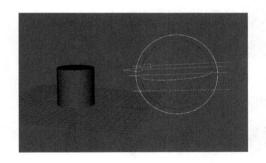

图 7-7-3　调整平行光

图 7-7-4　渲染效果

02　新建一个平行光作为辅光源，如图 7-7-5 所示。调整该平行光的角度，如图 7-7-6
所示。

图 7-7-5　新建一个平行光

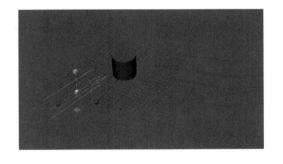

图 7-7-6　调整新建平行光的角度

03　选择平行光，按 Ctrl+A 组合键打开平行光的"属性编辑器"面板，将其"强度"
设置为 0.4，如图 7-7-7 所示。

图 7-7-7　设置平行光的属性 1

04 复制平行光，并将其作为背光源，如图 7-7-8 所示。按 Ctrl+A 组合键打开平行光的"属性编辑器"面板，将其"强度"设置为 0.03，如图 7-7-9 所示。

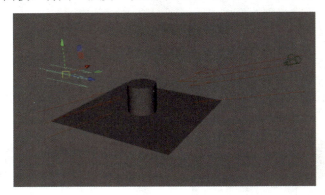

图 7-7-8　复制平行光

图 7-7-9　设置平行光的属性 2

05 选择合适的角度进行渲染，最终效果如图 7-7-1 所示。

任务 7.8　分层渲染的应用——制作桌子上的静物

微课：分层渲染的
应用——制作桌子上的
静物

☞ **任务目的**

　　本任务是制作如图 7-8-1 所示的灯光效果。通过本任务的学习，掌握使用渲染层和摄影机渲染提高渲染速度的方法。

图 7-8-1　桌子上的静物

 相关知识

在进行分层渲染时，角色层一般是指镜头中占据显著位置的角色或是相对于背景有较大运动的物体，如飞机或汽车等道具。角色层的定义是相对广义的，是处于场景之上相对运动比较快的部分；阴影层一般指场景角色层中物体产生的投射到背景上的阴影；背景层是位于最后的场景部分。

为了渲染方便，通常会在分层时把层单独另存为层文件，也就是说分多少层就有多少个 Maya 文件。

 任务实施

技能点拨：①创建摄影机；②通过修改摄影机的参数、渲染器的设置，来制作分层效果。

第 1 步　创建摄影机

打开 Maya 2023 中文版，执行"文件"→"打开场景"命令，打开本任务的场景文件。然后执行"创建"→"摄影机"→"摄影机"命令，在场景中创建一个摄影机，如图 7-8-2 所示。

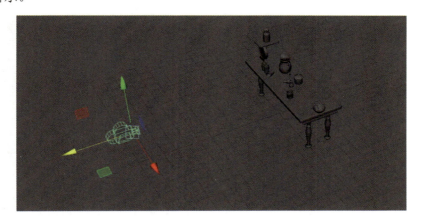

图 7-8-2　创建摄影机

第 2 步　设置摄影机的参数

01 在状态行中单击"渲染设置"按钮，在打开的"渲染设置"窗口中（图 7-8-3），设置"预设"为 HD 1080，然后将渲染器设置为 V-Ray 渲染器。

图 7-8-3　预设设置

02 在场景中，添加平行光用于渲染，并将平行光的"强度"设置为 1.2，如图 7-8-4 所示。然后单击"渲染"按钮进行渲染，然后按 Esc 键暂停渲染，单击"渲染"按钮 🍵 并按住鼠标左键不放，将其向下移动到摄影机的名称处，然后释放鼠标左键，以此来沿着摄影机的角度进行渲染，如图 7-8-5 所示。

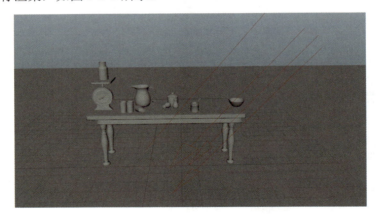

图 7-8-4　创建平行光

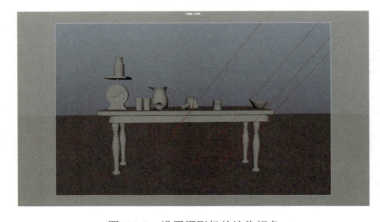

图 7-8-5　设置摄影机的渲染视角

03 选择模型，在"通道盒/层编辑器"中选择"渲染"选项卡，选择地板、平行光、桌子，并单击"创建新层"按钮为模型新建图层，再将图层的名称修改为"zhuomian"，如图 7-8-6 所示。

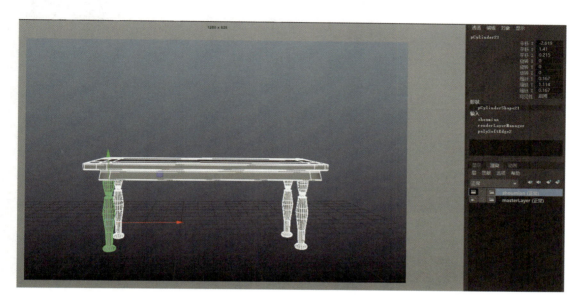

图 7-8-6　新建"zhuomian"图层

04 同理，选择桌面上的物体和平行光，并创建新的图层，再将图层的名称修改为"wuti"，如图 7-8-7 所示。

图 7-8-7　创建"wuti"图层

05 选择所有模型和平行光，创建一个"occ"图层，如图 7-8-8 所示。

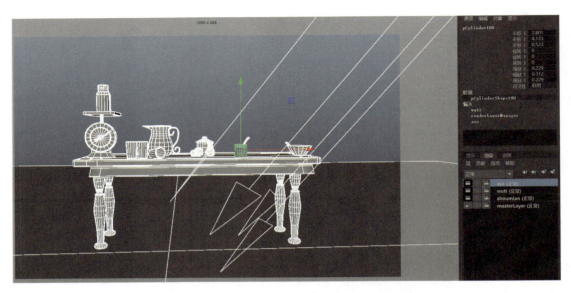

图 7-8-8　创建"occ"图层

06 打开材质编辑器，在材质编辑器的输入框中输入"Dirt"来找到"VRay Dirt"材质球，再单击该材质球进行创建。然后将该材质应用到"occ"图层的所有物体上，如图 7-8-9 所示。

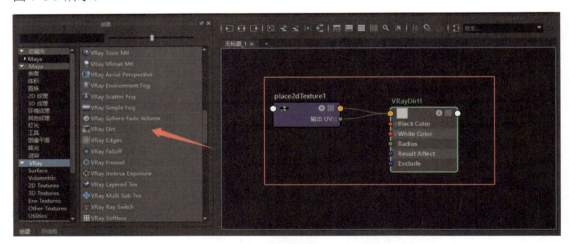

图 7-8-9　赋予"图 occ"层的模型 VRay Dirt 材质

07 单击菜单选择器下拉按钮，在弹出的下拉列表中将建模的工具界面转换为"渲染"的界面布局，如图 7-8-10 所示。

图 7-8-10　切换 Maya 的界面布局

08 在渲染界面布局中，执行"渲染"→"批渲染"命令，此时软件将对创建出来的渲染层进行渲染，如图 7-8-11 所示。

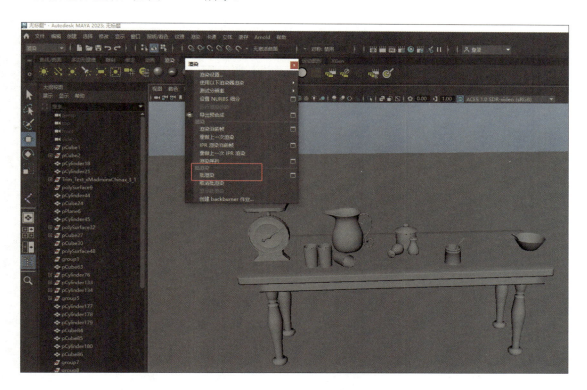

图 7-8-11　执行"批渲染"命令

09 等待渲染完成后，打开批渲染对应的渲染路径，如图 7-8-12 所示，在该路径中能够找到渲染出来的 3 个不同渲染层对应的效果图。

图 7-8-12　查看批渲染结果

10 使用 Photoshop 软件，对 3 张批渲染后的效果图进行合成得到最终的效果图，最终效果如图 7-8-1 所示。

任务 *7.9* V-Ray灯光的应用——渲染U盘效果

微课：V-Ray 灯光的
应用——渲染 U 盘效果

☞ **任务目的**

本任务是制作如图 7-9-1 所示的 U 盘效果。通过本任务的学习，掌握使用 V-Ray 灯光渲染 U 盘效果的方法与技巧。

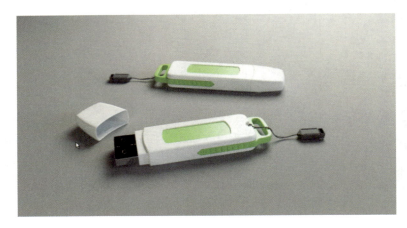

图 7-9-1　U 盘

📖 **相关知识**

材质在灯光渲染中起着至关重要的作用。在 Maya 中，可以调整材质的反射、折射、漫反射等属性，以达到所需的视觉效果。例如，对于玻璃材质，可以调整折射率和反射率属性来模拟真实的玻璃效果；对于金属材质，可以调整其反射和高光属性来增强金属质感。

💻 **任务实施**

> **技能点拨：**①创建摄影机；②创建光源并完成渲染。

第 1 步　创建区域光

打开 Maya 2023 中文版，执行"创建"→"灯光"→"VRay Rect Light"命令，在场景中创建一个区域光，并移至如图 7-9-2 所示的位置。

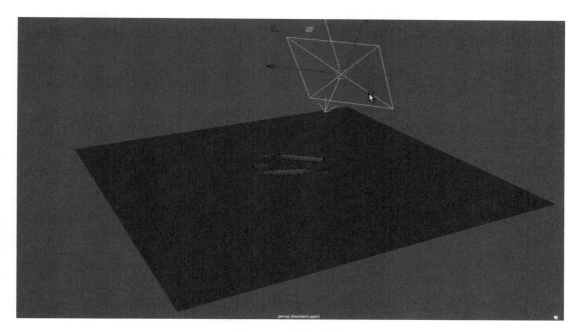

图 7-9-2　创建区域光

第 2 步　创建摄影机

01 执行"创建"→"摄影机"→"摄影机"命令，在场景中创建一个摄影机，并调整到合适的镜头位置，如图 7-9-3 所示。

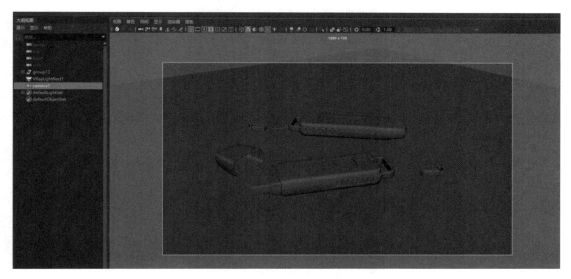

图 7-9-3　创建摄影机

02 为了防止创建的摄影机镜头移动位置，可以先在"大纲视图"面板中选中摄影机，然后在右侧的"通道盒/层编辑器"中选中其所有的参数，右击，在弹出的快捷菜单中选择"锁定选定项"选项，如图 7-9-4 所示。

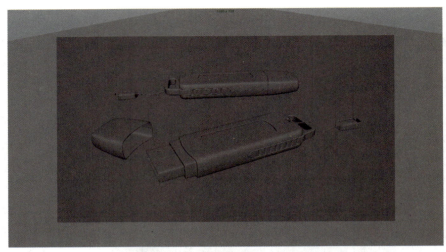

图 7-9-4   选择"锁定选定项"选项

03 调整摄影机的参数之后，单击"渲染"按钮进行渲染，并观察效果，如图 7-9-5 所示。

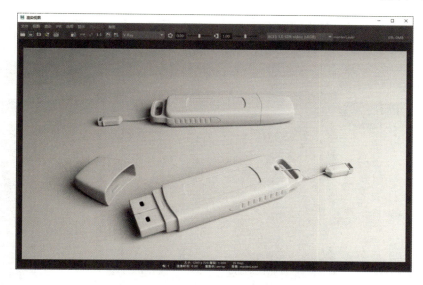

图 7-9-5 测试渲染效果

第 3 步 制作 U 盘效果

01 打开"渲染设置"窗口，选择使用 V-Ray 渲染器，并选中"On"复选框（选中该复选框后，在渲染时模型暗部也会产生一些反光），如图 7-9-6 所示。

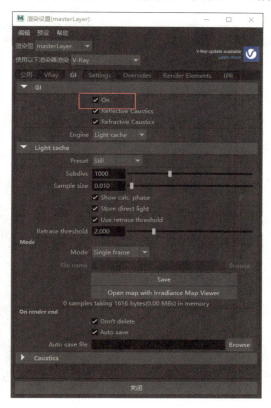

图 7-9-6 设置暗部反光效果

02 切换到"Overrides"→"Geometry"选项组中，选中"Viewport subdivision"复选框（选中该复选框后，渲染时才会有平滑渲染的效果），如图 7-9-7 所示。

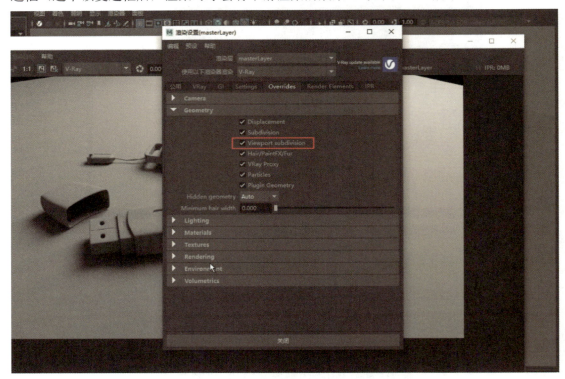

图 7-9-7　设置平滑渲染效果

03 创建一个区域光，并调整位置，如图 7-9-8 所示，为场景补光。

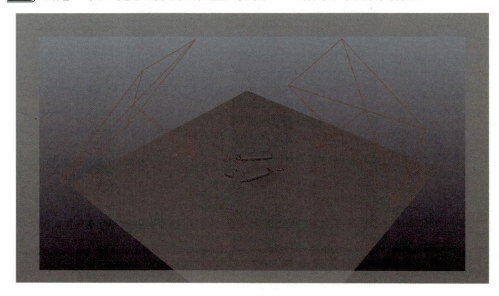

图 7-9-8　创建区域光进行补光

04 通过复制创建一个 VRayMtl1 材质（U 盘白色部分的材质），如图 7-9-9 所示。打开 VRayMtl1 材质的"属性编辑器"面板，设置基础颜色为白色，并将反射颜色（Reflection Color）设置为白色，同时将反射光泽度（Reflection Glossiness）设置为 0.7，如图 7-9-10 所示。

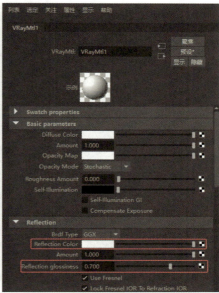

图 7-9-9　创建 VRayMtl1 材质　　　　　　　　图 7-9-10　修改材质球属性

05 同理，创建 VRayMtl2 材质（U 盘绿色部分的材质），设置基础的颜色为绿色，并将材质应用到 U 盘的绿色部分上，如图 7-9-11 所示。

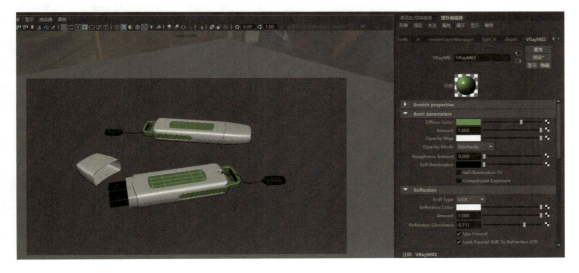

图 7-9-11　创建 VRayMtl2 材质

06 创建 VRayMtl3 材质（U 盘金属插口的部分），修改金属插口的材质效果，将金属插口的颜色（Diffuse Color）设置为灰色，将反射光泽度（Reflection Glossiness）设置为 0.98，再将金属度（Metalness）设置为 1，如图 7-9-12 和图 7-9-13 所示。

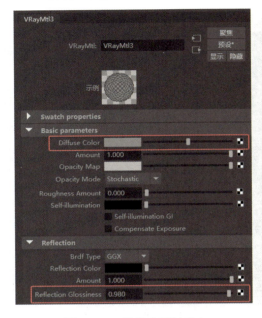
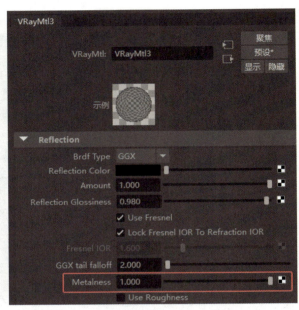

图 7-9-12 设置金属材质 1   图 7-9-13 设置金属材质 2

07 执行"创建"→"灯光"→"VRay Light Dome"（穹顶光）命令，创建穹顶光，并在穹顶光的"属性编辑器"面板中，通过 Texture 选项组中的 Dome Tex 选项将 HDR 贴图导入场景中，如图 7-9-14 所示。

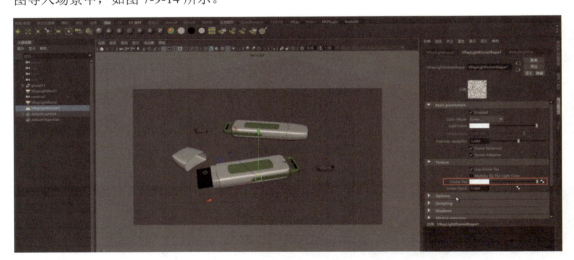

图 7-9-14 创建穹顶光并导入贴图

08 选中"Options"选项组中的"Invisible"复选框，如图 7-9-15 所示。

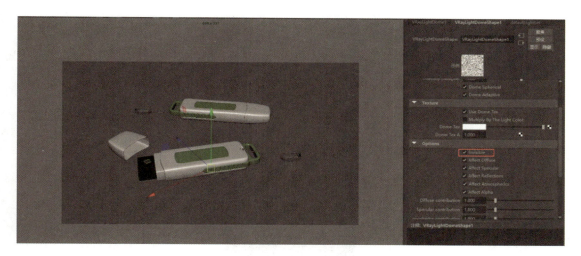

图 7-9-15　设置灯光可见性

09 创建一个 VRayMtl4 材质（U 盘绳子灰色部分所需的材质），打开 VRayMtl4 材质的"属性编辑器"面板，设置基础颜色的参数。设置基础的颜色为灰色，并将反射颜色（Reflection Color）调至最高值，同时将反射光度（Reflection Glossiness）设置为 0.35 左右，本例设置为 0.349，如图 7-9-16 所示。

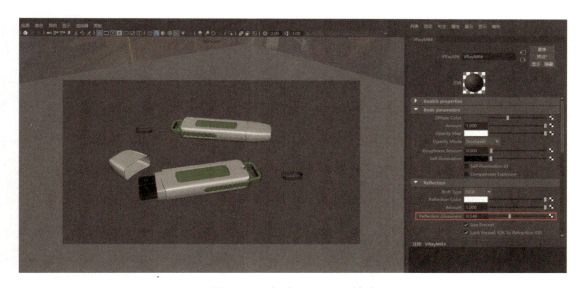

图 7-9-16　创建 VRayMtl4 材质

10 参数设置完成之后，单击"渲染"按钮，完成最终效果图的制作，最终效果如图 7-9-1 所示。

任务 7.10 V-Ray灯光的应用——渲染耳机效果

微课：V-Ray 灯光的应用——渲染耳机效果（一）

微课：V-Ray 灯光的应用——渲染耳机效果（二）

☞ **任务目的**

本任务是制作如图 7-10-1 所示的耳机效果。通过本任务的学习，掌握使用 V-Ray 灯光渲染耳机效果的方法与技巧。

图 7-10-1　耳机

相关知识

Maya 中的纹理在三维建模和动画的制作过程中具有至关重要的作用。Maya 纹理的重要性及其作用如下。

1）增强真实感：纹理能够使物体表面呈现出各种细节和图案，从而极大地增强场景和物体的真实感。使用纹理贴图不仅可以节省大量的模型运算，还能带来强烈的真实效果，使最终作品更加逼真。

2）丰富细节：纹理是创建曲面细节的属性集合，通过使用 Maya 中的纹理节点，如 Brownian（布朗）、Cloud（云）、Marble（大理石）等，可以为模型添加各种复杂的细节，如大理石的花纹、皮革的质感等。

3）提高制作效率：使用纹理可以大大简化建模过程，通过调整纹理参数即可快速改变模型的外观，而无须重新建模。此外，将调整好的 3D 纹理转换成 2D 纹理可以节约渲染时间，提高整体的制作效率。

4）实现特殊效果：Maya 中的纹理不仅用于增强模型表面的细节和真实感，还可以实现一些特殊效果，如环境纹理可以用于模拟周围环境的光照和反射效果，而动画纹理则可以为笔划等设置动态效果。

任务实施

技能点拨：①创建摄影机；②修改材质的属性，完成耳机的渲染。

第 1 步　创建穹顶光

打开 Maya 2023 中文版，执行"创建"→"灯光"→"VRay Light Dome"命令，创建穹顶光。然后在穹顶光"属性编辑器"面板中，通过 Texture 选项组中的 Dome Tex 选项将 HDR 贴图导入场景中，如图 7-10-2 所示。

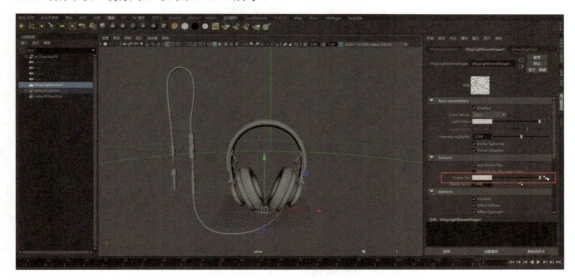

图 7-10-2　创建穹顶光并导入 HDR 贴图

第 2 步　调整渲染设置

01 打开"渲染设置"窗口，选择使用 V-Ray 渲染器，选中"GI"选项组中的"On"复选框（选中该复选框后，在渲染时模型暗部也会产生一些反光），如图 7-10-3 所示。

图 7-10-3　设置暗部的反光效果

02 切换到"Overrides"→"Geometry"选项组，选中"Viewport subdivision"复选框（选中该复选框后，渲染时才会有平滑渲染的效果），再选中"Environment"选项组中的"Override Environment"复选框，如图 7-10-4 所示。

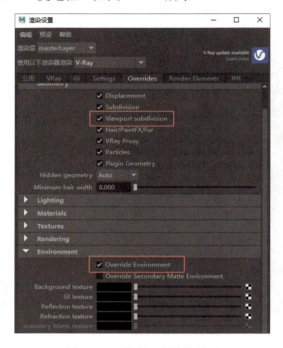

图 7-10-4　设置平滑渲染效果

第 3 步　制作耳机效果

01 执行"创建"→"灯光"→"VRay Rect Light"命令，在场景中创建一个区域光，并将其移动至如图 7-10-5 所示的位置。

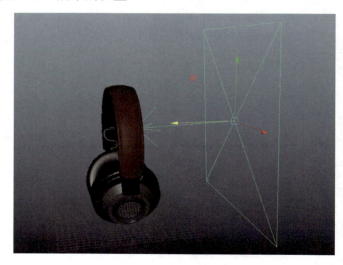

图 7-10-5　创建区域光

02 执行"创建"→"摄影机"→"摄影机"命令，在场景中创建一个摄影机，并调整到合适的镜头位置，如图 7-10-6 所示。

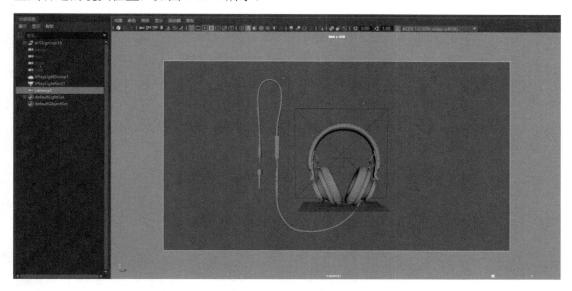

图 7-10-6　创建摄影机

03 为了防止创建的摄影机镜头移动位置，可以在"大纲视图"面板中选中摄影机，然后在右侧的"通道盒/层编辑器"中选中某所有的参数，右击，在弹出的快捷菜单中选择"锁定选定项"选项，如图 7-10-7 所示。

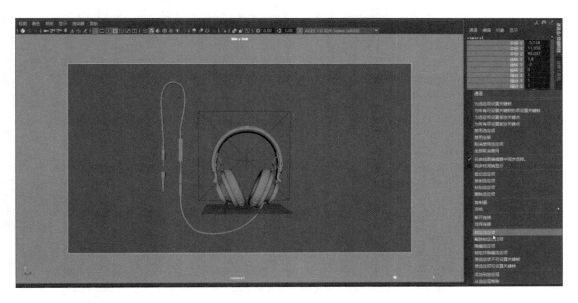

图 7-10-7　选择"锁定选定项"选项

04 复制创建区域光 VRayLightRect2，并将该区域光移动至如图 7-10-8 所示的位置。在灯光右侧的"属性编辑器"面板中选中"Options"选项组中的"Invisible"复选框，再将 VRayLightRect2 灯光的强度倍数（Intensity multiplier）设置为 15，如图 7-10-9 所示。参数设置完成后，单击"渲染"按钮，进行渲染并查看灯光效果。

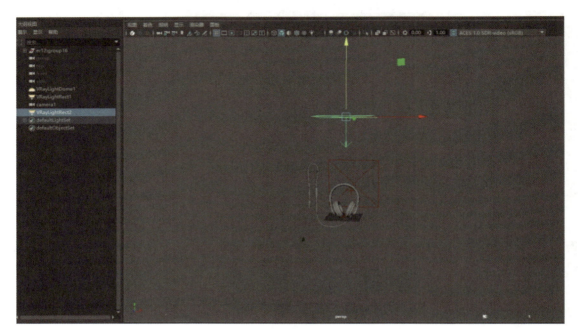

图 7-10-8　创建 VRayLightRect2 灯光

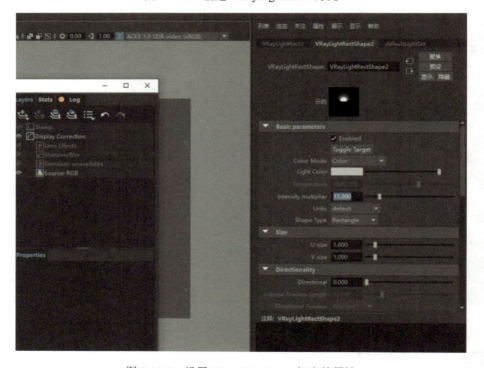

图 7-10-9　设置 VRayLightRect2 灯光的属性

05 复制创建区域光 VRayLightRect3，并将该区域光移动至如图 7-10-10 所示的位置。在灯光右侧的"属性编辑器"面板中选中"Options"选项组中的"Invisible"复选框，再将 VRayLightRect3 灯光的强度倍数（Intensity multiplier）设置为 5，如图 7-10-11 所示。参数设置完成后，单击"渲染"按钮进行渲染，并查看灯光效果。

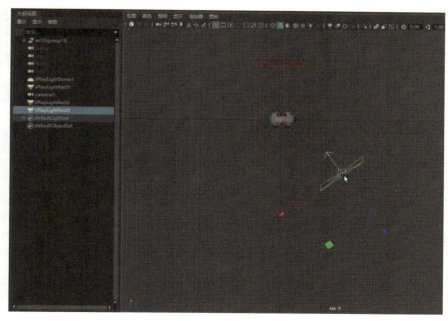

图 7-10-10　创建 VRayLightRect3 灯光

图 7-10-11　设置 VRayLightRect3 灯光的属性

06 复制创建区域光VRayLightRect4，并将该区域光移动至如图7-10-12所示的位置。在灯光右侧的"属性编辑器"面板中选中"Options"选项组中的"Invisible"复选框，再将VRayLightRect4灯光的强度倍数（Intensity multiplier）设置为3，如图7-10-13所示。参数设置完成后，单击"渲染"按钮，进行渲染并查看灯光效果。

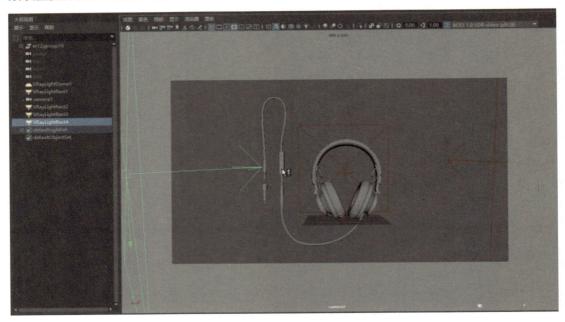

图 7-10-12　创建 VRayLightRect4 灯光

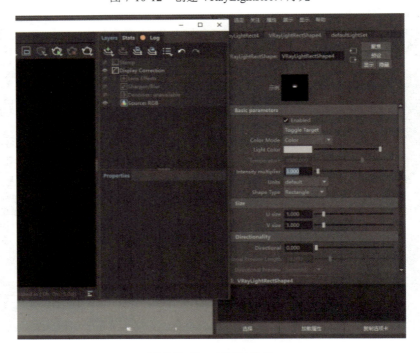

图 7-10-13　金属材质 02

07　创建一个 VRayMtl1 材质（耳机红色布料部分的材质），打开 VRayMtl1 材质的"属性编辑器"面板，设置基础的颜色为红色，然后将反射光泽度（Reflection Glossiness）设置为 0.678，如图 7-10-14 所示。

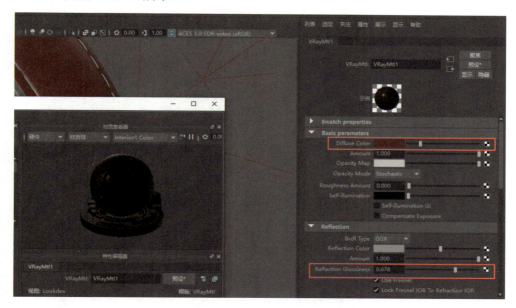

图 7-10-14　创建 VRayMtl1 材质

08　选中 VRayMtl1 材质球，在"Hypershade"窗口中找到 Maya 中自带的皮革纹理，并通过编辑器将皮革纹理连接到 VrayMtl1 材质球的凹凸（Bump Map）节点上，如图 7-10-15 所示。

图 7-10-15　制作皮革纹理

09 通过复制 VRayMtl1 材质球，创建出 VRayMtl2 材质球（耳机夹层部分所需的材质），然后在"Hypershade"窗口中找到 Maya 中自带的噪波纹理，并通过编辑器将噪波纹理连接到 VRayMtl2 材质球的凹凸（Bump Map）节点上，如图 7-10-16 所示。

图 7-10-16　制作噪波纹理

10 打开 VRayMtl2 材质球的"属性编辑器"面板，在"2D 纹理放置属性"选项组中，将"UV 向重复值"均设置为 150，如图 7-10-17 所示。

图 7-10-17　设置 2D 纹理放置属性

11 通过复制 VRayMtl2 材质球，创建出 VRayMtl3 材质球（耳机黑灰色部分所需的材质），打开 VRayMtl3 材质球的"属性编辑器"面板。设置基础的颜色为黑灰色，然后将反射光泽度（Reflection Glossiness）设置为 0.868，如图 7-10-18 所示。

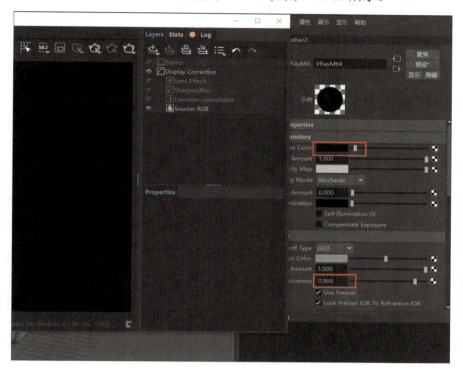

图 7-10-18　创建 VRayMtl3 材质

12　选中 VRayMtl3 材质球，在"Hypershade"窗口中找到 Maya 中自带的皮革纹理，并通过编辑器将皮革纹理连接到 VRayMtl1 材质球的凹凸（Bump Map）节点上，然后将"皮革属性"选项组中的"细胞大小"设置为 0.226，如图 7-10-19 所示。

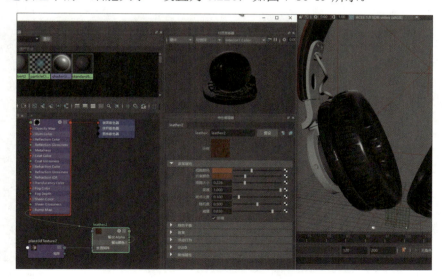

图 7-10-19　设置皮革属性

13 将具有相同材质的部分统一使用一个材质球进行赋值，并调整至所需颜色，然后复制创建出 VRayMtl5 材质球（耳机金属部分所需的材质），并设置材质球的参数，如图 7-10-20 所示。

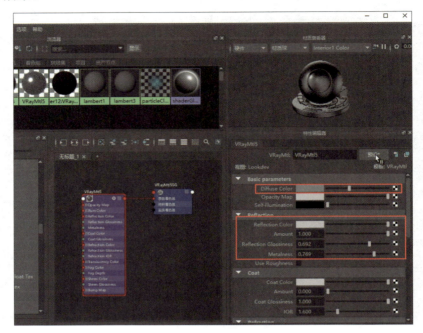

图 7-10-20　制作金属材质

14 同理，复制创建出 VRayMtl6 材质球（耳机灰黑色塑料部分所需的材质），并调整参数，如图 7-10-21 所示。

图 7-10-21　创建 VRayMtl6 材质

15 同理，复制创建出 VRayMtl7 材质球（耳机金属黄色部分所需的材质），并调整参数，如图 7-10-22 所示。

图 7-10-22　创建 VRayMtl7 材质

16 复制创建区域光（VRayLightRect5），在灯光右侧的"属性编辑器"面板中将 VRayLightRect5 灯光的强度倍数（Intensity multiplier）设置为 10。参数设置完成后，将该区域光移动至如图 7-10-23 所示的位置。

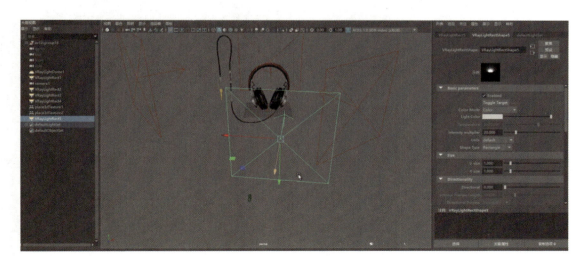

图 7-10-23　创建并移动区域光

17 创建 lambert 材质球，然后在"Hypershade"窗口中找到 Maya 中自带的布料纹理并将其赋予耳机线。在透视图中打开"着色"模式（按数字 6 键），观察布料纹理的效果，再将"2D 纹理放置属性"选项组中的"UV 向重复"均设置为 120，将"UV 向旋转"设置为 45，如图 7-10-24 所示。

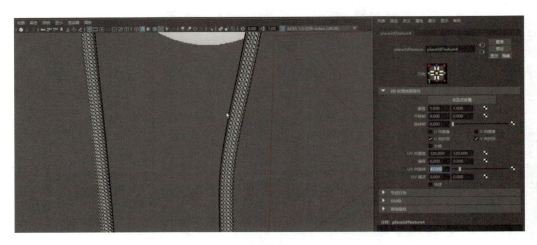

图 7-10-24　设置布料效果

18 设置完布料纹理效果之后，即可在"Hypershade"窗口中将布料节点连接到耳机线（VRayMtl3）材质的凹凸节点上，如图 7-10-25 所示。

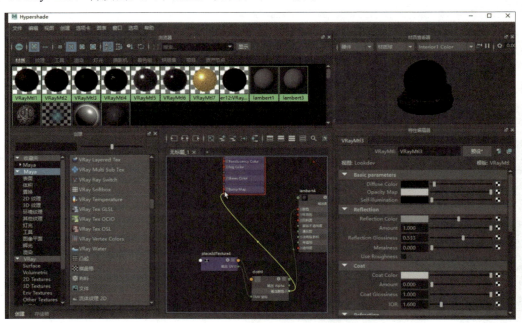

图 7-10-25　连接节点

19 当基本材质设置完成之后，就可以根据所需的效果再进行细化调整，如颜色、反射、凹凸等，然后进行渲染，最终效果如图 7-10-1 所示。

项目 **8**

特 效 制 作

▍项目导读

在 Maya 中，粒子是指显示为圆点、条纹、球体、滴状曲面或其他形式的点，是 Maya 的一种物理模拟方式，应用非常广泛。同时，Maya 的粒子系统非常强大，一方面，它可以使用相对较少的输入命令控制粒子的运动，还可以与各种动画工具混合使用；另一方面，粒子具有速度、颜色和寿命等属性，可以通过对这些属性的控制达到理想的粒子效果。

本项目主要对粒子系统进行介绍。

▍学习目标

- 掌握粒子系统工具、场和粒子的综合使用方法。
- 掌握 Maya 基本特效的制作技巧。
- 掌握 2D/3D 流体的创建与编辑方法。
- 通过雪景、烟花等特效的制作，传承传统民俗文化，培养爱国精神。
- 通过烟雾特效的制作，培养环保意识，拒绝二手烟。
- 通过海洋特效的制作，培养学生保护海洋生态系统的环保意识与社会责任感。
- 通过布料特效的制作，提升审美情趣和素材鉴别能力。
- 通过火焰特效的制作，联想森林火灾带来的危害，树立防火意识。
- 通过多米诺骨牌特效的制作，树立连锁反应的危机意识。

任务 *8.1* 雪景特效的应用——制作冬日飘雪

微课：雪景特效的
应用——制作冬日
飘雪

☞ **任务目的**

本任务是制作如图 8-1-1 所示的雪景特效。通过本任务的学习，掌握利用粒子系统调节粒子速度、颜色、寿命等属性模拟真实雪景特效的方法。

图 8-1-1　雪景效果

📖 **相关知识**

粒子系统之所以能产生千变万化的效果，是因为粒子系统具有大量丰富的特性参数供用户使用。单击"nParticle"（粒子）→"nParticle 工具"命令后的按钮，如图 8-1-2 所示，即可打开"属性编辑器"面板，如图 8-1-3 所示。

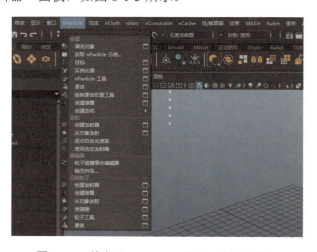

图 8-1-2　单击"nParticle 工具"命令后的按钮

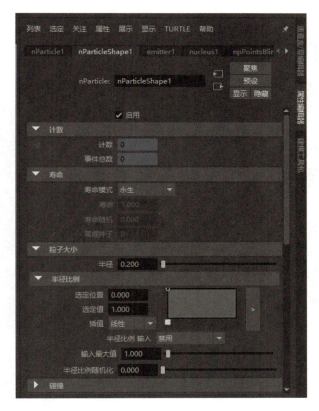

图 8-1-3 "属性编辑器"面板

Maya 粒子系统是计算机图形学中用于模拟复杂自然现象或效果的一种技术，广泛应用于 3D 动画中，能够创建出复杂且逼真的动态效果。

Maya 粒子系统通过创建大量的微小粒子，并对这些粒子施加物理规则和动画控制，从而模拟出真实世界中的动态效果。这些粒子形态多样，可以是点、几何体、图像等，它们在空间中移动、旋转、缩放，组合成诸如火焰、烟雾、水流、爆炸等生动的自然现象，创造出丰富多样的视觉效果。

任务实施

技能点拨：①通过粒子调整模型的参数和属性来创建雪花飘落的效果；②通过调整粒子发射器的类型和速率，设置粒子的寿命、动力学特性和着色属性，以及添加动态属性和湍流场来增强粒子的摆动效果。

第 1 步 创建模型

01 打开 Maya 2023 中文版，执行"创建"→"多边形几何体"→"平面"命令，如图 8-1-4 所示，创建平面。然后选择生成的平面模型，并在界面右侧的"通道盒/层编辑器"中设置相应的参数来改变模型的细分数，如图 8-1-5 所示。

图 8-1-4 创建平面模型

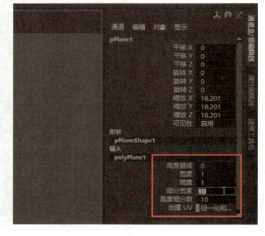

图 8-1-5 设置模型的相应参数

02 在主菜单栏中将功能模块切换为"**FX**"（这便于用户快速访问粒子系统和相关的功能），如图 8-1-6 所示。

第 2 步 制作粒子

01 选中平面模型，在"**nParticle**"菜单中选择"从对象发射"选项，然后单击"播放"按钮，此时的粒子将从模型表面的产生并下坠，如图 8-1-7 所示。

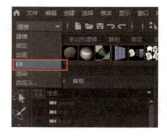

图 8-1-6 切换为"**FX**"功能模块

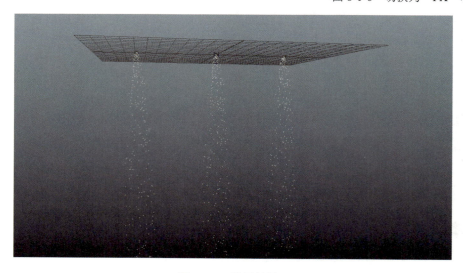

图 8-1-7 粒子效果 1

02 打开粒子的"属性编辑器"面板,在"基本发射器属性"选项组中,将"发射器类型"设置为"表面",如图 8-1-8 所示,这会使粒子从整个模型表面产生。如果觉得粒子数量较多,则可以适当降低"基本发射器属性"选项组中的"速率(粒子/秒)"属性(这将减少每秒产生的粒子数量),如图 8-1-9 所示。

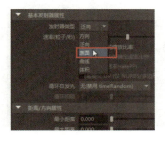 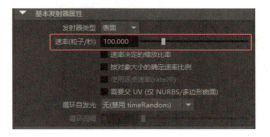

图 8-1-8　设置发射器类型　　　　　　　　　图 8-1-9　设置速率属性

03 选择粒子的"形状属性"选项卡,在"寿命"选项组中将"寿命模式"设置为"随机范围",然后设置"寿命"为 10,"寿命随机"为 3(这将使粒子在产生一段时间后自动消失),如图 8-1-10 所示。粒子效果如图 8-1-11 所示。

图 8-1-10　设置粒子的寿命　　　　　　　　　图 8-1-11　粒子效果 2

04 在"动力学特性"选项组中,将"动力学权重"设置为 0.5,将"保持"设置为 0.95(这将使粒子下落时在动力学的作用下产生一些变化),如图 8-1-12 所示。

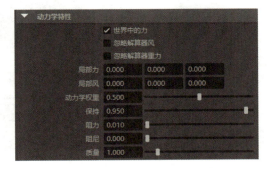

图 8-1-12　设置动力学权重

05 在"着色"选项组中，将"粒子渲染类型"设置为云，如图 8-1-13 所示。然后，在"粒子大小"选项组中将"半径"设置为 0.1（这将改变粒子的外观和大小），如图 8-1-14 所示。

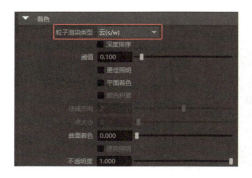

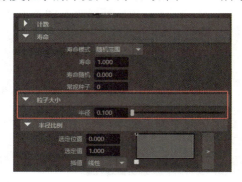

图 8-1-13　设置粒子渲染类型　　　　　　　　图 8-1-14　设置粒子大小

06 在"添加动态属性"选项组中单击"不透明度"按钮，如图 8-1-15 所示，在打开的"粒子不透明度"窗口中选中"添加每粒子属性"复选框（这将为每个粒子添加一个不透明度属性），如图 8-1-16 所示，然后单击"添加属性"按钮。

图 8-1-15　单击"不透明度"按钮　　　　　　图 8-1-16　添加每粒子属性

07 右击"每粒子（数组）属性"选项组中的"不透明度 PP"属性，在弹出的快捷菜单中单击"创建渐变"命令后的按钮，如图 8-1-17 所示。打开"创建渐变选项"窗口，按默认设置创建渐变。然后，右击渐变项，在弹出的快捷菜单中选择"编辑渐变"选项。调整渐变颜色节点以改变粒子的颜色和透明度，如图 8-1-18 所示。

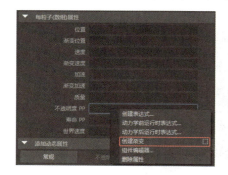

图 8-1-17　"创建渐变"命令　　　　　　　　图 8-1-18　调整渐变颜色

第 3 步　添加湍流场

确定粒子系统为选中状态，然后单击"场/解算器"→"湍流"命令后的按钮，如图 8-1-19 所示。打开"湍流选项"窗口，重置设置，创建湍流场。将湍流场的"幅值"设置为 50，如图 8-1-20 所示。这将使粒子在下落过程中产生一定的摆动效果。如果希望增加摆动量，可以继续增加"幅值"。

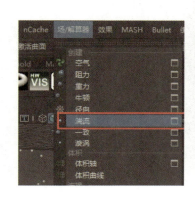

图 8-1-19　创建湍流场

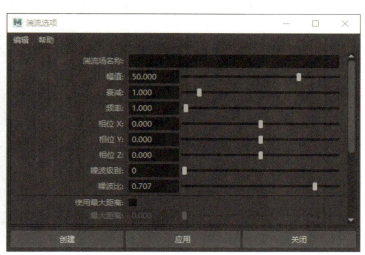

图 8-1-20　设置"幅值"属性

第 4 步　丰富场景

01 执行"创建"→"多边形基本体"→"平面"命令，在场景中创建一个平面，如图 8-1-21 所示。

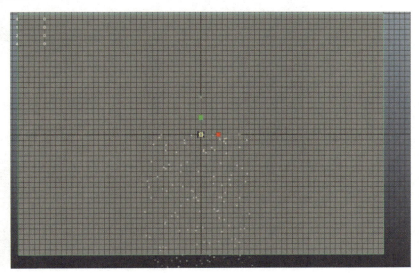

图 8-1-21　创建一个平面

02 选中模型，右击，在弹出的快捷菜单中选择"指定收藏材质"选项，如图 8-1-22 所示。

图 8-1-22　创建材质

03 在打开的"属性编辑器"面板中单击"图像名称"参数后的"文件夹"按钮，在打开的"打开"对话框中导入"雪景"文件，如图 8-1-23 所示。

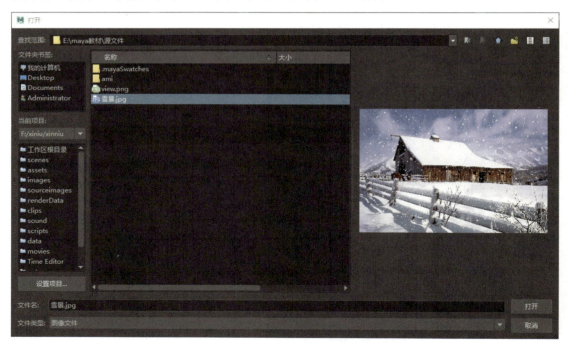

图 8-1-23　导入"雪景"文件

04 导入文件后，选择带纹理的模型，如图 8-1-24 所示。

图 8-1-24 带纹理的模型

05 在"通道盒/层编辑器"中执行"创建 UV"→"归一化关闭"命令，如图 8-1-25 所示。

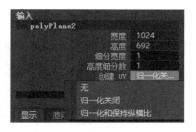

图 8-1-25 创建 UV

06 将场景调整至合适的角度，如图 8-1-26 所示。然后渲染场景，最终效果如图 8-1-1 所示。

图 8-1-26 调整场景

完成上述步骤后，就已经成功地创建了一种雪花飘落的效果。通过调整模型的大小、细分数、发射器类型、粒子数量、寿命、动力学特性、渲染类型及湍流场等属性，可以进一步优化和定制雪景的效果。

任务 8.2 烟花特效的应用——制作夜空烟花

微课：烟花特效
的应用——制作
夜空烟花

☞ **任务目的**

本任务是制作如图 8-2-1 所示的夜空烟花效果。通过本任务的学习，掌握后期合成背景的方法与技巧。

图 8-2-1　夜空烟花效果

📖 **相关知识**

在 Maya 中制作烟花特效，粒子系统是关键所在。首先，我们要创建粒子发射器，然后仔细调整发射速率、发射方向、初始速度等参数，以此模拟烟花发射时的多样轨迹。

接着，通过设置粒子的生命周期，来精准控制烟花绽放和消逝的时间。再利用粒子颜色的渐变及大小变化，呈现出烟花从升空到绽放过程中色彩和形态的转变。

为了让烟花看起来更加真实，我们可以添加重力、风场等动力学效果，让烟花受到环境因素的影响。之后，为粒子赋予合适的材质，如带有自发光效果且具有透明渐变的材质，这样就能模拟烟花明亮璀璨的视觉效果。最后，配合渲染设置，如调整采样率等参数，就能渲染出绚丽逼真的烟花特效了。

任务实施

技能点拨：①创建焰火并设置其属性，查看动画的播放效果；②丰富画面，查看动画的播放效果；③渲染输出。

第 1 步 创建焰火特效

01 打开 Maya 2023 中文版，切换到"FX"模块，单击"效果"→"创建焰火"命令后的按钮，打开"创建焰火效果选项"窗口。

02 在"创建焰火效果选项"窗口中按照如图 8-2-2 所示的参数设置进行设置。

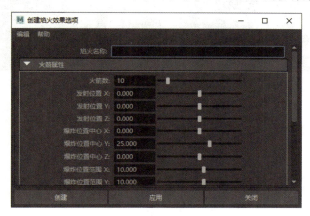

图 8-2-2 "创建焰火效果选项"窗口

03 设置完各参数后，单击"创建"按钮，创建焰火，然后播放动画，效果如图 8-2-3 所示。

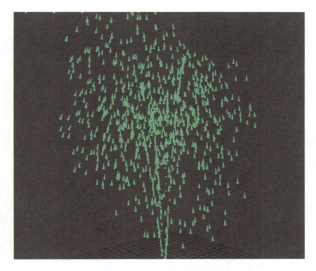

图 8-2-3 创建焰火效果

04 选择合适的一帧进行测试渲染，如图 8-2-4 所示。

图 8-2-4　渲染效果

小贴士

在制作烟花等粒子特效时，需要将时间线加长，这样播放动画时，粒子就能正常完成整个特效。

第 2 步　丰富画面

只有一朵焰火显得单调了一些，因此可以多创建几朵，并稍微旋转一下角度，避免焰火之间重叠，如图 8-2-5 所示。

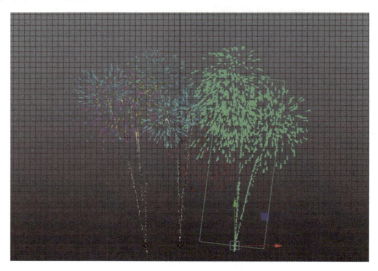

图 8-2-5　创建几朵焰火效果

第 3 步　进行最终渲染

01　完成所有焰火的制作，并设置完"渲染设置"窗口中的属性后即可进行渲染输出，效果如图 8-2-6 所示。

图 8-2-6　渲染输出效果

02　渲染完成后，执行"文件"→"保存图像"命令，在打开的"保存图像"对话框中将其以 .png 的格式存储至本地磁盘，如图 8-2-7 所示。然后在 Photoshop 中导入本书配套场景文件"烟火"。

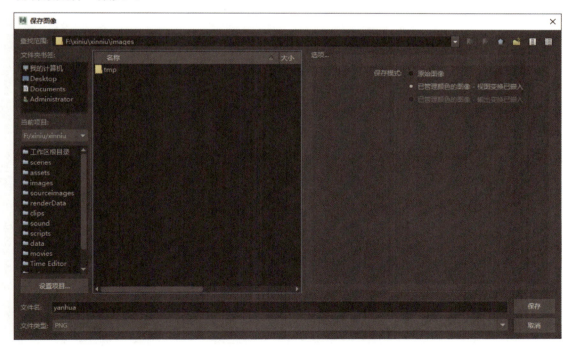

图 8-2-7　保存图像

03　使用"移动工具"将两张图片移动到一个文档中，然后调整烟花的位置和大小，最终效果如图 8-2-1 所示。

任务 8.3 烟雾特效的应用——制作香烟袅袅

微课：烟雾特效
的应用——制作
香烟袅袅

☞ **任务目的**

本任务是制作如图 8-3-1 所示的香烟袅袅效果。通过本任务的学习，掌握导入 Maya 样品库中的样品文件，并调整其烟雾参数的方法，以及制作所需的烟雾特效的方法。通过烟雾特效的应用，培养环保意识，拒绝二手烟。

图 8-3-1　香烟袅袅效果

 相关知识

在 Maya 中制作烟雾特效，流体系统是核心工具。制作时，首先要创建一个流体容器，这个容器就相当于烟雾存在的"空间"，我们可以通过设置它的尺寸、分辨率等参数，让它适配不同的场景需求。

创建好容器后，借助发射器在容器内生成烟雾粒子。此时，调节发射器的发射速率、方向及强度，就能精准控制烟雾的产生位置和浓度。

为了让烟雾呈现出更真实的效果，需要对流体的属性进行细致调整，如温度、密度和浮力等。通过这些调整，能够模拟出烟雾上升、扩散与飘动的动态过程。另外，添加风场等动力学元素，还能进一步增强烟雾在环境中的真实感。

为烟雾赋予合适的材质，如带有透明度渐变和自发光效果的材质，使其在视觉上更接近现实中的烟雾，最后经过合理的渲染设置，输出逼真的烟雾特效场景。

 任务实施

　　技能点拨：①导入 Maya 样品库中的"Cigarette2D.ma"文件；②播放动画并查看烟雾的效果；③在"大纲视图"面板中选择 fluidEmitter1 物体，在其"属性编辑器"面板中将"发射器类型"设置为体积；④调整发射器的体积，同时设置烟雾的颜色；⑤进行渲染输出。

第 1 步　导入样品库中的文件

01 打开 Maya 2023 中文版，执行"窗口"→"常规编辑器"→"内容浏览器"命令，打开"内容浏览器"窗口，可看到 Maya 样品库中的文件，如图 8-3-2 所示。

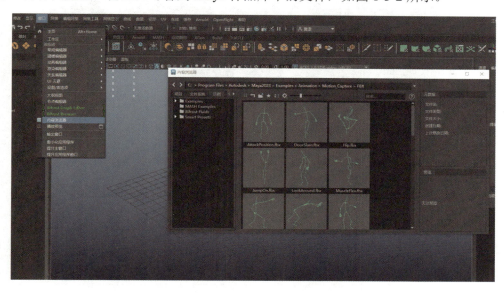

图 8-3-2　Maya 样品库

02 选择左侧的"示例"选项卡，在左侧的列表中选择"Smoke"（烟雾）文件夹，并选择"Cigarette2D.ma"文件，如图 8-3-3 所示。然后右击，在弹出的快捷菜单中执行"导入"命令，如图 8-3-4 所示，将该文件导入场景中。

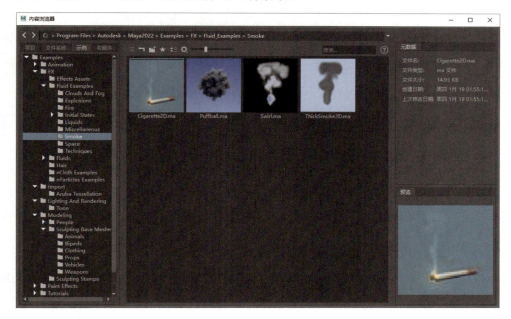

图 8-3-3　选择样品库文件

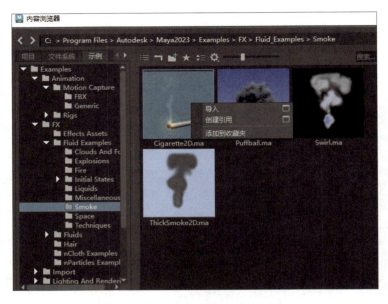

图 8-3-4　导入文件

03 将视图下方"时间"滑块的范围修改为 200 帧，然后播放动画，可以看到烟头的位置有烟雾飘出，如图 8-3-5 所示。

图 8-3-5　播放动画效果

小贴士

　　烟雾效果是在工作区的某个位置创建 3D 流体发射器，通过对流体形状的节点内密度、旋涡、最大深度、阻力等参数进行调节逐步得到的。

第 2 步　设置发射器类型

01　执行"窗口"→"大纲视图"命令，打开"大纲视图"面板，选择"Cigarette2D_ fluidEmitter1 选项"，然后按 Ctrl+A 组合键打开其"属性编辑器"面板，将"发射器类型"设置为体积，如图 8-3-6 所示。

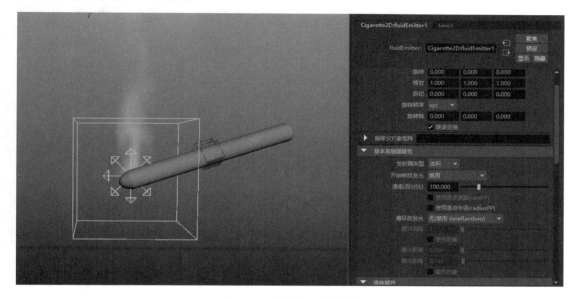

图 8-3-6　设置发射器类型

02　更改发射器类型后，烟雾效果的大小取决于发射器的体积，如图 8-3-7 和图 8-3-8 所示。

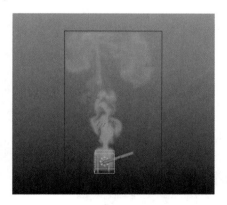

图 8-3-7　发射器体积变小的效果

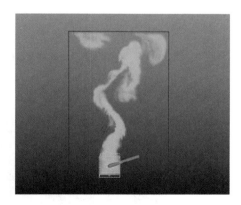

图 8-3-8　发射器体积变大的效果

第 3 步　设置烟雾颜色

01　在"大纲视图"面板中选择"Cigarette2D_Smoke"选项，按 Ctrl+A 组合键打开其"属性编辑器"面板。通过设置"颜色"选项组中的"选定颜色"选项来更改烟雾的颜色，如图 8-3-9 所示。

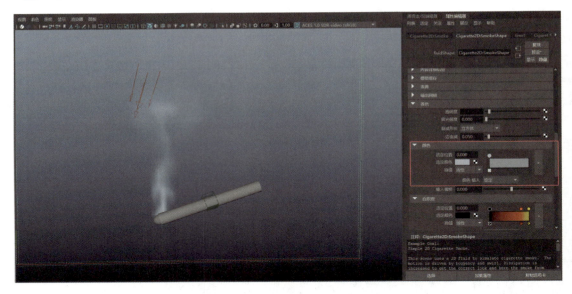

图 8-3-9　设置烟雾的颜色

02 进行烟雾特效的渲染操作，最终效果如图 8-3-1 所示。

任务 *8.4* 海洋特效的应用——制作海面

微课：海洋特效的
应用——制作海面

☞ **任务目的**

　　本任务是制作如图 8-4-1 所示的海面效果。通过本任务的学习，掌握海洋特效的制作方法。

图 8-4-1　海面效果

相关知识

1）流体（Fluid Effects）功能用于模拟气体、液体的动态行为（如烟雾、火焰、水流等），适用于爆炸特效、云层动画等局部动态场景。具体操作是，先通过流体容器来定义空间范围，再利用发射器（如密度/温度源）来驱动流体形态的变化。其主要参数说明如下。

① Density/Temperature/Fuel（密度/温度/燃料）：用于控制流体的属性，如烟雾的浓度、火焰的燃烧情况等。

② Resolution（分辨率）：分辨率越高，流体的细节就越丰富，但相应的计算量也会急剧增加。

③ Dynamic Simulation（动态模拟）：启用该功能后，系统会自动演算流体的物理运动，如重力对流体运动的影响等。

2）海洋（Ocean Effects）功能是专为大规模水面模拟而设计的，能够生成程序化的海浪、涟漪及泡沫，适用于海洋场景、船舶航行动画等。可以通过海洋着色器来调节水面的外观，并支持船体与水面的交互，从而生成尾迹。其主要参数说明如下。

① Wave Height/Frequency（浪高/频率）：用于控制海浪的大小和密集程度。

② Wind UV（风向 UV）：用于调整风向与波浪的传播方向。

③ Foam Emission（泡沫发射）：启用该功能后，可以模拟浪花飞溅的效果。

 任务实施

> **技能点拨：**①打开场景文件，使用"创建海洋"命令创建海洋；②选择船体模型，使用"漂浮选定对象"命令使船成为海洋的漂浮物；③为海洋创建尾迹效果，并为船体创建一段动画使尾迹效果跟随船体运动，同时调整尾迹效果；④在"属性编辑器"面板中调整海洋的参数和曲线；⑤进行渲染输出。

第 1 步 创建海洋特效

01 打开 Maya 2023 中文版，执行"文件"→"打开场景"命令，打开本任务的场景文件，如图 8-4-2 所示。

图 8-4-2 场景文件

02 单击"流体"→"海洋"→"创建海洋"按钮，如图 8-4-3 所示，在场景中创建海洋，还可以看到场景中有一个预览平面。

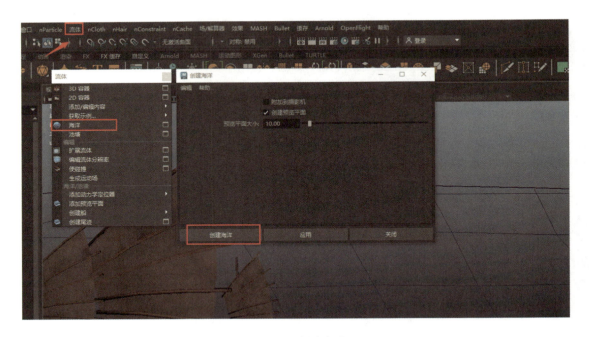

图 8-4-3　创建海洋

03 选择场景中的预览平面，使用"缩放工具"将其调大。然后在"属性编辑器"面板中将"分辨率"设置为 200，如图 8-4-4 所示。

图 8-4-4　设置分辨率

04 对场景进行渲染，可以看到 Maya 的海洋效果非常逼真，如图 8-4-5 所示。

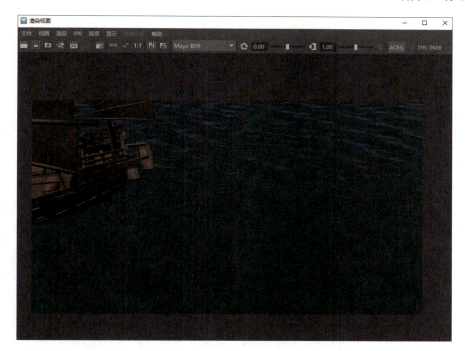

图 8-4-5　场景的渲染效果

第 2 步　选定漂浮对象

01 选择船体模型，执行"流体"→"创建船"→"漂浮选定对象"命令，如图 8-4-6 所示。

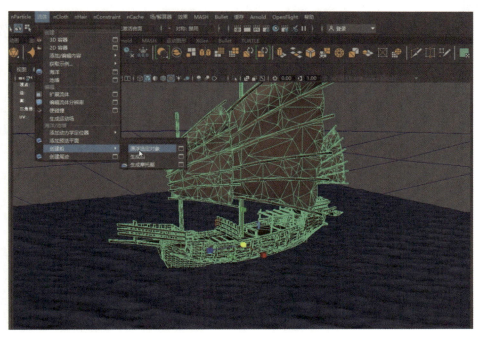

图 8-4-6　选定漂浮物

02 播放动画，可以看到船体随着海浪上下浮动，如图 8-4-7 所示。

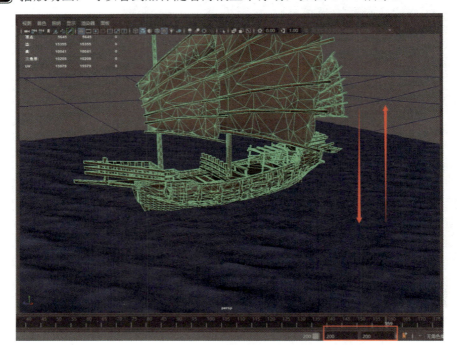

图 8-4-7　动画播放效果

第 3 步　创建船体尾迹

01 在"大纲视图"面板中选择"locator1"（定位器 1）选项，然后执行"流体"→"创建尾迹"命令，在打开的"创建尾迹"窗口中设置"尾迹大小"为 50，"尾迹强度"为 5，"泡沫创建"为 6，如图 8-4-8 所示，然后单击"创建尾迹"按钮。

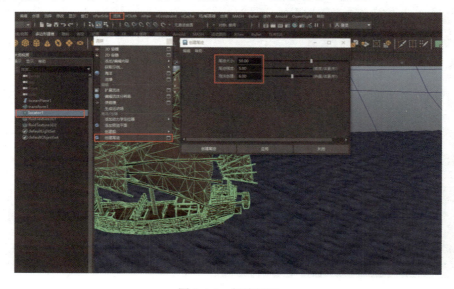

图 8-4-8　创建尾迹

02 播放动画，可以看到从船体底部产生圆形的波浪效果，如图 8-4-9 所示。

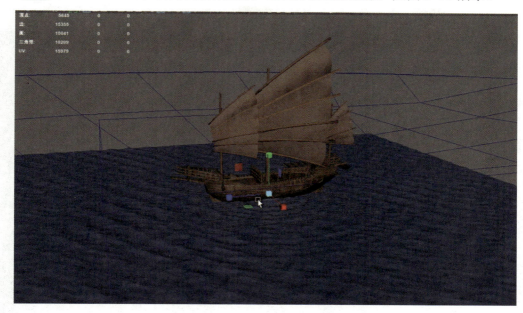

图 8-4-9 圆形波浪效果

第 4 步 创建船体动画

01 在第 1 帧的位置使用"移动工具"将 locator1 移动到如图 8-4-10 所示的位置，然后按 S 键设置模型在"平移"属性上的关键帧。

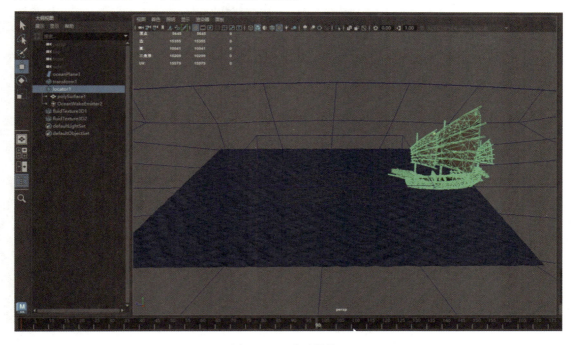

图 8-4-10 移动船体 1

02 将"时间"滑块移动到第 50 帧，使用"移动工具"将 locator1 移动到如图 8-4-11 所示的位置；然后按 S 键设置模型在"平移"属性上的关键帧。

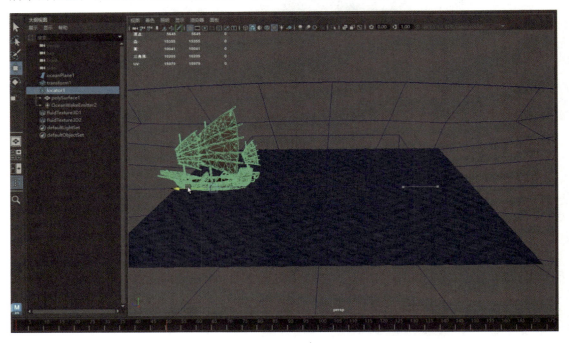

图 8-4-11　移动船体 2

03 播放动画，可以看到船尾出现了尾迹的效果，如图 8-4-12 所示。但是船体尾迹的波浪效果只在 fluidTexture3D 物体中产生，在 fluidTexture3D 物体以外的地方不会产生尾迹效果。

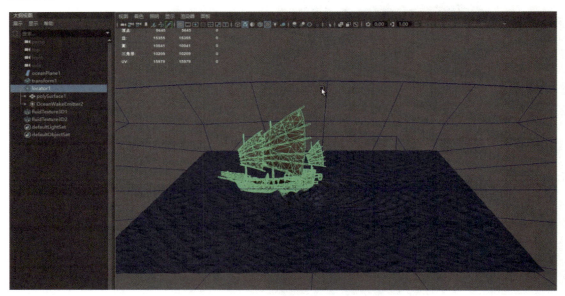

图 8-4-12　尾迹效果

第 5 步　调整船体尾迹

01　选择场景中的 fluidTexture3D 物体，使用"缩放工具"将其调整为如图 8-4-13 所示的大小。

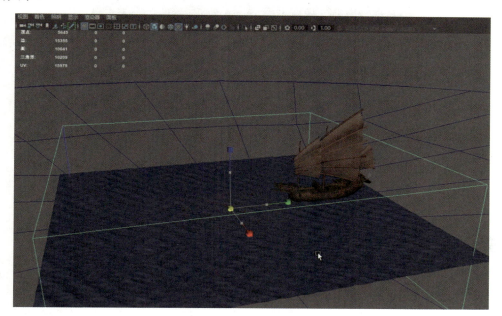

图 8-4-13　调整大小

02　播放动画，可以看到船尾的效果更加真实、强烈，如图 8-4-14 所示。

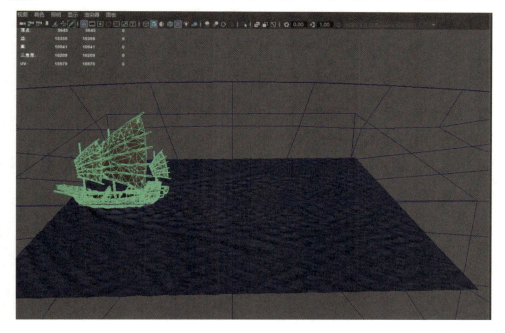

图 8-4-14　动画效果

03 播放动画，选择中间的一帧进行测试渲染，效果如图 8-4-15 所示。

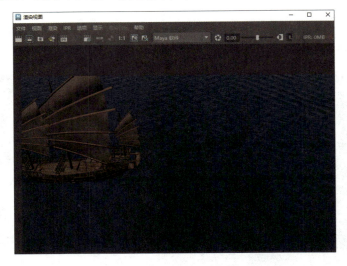

图 8-4-15　中间某帧的渲染效果

04 制作完成后，进行最终的渲染合成，最终效果如图 8-4-1 所示。

小贴士

　　如果视图中的海洋播放动画时没有出现波浪，则可以在时间轴的右键快捷菜单设置中取消选中"缓存播放"复选框。

任务 8.5 布料特效的应用——制作布料

微课：布料特效的
应用——制作布料

☞ **任务目的**

　　本任务以图 8-5-1 所示的效果为参照制作布料特效。通过本任务的学习，掌握制作布料特效的方法。

图 8-5-1　布料效果

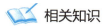 相关知识

　　nCloth 是 Maya 中提供的"动力学"布料效果设计的解决方案。用户利用 nCloth 可以非常快速地制作布料、橡胶、岩浆、气球等效果，且操作简单、效果逼真、反应速度快。但使用 nCloth 前需要从任意多边形模型中生成布料基础。

 任务实施

　　技能点拨：①打开场景文件，将花布模型创建为 nCloth，然后将晾衣竿模型创建为被动碰撞对象；②执行"nConstraint"→"变换约束"命令，约束与晾衣竿相交的花布模型上的点；③在花布模型的"属性编辑器"面板中设置布料的"风速"和"风噪波"参数；④播放动画，查看动画效果。

　　第 1 步　创建 nCloth

　　`01` 打开 Maya 2023 中文版，执行"文件"→"打开场景"命令，打开本任务的场景文件，如图 8-5-2 所示。

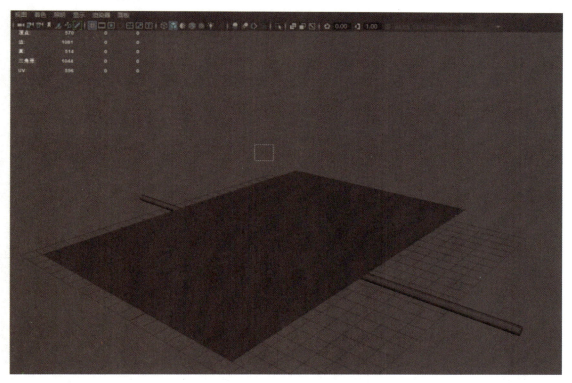

图 8-5-2　场景文件

　　`02` 将 Maya 切换至"FX"模块，选择场景中的花布模型，执行"nCloth"→"创建 nCloth"命令，如图 8-5-3 所示，将花布模型创建为 nCloth。

图 8-5-3　创建 nCloth

03 选择场景中的晾衣竿模型，执行"nCloth"→"创建被动碰撞对象"命令，如图 8-5-4 所示，将晾衣竿模型创建为被动碰撞对象。

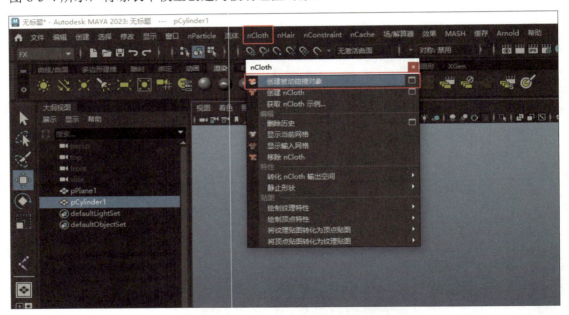

图 8-5-4　创建被动碰撞对象

第 2 步　创建布料约束

01 将"时间"滑块的范围扩大至 200 帧，播放动画，可以看到花布模型垂直降落下来，并与晾衣竿模型相碰撞，如图 8-5-5 所示；但是在花布落下以后，花布模型由晾衣竿上慢慢落下。这是因为花布模型没有固定住，如图 8-5-6 所示。

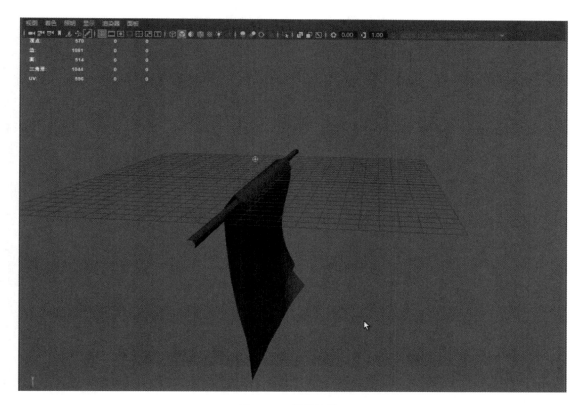

图 8-5-5　播放效果 1

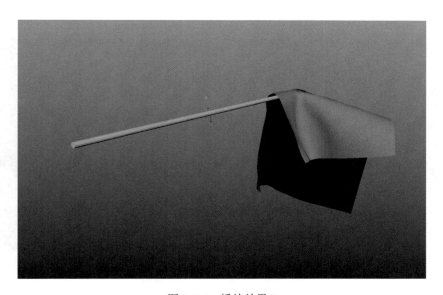

图 8-5-6　播放效果 2

02 将"时间"滑块移动到第 60 帧，切换到顶视图，进入花布模型的"控制顶点"层级，选择与晾衣竿相交的点，执行"nConstraint"→"变换约束"命令，如图 8-5-7 所示。

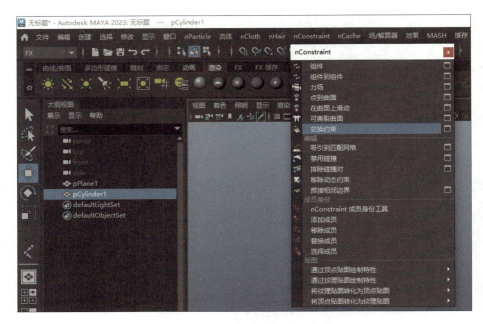

图 8-5-7　固定花布模型

第 3 步　设置布料的风参数

01 选择花布模型，在其"属性编辑器"面板的"nucleus1"选项卡的"重力和风"选项组中设置"风速"为 10，如图 8-5-8 所示。

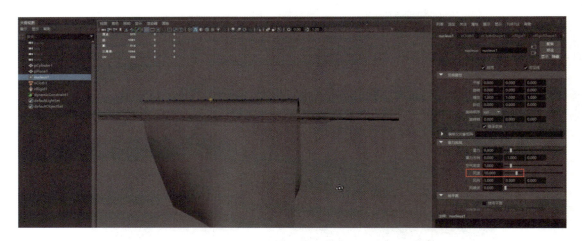

图 8-5-8　设置风参数

02 播放动画，可以看到花布在随风飘扬，如图 8-5-9 所示。

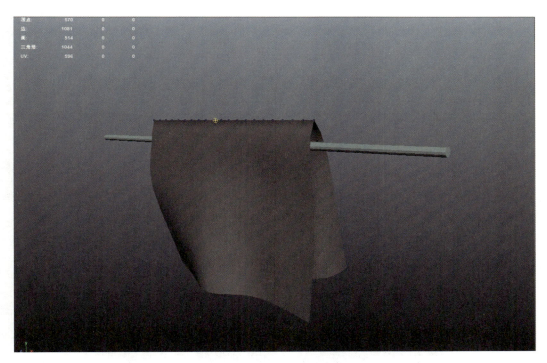

图 8-5-9　播放效果 3

03　最后，打开材质编辑器，创建一个新的 lambert 材质，然后从素材库中将"buliao"贴图拖动到材质编辑器中，将贴图节点连接到颜色层上，如图 8-5-10 所示。

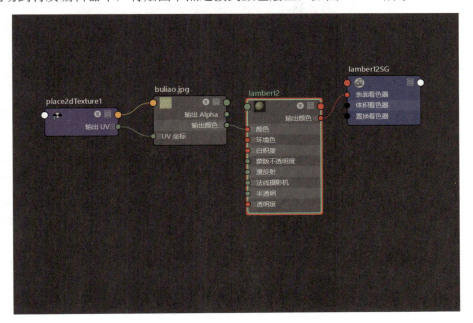

图 8-5-10　连接材质

04　制作完成后，进行最终的渲染，最终效果如图 8-5-1 所示。

任务 8.6 火焰特效的应用——制作火焰

微课：火焰特效的
应用——制作火焰

☞ **任务目的**

本任务以图 8-6-1 所示的效果为参照制作火焰特效。通过本任务的学习，学会使用 Maya 中的"创建火"命令，并掌握制作火焰效果的方法。

图 8-6-1　火焰效果

相关知识

"创建火效果选项"窗口中的参数说明如下。

1）火强度：设置火焰整体的亮度，值越大，亮度越高。

2）火速率：设置火焰粒子发射的速率。

3）火扩散：设置粒子发射的展开角度，取值范围为 0～1。当值为 1 时，展开角度为 180°（仅对定向粒子和曲线发射器有效）。

4）火方向 X/火方向 Y/火方向 Z：设置火焰的发射方向，且可以控制定向粒子发射器的方向。

任务实施

技能点拨：①打开场景文件，设置观察和渲染所用的摄影机；②选择场景中的篝火模型，为其创建火焰特效并测试；③调整火焰特效粒子的属性，并再次测试渲染；④渲染输出。

第 1 步　打开场景文件，创建摄影机

01　打开 Maya 2023 中文版，执行"文件"→"打开场景"命令，打开本任务的场景文件，如图 8-6-2 所示。

图 8-6-2　场景文件

02　执行"创建"→"摄影机"→"摄影机"命令，如图 8-6-3 所示，在视图中创建一架摄影机。选择摄影机，执行"面板"→"沿选定对象观看"命令，将摄影机放到一个合适的位置，如图 8-6-4 所示。

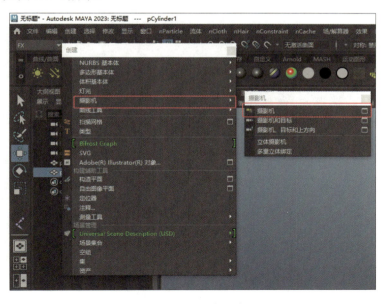

图 8-6-3　创建摄影机

图 8-6-4　放置摄影机

03 当摄影机的位置确定好后，在"通道盒/层编辑器"中选择其所有的属性并右击，在弹出的快捷菜单中选择"锁定选定项"选项，将摄影机的属性全部锁定，结果如图 8-6-5 所示。

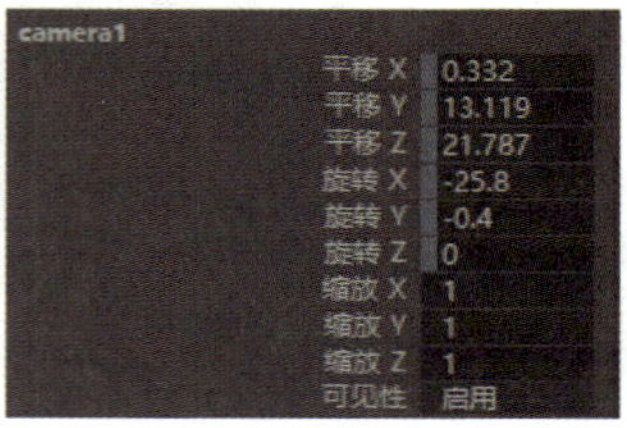

第 2 步　创建火焰特效

图 8-6-5　锁定摄影机的属性

01 选择视图中的篝火模型，切换成"FX"模型，然后单击"效果"→"创建火"命令后的按钮，打开"创建火效果选项"窗口，并按照图 8-6-6 进行参数设置，然后单击"创建"按钮，完成火焰特效的创建。

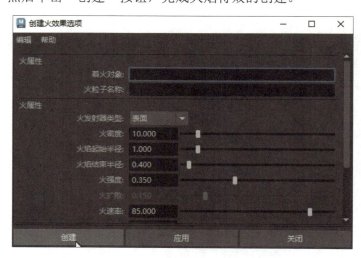

图 8-6-6　"创建火效果选项"窗口

02 播放动画，可以看到从篝火模型上发射出灰色的粒子，如图 8-6-7 所示，这是因为默认情况下粒子显示为云渲染类型。

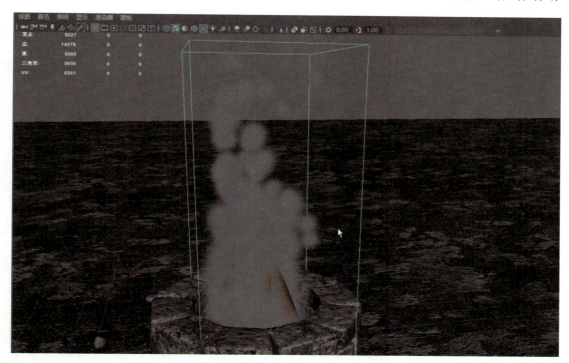

图 8-6-7　默认动画效果

03 在默认状态下选择一帧进行渲染测试，效果如图 8-6-8 所示。

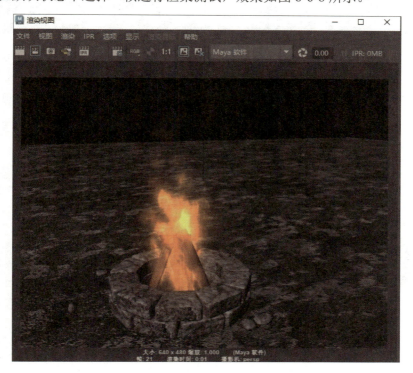

图 8-6-8　某帧的渲染效果

一次只能对一个物体对象创建火焰效果。

第 3 步　渲染输出

01 通过在大纲视图中调整"particle1"→"属性编辑器"→"透明度"→"密度"的参数，可以将火焰的亮度提高，如图 8-6-9 所示。

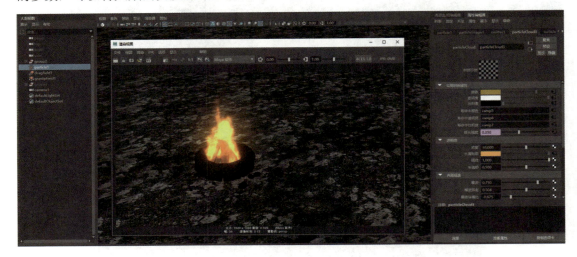

图 8-6-9　调整火焰的亮度

02 制作完成，并确认无误后，即可进行渲染输出，最终效果如图 8-6-1 所示。

任务 8.7　粒子文字特效的应用——制作Maya文字

微课：粒子文字特效
的应用——制作
Maya 文字

☞ **任务目的**

　　本任务以图 8-7-1 为参照，使用粒子制作特定文字出现又消散的动画特效。通过本任务的学习，掌握如何以多边形为目标设置粒子发射，以及为粒子发射器和湍流场设置动画关键帧的方法。

图 8-7-1 Maya 文字效果

 相关知识

1）湍流场（Turbulence）常与粒子发射器配合使用，如在模拟风中飘散的灰烬时，可通过湍流场控制灰烬的扰动幅度；在模拟水流中的气泡时，可利用湍流场调节气泡的运动频率，从而增强画面细节。

湍流场可以为粒子或刚体添加随机扰动，模拟自然环境中的不规则运动。其主要参数说明如下。

① Magnitude（强度）：表示扰动的力度，该值越大，粒子的运动就越剧烈。

② Frequency（频率）：用于控制扰动的变化速率，高频扰动会产生细碎的波动效果。

③ Attenuation（衰减）：随着距离的增大，扰动效果会逐渐减弱。当该参数设置为 0 时，湍流场会对所有粒子产生均匀的影响。

④ Phase（相位）：可调整扰动的起始时间点，结合动画效果，能使扰动产生动态变化。

2）粒子发射器：用于生成并驱动粒子运动，如烟雾、火焰等效果都可以通过它来实现。其主要参数说明如下。

① 发射类型：包括泛方向（Omni）、方向（Directional）、体积（Volume）3 种类型，不同的发射类型决定了粒子的初始分布方式。

② Rate（发射率）：用于控制每秒生成粒子的数量。

③ Speed（速度）：用于定义粒子喷射时的初始速度。

④ 粒子生命周期：可设置粒子的存活时间（Lifespan）及存活时间的随机变化范围（Lifespan Random）。

⑤ 发射器属性：如"Cycle Emission"属性，启用后可使用发射器循环发射粒子，从而模拟持续的效果。

 任务实施

技能点拨：①在场景中创建多边形字体，并对字体模型进行冻结变换和删除历史记录操作；②创建粒子发射器，并使用字体模型作为粒子发射的目标；③在"通道盒/层编辑器"中对粒子发射器的"速率"参数进行关键帧设置；④为粒子创建湍流场，并对粒子的"目标权重［0］"参数设置关键帧；⑤调整粒子的渲染属性并修改粒子的材质，渲染输出。

第1步　创建多边形字体

01 单击"创建"→"类型"命令后的按钮，打开"type1"面板，更改字母为"Maya"，取消选中"启用挤出"复选框，然后单击"根据类型创建曲线"按钮，如图 8-7-2 所示。选中单个文字的曲线，执行"曲面"→"平面"命令，在打开的"平面修剪曲面选项"窗口中将"细分方法"设置为计数，并将"计数"的数量设置为 1000，然后单击"平面修剪"按钮，如图 8-7-3 所示。

图 8-7-2　生成字体

图 8-7-3　设置字体

02 执行"窗口"→"大纲视图"命令，打开"大纲视图"面板，选择并删除 NURBS 曲线。选择所有的多边形模型，在"多边形"模块下执行"网格"→"结合"命令，合并网格模型，再执行"修改"→"冻结变换"命令；最后执行"编辑"→"按类型删除

全部"→"历史"命令，删除历史记录，这样场景中就只有一个多边形模型了，如图 8-7-4
和图 8-7-5 所示。

图 8-7-4 整理文字

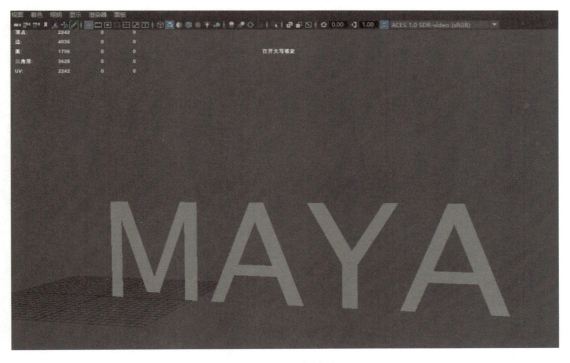

图 8-7-5 文字效果

第 2 步　创建粒子发射器

01 在"FX"模块下单击"nParticle1"→"创建发射器"命令后的按钮，打开"发射器选项（创建）"窗口，将"发射器类型"设置为泛向，将"速率（粒子数/秒）"设置为2000，如图 8-7-6 所示，然后单击"创建"按钮。

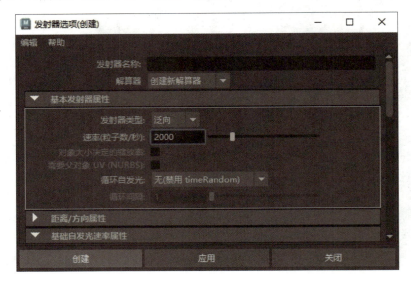

图 8-7-6　创建发射器

02 在透视图中使用"移动工具"将粒子发射器移动到字体上方，如图 8-7-7 所示。

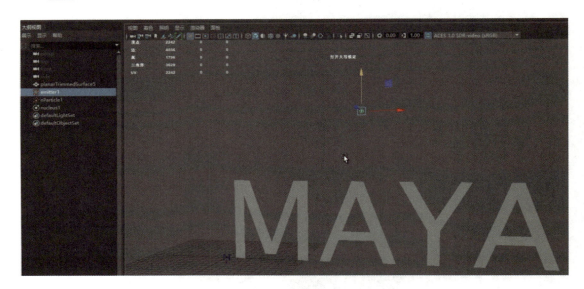

图 8-7-7　移动粒子发射器

03 在"大纲视图"面板中选择"emitter1"选项，打开其"属性编辑器"面板，将"重力"设置为 0，如图 8-7-8 所示，粒子就会向四周发射。

图 8-7-8　设置重力

04 选择粒子发射器，并将"时间"滑块移动到第 35 帧，在"通道盒/层编辑器"中的"速率"参数上右击，并在弹出的快捷菜单中选择"为选定项设置关键帧"选项；再将"时间"滑块移动到第 40 帧，将"速率"设置为 0，为其设置关键帧，如图 8-7-9 和图 8-7-10所示。

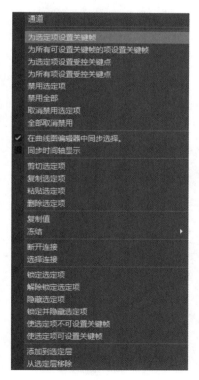

图 8-7-9　设置关键帧 1

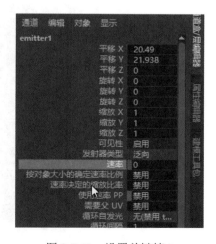

图 8-7-10　设置关键帧 2

05 播放动画，可以看到粒子发射后，当帧数到达 40 帧后不再产生新的粒子发射。如图 8-7-11 所示为第 75 帧的粒子发射效果。

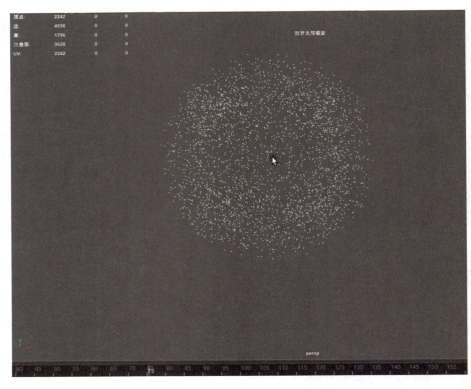

图 8-7-11　第 75 帧的粒子发射效果

第 3 步　设置粒子吸附效果

01　在"大纲视图"面板中选择"nParticle1"选项，再加选 planarTrimmedSturface5，然后执行"nParticle"→"目标"命令，如图 8-7-12 所示。

图 8-7-12　设置目标

02　单击"播放"按钮，此时粒子就在文字模型上了，如图 8-7-13 所示。

图 8-7-13　粒子吸附效果

第 4 步　创建湍流场

01 选择场景中的粒子,执行"场/解算器"→"湍流"命令,如图 8-7-14 所示,为粒子创建一个湍流场。

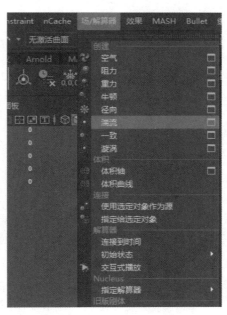

图 8-7-14　创建湍流场

02 在打开的"湍流选项"窗口中将"幅值"设置为 20,如图 8-7-15 所示。

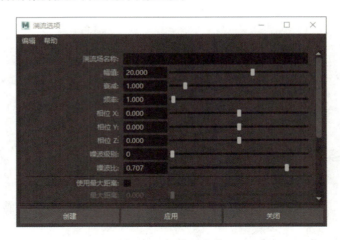

图 8-7-15　修改参数

第 5 步　设置权重关键帧

01 选择"nParticle1"选项，将"时间"滑块移动到第 70 帧，在"通道盒/层编辑器"中保持"目标权重［0］"为默认值，为其设置关键帧；再将"时间"滑块移动到第 71 帧，在"通道盒/层编辑器"中将"目标权重［0］"设置为 0，并再次设置关键帧，如图 8-7-16 和图 8-7-17 所示。

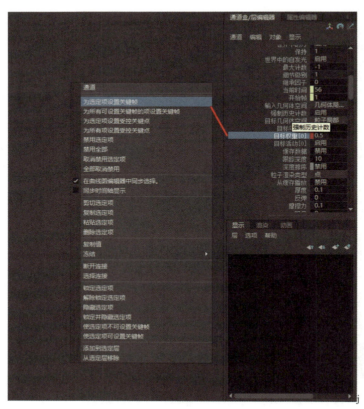

图 8-7-16　在第 70 帧设置关键帧

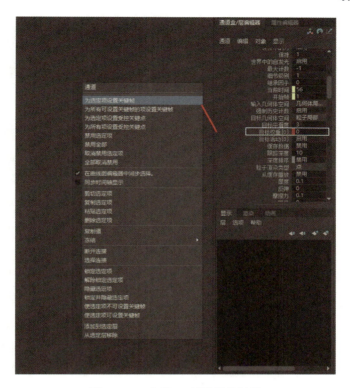

图 8-7-17　在第 71 帧设置关键帧

02 播放动画，可以看到在第 71 帧以后，粒子不再被吸附到网格模型上，而是自由地向四面八方发射。如图 8-7-18 所示为第 120 帧的粒子发射效果。

图 8-7-18　第 120 帧的粒子发射效果

第 6 步　渲染粒子属性

01　在"大纲视图"面板中选择"nParticle1"选项，在其"属性编辑器"面板中将"粒子渲染类型"设置为云（s/w），如图 8-7-19 所示。

图 8-7-19　设置粒子的属性

02　在"大纲视图"面板中选择字体模型，按 Ctrl+H 组合键将其隐藏，如图 8-7-20 所示。

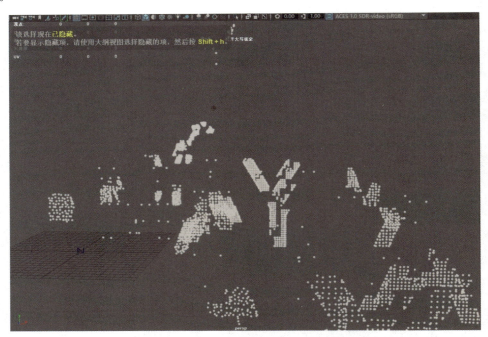

图 8-7-20　隐藏文字

03　选择动画中的一帧，进行渲染。最终效果如图 8-7-1 所示。

任务 *8.8*　多米诺骨牌特效的应用——制作倒塌的骨牌

微课：多米诺骨牌特
效的应用——制作
倒塌的骨牌

☞ **任务目的**

　　本任务是制作如图 8-8-1 所示的倒塌的骨牌效果。通过本任务的学习，掌握"动力学"模块的应用方法，了解被动和主动关键帧的设置方法，并掌握制作多米诺骨牌特效的方法。

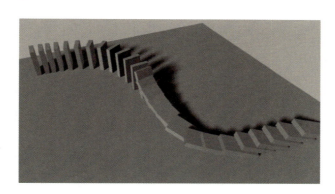

图 8-8-1　倒塌的骨牌效果

 相关知识

　　Maya 动力学功能强大，可用于模拟各种物理运动效果，包括刚体碰撞、柔体变形、粒子系统及流体动力等学。具体来说，刚体模拟可用于表现物体碰撞和自由落体运动；nCloth 功能则专门用于处理布料和软体的动画效果；粒子系统能够生成烟雾、火焰等特效；而流体动力学则可以模拟水和气体的流动。

　　FX 模块中的"重力"命令拥有多个参数，以下是部分参数的说明。

　　1）Magnitude（强度）：用于控制重力的大小。当值为正时，重力方向向下；当值为负时，重力方向相反。数值越大，物体下落的速度就越快。

　　2）Direction（方向）：用于定义重力的方向向量。默认情况下，方向向量为(0,-1,0)，即垂直向下。通过修改 X、Y、Z 轴的值，可以倾斜重力的方向（如模拟斜坡上物体的滚动效果）。

　　3）Attenuation（衰减）：用于设置重力强度随距离增大而减弱的比例。当参数值为 0 时，表示没有衰减，即重力对所有物体产生均匀的作用力。

　　4）Use Max Distance（最大距离）：选中该复选框后，可以限制重力的影响范围。结合 Max Distance 参数，可以精确控制重力的作用半径（如实现局部区域的下落特效）。

5）Apply Per Vertex（逐顶点应用）：如果将重力场附加到几何体上，开启此选项后，每个顶点将独立计算受力情况（如模拟布料局部受到重力拉扯的效果）。

6）逻辑：通过调整重力的方向和强度，可以模拟物体的自然下落运动；利用衰减进和距离参数，可以控制重力的局部效果。这些功能常用于粒子雨、破碎坍塌等动力学动画。

 任务实施

技能点拨：①打开场景文件，将骨牌模型的坐标移动至其底部；②使用"连接到运动路径"命令和"创建动画快照"命令将骨牌模型沿曲线创建路径动画并生成动画快照；③在设置第 1 个骨牌模型动画的同时为其设置被动/主动关键帧；④选择场景中所有的骨牌模型，为其创建重力场；⑤进行渲染输出。

第 1 步　创建动画快照

`01` 打开本任务的场景文件，场景中有一个地面、一条线和一个多米诺骨牌，如图 8-8-2 所示。

图 8-8-2　场景文件

`02` 选择骨牌和线，单击"约束"→"运动路径"→"连接到运动路径"命令后的按钮，如图 8-8-3 所示。创建一段骨牌沿线条运动的动画，如图 8-8-4 所示。

图 8-8-3　设置连接到运动路径

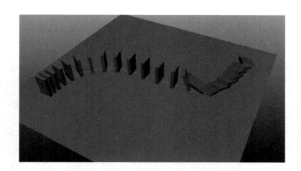

图 8-8-4　骨牌沿线条运动的动画效果

03 选择骨牌模型，单击"可视化"→"创建动画快照"命令后的按钮，打开"动画快照选项"窗口，具体参数设置如图 8-8-5 所示，将"增量"设置为适当的参数即可。设置完成后，单击"快照"按钮，在场景中的线条上生成骨牌运动路线的快照物体，如图 8-8-6 所示。

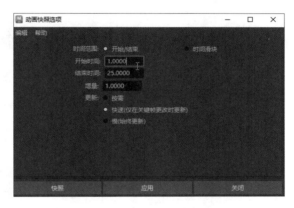

图 8-8-5　设置动画快照的参数

图 8-8-6　快照效果

04 执行"窗口"→"大纲视图"命令，打开"大纲视图"面板，将起始端与结束端多余的骨牌删除，结果如图 8-8-7 所示。

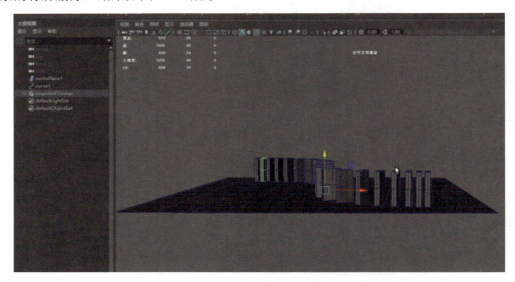

图 8-8-7　调整骨牌模型

第 2 步　创建动力学重力

01 选择场景中所有的骨牌快照物体，在"FX"模块中执行"场/解算器"→"重力"命令，如图 8-8-8 所示，创建重力场。

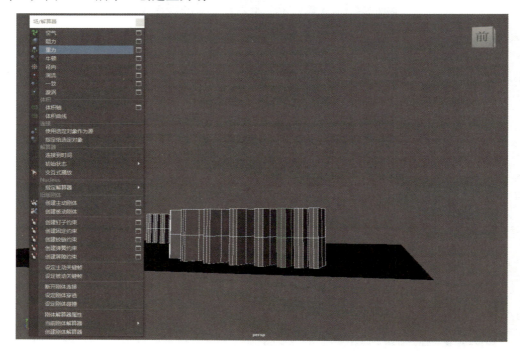

图 8-8-8　创建重力场

02 选择场景中的地面物体，执行"场/解算器"→"创建被动刚体"命令，如图 8-8-9 所示，将地面转化为被动刚体。

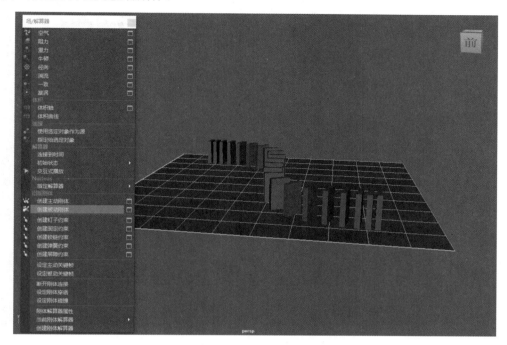

图 8-8-9　创建被动刚体

第 3 步　设置被动/主动关键帧

01 选择第 1 个骨牌快照物体，按 D+V 组合键将其坐标轴心移动到地面中心位置，如图 8-8-10 所示。

图 8-8-10　移动坐标轴心

02 将"时间"滑块移动到第 1 帧，选择第 1 个骨牌快照物体，并执行"场/解算器"→"设置被动关键帧"命令，如图 8-8-11 所示。

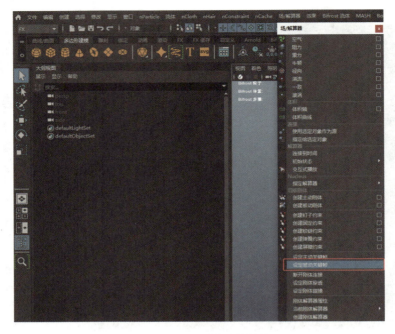

图 8-8-11 设置被动关键帧

03 将"时间"滑块到第 6 帧，将第 1 个骨牌在 Z 轴上旋转-15°，然后执行"场/解算器"→"设置主动关键帧"命令，如图 8-8-12 所示。

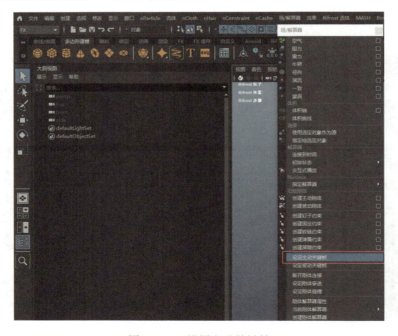

图 8-8-12 设置主动关键帧

04 将"时间"滑块的范围确定为 200 帧，播放动画，即可看到多米诺骨牌的效果，如图 8-8-13 所示。

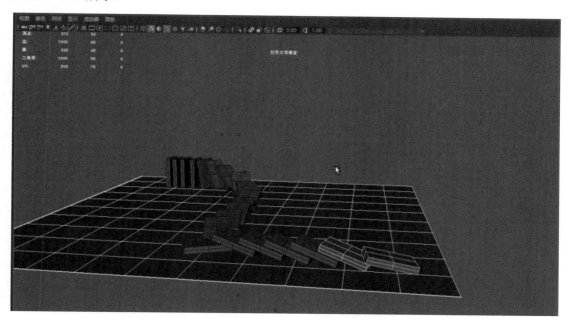

图 8-8-13　修改时间范围后的效果

05 播放动画，并进行渲染输出，最终效果如图 8-8-1 所示。

参 考 文 献

胡新辰，钟菁琳，王岩，2019．Maya 2018 中文全彩铂金版案例教程[M]．北京：中国青年出版社．

来阳，2023．Maya 2023 三维建模与制作实战教程[M]．北京：中国工信出版社．

张欣，2022．中文版 Maya 2022 完全自学教程[M]．北京：北京大学出版社．

周玉山，李娜，2023．Maya 基础与实战教程[M]．北京：电子工业出版社．